21世纪高等学校规划教材 | 计算机科学与技术

Linux基础教程
（第2版）

孟庆昌　路旭强　等　编著

清华大学出版社
北京

内 容 简 介

本书全面、系统、由浅入深地介绍了Linux系统的基本概念、一般应用、简单原理、日常管理等方面的内容。通过大量应用实例，循序渐进地引导读者进入Linux世界。全书共分12章，分别介绍Linux系统概述，有关文件、目录和进程的常用命令，vi编辑器，C程序编译工具，shell编程，系统安装，桌面环境，系统管理，内核简介，网络管理等。每章后面给出很多有价值的思考题。在书后给出实验指导，供教学参考。

本书可作为大专院校学生学习Linux的教材，也可作为广大Linux用户、管理员以及众多Linux系统自学者的辅导或自学用书。

版权所有，侵权必究。举报: 010-62782989, beiqinquan@tup.tsinghua.edu.cn。

图书在版编目(CIP)数据

Linux基础教程/孟庆昌,路旭强等编著.—2版.—北京:清华大学出版社,2016(2024.8重印)
(21世纪高等学校规划教材·计算机科学与技术)
ISBN 978-7-302-45409-0

Ⅰ. ①L… Ⅱ. ①孟… ②路… Ⅲ. ①Linux操作系统—高等学校—教材 Ⅳ. ①TP316.89

中国版本图书馆CIP数据核字(2016)第260156号

责任编辑: 郑寅堃
封面设计: 傅瑞学
责任校对: 梁 毅
责任印制: 杨 艳

出版发行: 清华大学出版社
网　　址: https://www.tup.com.cn, https://www.wqxuetang.com
地　　址: 北京清华大学学研大厦A座　　邮　编: 100084
社 总 机: 010-83470000　　邮　购: 010-62786544
投稿与读者服务: 010-62776969, c-service@tup.tsinghua.edu.cn
质量反馈: 010-62772015, zhiliang@tup.tsinghua.edu.cn
课件下载: https://www.tup.com.cn, 010-83470236

印 装 者: 北京嘉实印刷有限公司
经　　销: 全国新华书店
开　　本: 185mm×260mm　　印　张: 18.25　　字　数: 446千字
版　　次: 2009年10月第1版　　2016年12月第2版　　印　次: 2024年8月第14次印刷
印　　数: 26001～27000
定　　价: 49.00元

产品编号: 071232-02

出版说明

随着我国改革开放的进一步深化,高等教育也得到了快速发展,各地高校紧密结合地方经济建设发展需要,科学运用市场调节机制,加大了使用信息科学等现代科学技术提升、改造传统学科专业的投入力度,通过教育改革合理调整和配置了教育资源,优化了传统学科专业,积极为地方经济建设输送人才,为我国经济社会的快速、健康和可持续发展以及高等教育自身的改革发展做出了巨大贡献。但是,高等教育质量还需要进一步提高以适应经济社会发展的需要,不少高校的专业设置和结构不尽合理,教师队伍整体素质亟待提高,人才培养模式、教学内容和方法需要进一步转变,学生的实践能力和创新精神亟待加强。

教育部一直十分重视高等教育质量工作。2007年1月,教育部下发了《关于实施高等学校本科教学质量与教学改革工程的意见》,计划实施"高等学校本科教学质量与教学改革工程"(简称"质量工程"),通过专业结构调整、课程教材建设、实践教学改革、教学团队建设等多项内容,进一步深化高等学校教学改革,提高人才培养的能力和水平,更好地满足经济社会发展对高素质人才的需要。在贯彻和落实教育部"质量工程"的过程中,各地高校发挥师资力量强、办学经验丰富、教学资源充裕等优势,对其特色专业及特色课程(群)加以规划、整理和总结,更新教学内容、改革课程体系,建设了一大批内容新、体系新、方法新、手段新的特色课程。在此基础上,经教育部相关教学指导委员会专家的指导和建议,清华大学出版社在多个领域精选各高校的特色课程,分别规划出版系列教材,以配合"质量工程"的实施,满足各高校教学质量和教学改革的需要。

为了深入贯彻落实教育部《关于加强高等学校本科教学工作,提高教学质量的若干意见》精神,紧密配合教育部已经启动的"高等学校教学质量与教学改革工程精品课程建设工作",在有关专家、教授的倡议和有关部门的大力支持下,我们组织并成立了"清华大学出版社教材编审委员会"(以下简称"编委会"),旨在配合教育部制定精品课程教材的出版规划,讨论并实施精品课程教材的编写与出版工作。"编委会"成员皆来自全国各类高等学校教学与科研第一线的骨干教师,其中许多教师为各校相关院、系主管教学的院长或系主任。

按照教育部的要求,"编委会"一致认为,精品课程的建设工作从开始就要坚持高标准、严要求,处于一个比较高的起点上。精品课程教材应该能够反映各高校教学改革与课程建设的需要,要有特色风格、有创新性(新体系、新内容、新手段、新思路,教材的内容体系有较高的科学创新、技术创新和理念创新的含量)、先进性(对原有的学科体系有实质性的改革和发展,顺应并符合21世纪教学发展的规律,代表并引领课程发展的趋势和方向)、示范性(教材所体现的课程体系具有较广泛的辐射性和示范性)和一定的前瞻性。教材由个人申报或各校推荐(通过所在高校的"编委会"成员推荐),经"编委会"认真评审,最后由清华大学出版社审定出版。

目前,针对计算机类和电子信息类相关专业成立了两个"编委会",即"清华大学出版社计算机教材编审委员会"和"清华大学出版社电子信息教材编审委员会"。推出的特色精品教材包括:

(1) 21世纪高等学校规划教材·计算机应用——高等学校各类专业,特别是非计算机专业的计算机应用类教材。

(2) 21世纪高等学校规划教材·计算机科学与技术——高等学校计算机相关专业的教材。

(3) 21世纪高等学校规划教材·电子信息——高等学校电子信息相关专业的教材。

(4) 21世纪高等学校规划教材·软件工程——高等学校软件工程相关专业的教材。

(5) 21世纪高等学校规划教材·信息管理与信息系统。

(6) 21世纪高等学校规划教材·财经管理与应用。

(7) 21世纪高等学校规划教材·电子商务。

(8) 21世纪高等学校规划教材·物联网。

清华大学出版社经过三十多年的努力,在教材尤其是计算机和电子信息类专业教材出版方面树立了权威品牌,为我国的高等教育事业做出了重要贡献。清华版教材形成了技术准确、内容严谨的独特风格,这种风格将延续并反映在特色精品教材的建设中。

清华大学出版社教材编审委员会

联系人:魏江江

E-mail:weijj@tup.tsinghua.edu.cn

在信息时代，信息安全越来越受到广泛重视。Linux 系统是开源软件，其可靠性得到肯定，是当今举世瞩目、发展最快、应用最广的主流软件之一。在服务器平台、嵌入式系统和云计算系统所运行的操作系统中，Linux 占很大比重。各国政府对 Linux 的开发和应用给予很大关注，全球软件业和厂商都以极大热情和资金投入 Linux 的开发。现在学习和应用 Linux 成为众多计算机用户和学生的首选。本书满足初学者的需求，按照求知的规律，由浅入深地讲述 Linux 知识和技术。

本书第 1 版已在 Linux 教学中使用了 7 年，反应颇好，获得"北京市高等教育精品教材"荣誉。本次修订收集并采纳许多主讲教师的建议和意见，吸收当今 Linux 技术的最新成果，充分考虑读者的认知规律，内容由浅入深，全面、系统地介绍 Linux 的概念、应用、管理和内核实现。在每章的开头部分简要介绍本章的内容，然后分层次讲解有关的概念和知识，讲述具体的应用技术，如命令格式、功能、具体应用实例，以及使用中会出现的主要问题等。在语言上注意通俗易懂，将问题、重点、难点进行归纳，便于教学、培训和自学。

本书的内容大致可分为 5 个层次：第 1 层是基础知识，包括系统概述、常用命令的使用；第 2 层是 Linux 程序设计，包括文本编辑工具 vi、C 程序编译工具和 shell 编程；第 3 层是系统管理，包括系统安装、桌面系统配置和常规系统管理；第 4 层是内核简介；第 5 层是网络管理。从基本知识入手，层层深入，上下贯通。对于尚未具备有关操作系统知识的众多学生来说，利用本书可一举两得：既学到 Linux 的基本技术，又获得操作系统的一般知识。

本书定位在对 Linux 基本知识、常用技术、一般原理、普通应用和管理的普及性讲解。本书通过大量应用实例，循序渐进地引导读者学习 Linux 知识。全书共分 12 章。

第 1 章 Linux 系统概述，介绍有关操作系统的一些基本概念和术语、功能和类型，着重讲述 Linux 系统的历史、现状和特点。

第 2 章常用命令及文件操作，介绍 Linux 一般命令格式、文件概念和常用文件操作命令。

第 3 章目录及其操作，介绍目录和路径名的概念以及常用目录操作命令和联机帮助命令。

第 4 章进程及其管理，介绍进程概念、进程管理命令以及磁盘统计、文件压缩工具。

第 5 章文本编辑，介绍 Linux 系统上常用的文本编辑器 vi。

第 6 章 C 程序编译工具，介绍在 Linux 环境下 C 语言编译系统和 gdb 调试工具。

第 7 章 shell 程序设计，主要介绍 Linux shell（默认的是 bash）的语法结构、变量定义及赋值引用、标点符号、控制语句、函数、内置命令及 shell 程序调试等。

第 8 章安装 Linux 系统，介绍多系统共存时分区的划分和系统安装过程。

第 9 章 Linux 桌面系统及其配置，介绍 Linux 图形界面知识、KDE 桌面系统组成、控制面板功能，以及显卡、网卡、打印机等的配置。

第 10 章 Linux 系统管理,介绍系统管理概念、用户和工作组管理、文件系统及其维护、文件系统的后备和系统安全管理。

第 11 章 Linux 内核简介,介绍 Linux 系统核心的一般结构,进程的结构、调度和进程通信,文件系统的构成和管理,内存管理,设备驱动,以及中断处理等。

第 12 章网络管理,包括网络概述、网络管理与有关命令、电子邮件、网络安全和防火墙技术。

为强化本课程的实验环节,本书附录提供了上机实验指导,供教师和学生参考。

在本书编写过程中得到众多同事、同学和出版社编辑的大力支持和帮助,在此表示衷心感谢。

本次修订主要由孟庆昌、路旭强完成。参加编写、整理工作的人员还有刘振英、牛欣源、张志华、孟欣、马鸣远等。因编者水平有限,加上时间紧迫,Linux 技术又发展迅速,书中难免存在疏漏、欠妥甚至有误之处,恳请广大读者批评指正,在此表示感谢。

编　者

于北京信息科技大学

2016 年 6 月

目 录

第 1 章　Linux 系统概述 ·· 1

1.1　计算机基础知识 ·· 1
　　1.1.1　硬件 ·· 1
　　1.1.2　软件 ·· 3
1.2　操作系统概述 ·· 4
　　1.2.1　什么是操作系统 ·· 4
　　1.2.2　操作系统的功能 ·· 5
　　1.2.3　操作系统的类型 ·· 9
1.3　Linux 系统的历史和现状 ·· 12
　　1.3.1　Linux 的历史 ·· 12
　　1.3.2　Linux 的应用现状 ·· 12
1.4　Linux 系统的特点 ·· 14
1.5　Linux 的发展优势与存在的问题 ·· 15
　　1.5.1　Linux 的发展优势 ·· 15
　　1.5.2　Linux 的用户 ·· 16
　　1.5.3　Linux 的不足 ·· 16
1.6　Linux 的常用版本 ·· 17
思考题 ·· 19

第 2 章　常用命令及文件操作 ·· 20

2.1　命令行方式 ·· 20
　　2.1.1　进入命令行界面 ·· 20
　　2.1.2　提示符 ·· 20
2.2　简单命令 ·· 22
2.3　命令格式 ·· 24
　　2.3.1　一般命令格式 ·· 24
　　2.3.2　常用命令一般格式 ·· 25
2.4　文件及其类型 ·· 29
　　2.4.1　文件概念 ·· 29
　　2.4.2　文件类型 ·· 32
2.5　常用文件操作命令 ·· 33
　　2.5.1　有关文件显示命令 ·· 33

2.5.2　匹配、排序及显示指定内容的命令 …………………………………… 37
　　　2.5.3　比较文件内容的命令 …………………………………………………… 40
　　　2.5.4　复制、删除和移动文件的命令 ………………………………………… 42
　　　2.5.5　文件内容统计命令 ……………………………………………………… 45
　思考题 ………………………………………………………………………………… 45

第3章　目录及其操作 …………………………………………………………………… 47

　3.1　目录、路径名和存取权限 ……………………………………………………… 47
　　　3.1.1　目录概念 ………………………………………………………………… 47
　　　3.1.2　路径名 …………………………………………………………………… 49
　　　3.1.3　用户及文件存取权限 …………………………………………………… 51
　3.2　常用目录操作命令 ……………………………………………………………… 52
　　　3.2.1　创建和删除目录 ………………………………………………………… 52
　　　3.2.2　改变工作目录和显示目录内容 ………………………………………… 54
　　　3.2.3　链接文件的命令 ………………………………………………………… 57
　　　3.2.4　改变文件或目录存取权限 ……………………………………………… 60
　　　3.2.5　改变用户组和文件主 …………………………………………………… 63
　3.3　联机帮助命令 …………………………………………………………………… 64
　　　3.3.1　man 命令 ………………………………………………………………… 64
　　　3.3.2　help 命令 ………………………………………………………………… 65
　思考题 ………………………………………………………………………………… 67

第4章　进程及其管理 …………………………………………………………………… 68

　4.1　进程概念 ………………………………………………………………………… 68
　　　4.1.1　多道程序设计 …………………………………………………………… 68
　　　4.1.2　进程概念 ………………………………………………………………… 70
　4.2　进程状态 ………………………………………………………………………… 71
　　　4.2.1　进程的基本状态 ………………………………………………………… 71
　　　4.2.2　进程状态的转换 ………………………………………………………… 72
　　　4.2.3　进程族系 ………………………………………………………………… 73
　4.3　进程管理命令 …………………………………………………………………… 73
　　　4.3.1　查看进程状态 …………………………………………………………… 73
　　　4.3.2　进程管理 ………………………………………………………………… 76
　4.4　其他常用命令 …………………………………………………………………… 80
　　　4.4.1　磁盘使用情况统计 ……………………………………………………… 80
　　　4.4.2　文件压缩和解压缩 ……………………………………………………… 82
　思考题 ………………………………………………………………………………… 84

第 5 章 文本编辑 85

5.1 进入和退出 vi 85
5.1.1 进入 vi 85
5.1.2 退出 vi 86
5.2 vi 的工作方式 86
5.3 文本输入命令 87
5.4 光标移动命令 90
5.5 文本修改命令 92
5.5.1 文本删除 92
5.5.2 复原命令 93
5.5.3 重复命令 93
5.5.4 修改命令 94
5.5.5 取代命令 96
5.5.6 替换命令 97
5.6 字符串检索 98
思考题 99

第 6 章 C 程序编译工具 100

6.1 gcc 编译系统 100
6.1.1 文件名后缀 100
6.1.2 C 语言编译过程 101
6.1.3 gcc 命令行选项 103
6.2 gdb 程序调试工具 106
6.2.1 启动 gdb 和查看内部命令 106
6.2.2 显示源程序和数据 108
6.2.3 改变和显示目录或路径 110
6.2.4 控制程序的执行 111
6.2.5 其他常用命令 113
6.2.6 应用示例 114
思考题 116

第 7 章 shell 程序设计 119

7.1 shell 概述 119
7.1.1 shell 的特点和类型 119
7.1.2 shell 脚本的建立和执行 120
7.2 shell 变量和算术运算 122
7.2.1 简单 shell 变量 122
7.2.2 数组 124

```
    7.2.3  位置参数 ·················································· 125
    7.2.4  预先定义的特殊变量 ······································ 126
    7.2.5  环境变量 ·················································· 127
    7.2.6  算术运算 ·················································· 128
  7.3  输入/输出及重定向命令 ········································· 130
    7.3.1  输入/输出命令 ············································ 130
    7.3.2  输入/输出重定向 ········································· 132
  7.4  shell 特殊字符和命令语法 ······································ 133
    7.4.1  引号 ······················································ 133
    7.4.2  注释、管道线和后台命令 ································· 135
    7.4.3  命令执行操作符 ·········································· 136
    7.4.4  复合命令 ·················································· 137
  7.5  程序控制结构 ··················································· 138
    7.5.1  if 语句 ··················································· 139
    7.5.2  条件测试 ·················································· 140
    7.5.3  while 语句 ················································ 142
    7.5.4  until 语句 ················································ 143
    7.5.5  for 语句 ·················································· 143
    7.5.6  case 语句 ················································· 146
    7.5.7  break、continue 和 exit 命令 ··························· 147
  7.6  shell 函数和内置命令 ·········································· 148
    7.6.1  shell 函数 ················································ 148
    7.6.2  shell 内置命令 ··········································· 149
  7.7  shell 脚本调试 ·················································· 151
    7.7.1  解决环境设置问题 ········································ 151
    7.7.2  解决脚本错误 ············································· 151
  思考题 ································································· 152

第 8 章  安装 Linux 系统 ············································ 154
  8.1  基本硬件要求 ··················································· 154
  8.2  安装前准备工作 ················································· 154
  8.3  多系统共存时分区的划分 ······································ 156
  8.4  系统安装过程 ··················································· 158
    8.4.1  启动安装程序 ············································· 158
    8.4.2  安装过程 ·················································· 158
  8.5  登录和退出系统 ················································· 167
    8.5.1  登录 ······················································ 167
    8.5.2  退出 ······················································ 168
  思考题 ································································· 168
```

第 9 章　Linux 桌面系统及其配置 ························· 170

9.1　Linux 图形界面概述 ························· 170
9.1.1　图形界面简介 ························· 170
9.1.2　X Window 系统 ························· 172
9.2　KDE 桌面系统 ························· 174
9.2.1　GNOME 和 KDE 概述 ························· 174
9.2.2　KDE 桌面系统 ························· 175
9.2.3　窗口操作及快捷键 ························· 179
9.3　控制面板概述 ························· 180
9.4　硬件配置 ························· 183
9.4.1　配置显卡 ························· 183
9.4.2　配置声卡 ························· 185
9.4.3　配置网卡 ························· 186
9.4.4　配置打印机 ························· 188
9.5　KDE 环境日常应用 ························· 189
9.5.1　建立文档 ························· 189
9.5.2　复制文件 ························· 190
9.5.3　抓图 ························· 191
思考题 ························· 192

第 10 章　Linux 系统管理 ························· 193

10.1　系统管理概述 ························· 193
10.2　用户和工作组管理 ························· 194
10.2.1　用户管理 ························· 194
10.2.2　工作组管理 ························· 200
10.2.3　设置用户登录环境 ························· 202
10.2.4　用户磁盘空间限制 ························· 202
10.3　文件系统及其维护 ························· 204
10.3.1　建立文件系统 ························· 204
10.3.2　安装文件系统 ························· 205
10.3.3　卸载文件系统 ························· 207
10.3.4　维护文件系统 ························· 208
10.4　文件系统的后备 ························· 209
10.4.1　备份策略 ························· 209
10.4.2　备份时机和工具 ························· 210
10.4.3　恢复后备文件 ························· 211
10.5　系统安全管理 ························· 211
10.5.1　安全管理的目标和要素 ························· 211

    10.5.2 用户密码的管理 ·········· 212
  思考题 ·········· 214

第 11 章　Linux 内核简介 ·········· 215

  11.1 Linux 内核结构 ·········· 215
  11.2 进程管理 ·········· 216
    11.2.1 Linux 进程和线程概念 ·········· 216
    11.2.2 对进程的操作 ·········· 217
    11.2.3 进程调度 ·········· 219
    11.2.4 shell 基本工作原理 ·········· 220
  11.3 文件系统 ·········· 221
    11.3.1 ext2 文件系统 ·········· 221
    11.3.2 虚拟文件系统 ·········· 223
  11.4 内存管理 ·········· 225
    11.4.1 内存管理技术 ·········· 225
    11.4.2 内存交换 ·········· 228
  11.5 设备管理 ·········· 229
    11.5.1 设备管理概述 ·········· 229
    11.5.2 设备驱动程序和内核之间的接口 ·········· 230
  11.6 中断、异常和系统调用 ·········· 232
    11.6.1 中断及其处理 ·········· 233
    11.6.2 系统调用 ·········· 234
  11.7 进程通信 ·········· 234
    11.7.1 信号机制 ·········· 234
    11.7.2 管道文件 ·········· 237
    11.7.3 SystemV IPC 机制 ·········· 237
  11.8 系统初启 ·········· 238
  思考题 ·········· 239

第 12 章　网络管理 ·········· 240

  12.1 网络概述 ·········· 240
    12.1.1 网络分类和拓扑结构 ·········· 240
    12.1.2 网络协议 ·········· 241
    12.1.3 IP 地址和网络掩码 ·········· 244
  12.2 网络管理与有关命令 ·········· 246
    12.2.1 网络管理功能 ·········· 246
    12.2.2 基本网络命令 ·········· 247
  12.3 电子邮件 ·········· 251
    12.3.1 电子邮件系统简介 ·········· 251

    12.3.2 邮件环境简易配置 ……………………………………………… 253
  12.4 网络安全 ………………………………………………………………… 259
    12.4.1 网络安全简介 …………………………………………………… 259
    12.4.2 Linux 安全问题及对策 ………………………………………… 261
    12.4.3 网络安全工具 …………………………………………………… 264
    12.4.4 计算机病毒 ……………………………………………………… 264
  12.5 防火墙技术 ……………………………………………………………… 267
    12.5.1 防火墙技术的基本概念 ………………………………………… 267
    12.5.2 防火墙的基本技术 ……………………………………………… 268
  思考题 ………………………………………………………………………… 269

附录 实验指导 …………………………………………………………………… 271
  实验一 文件和目录操作(3～4 学时) ……………………………………… 271
  实验二 进程操作及其他命令(2～3 学时) ………………………………… 272
  实验三 vi 编辑器(2～3 学时) ……………………………………………… 273
  实验四 C 程序的编译和调试(2～3 学时) …………………………………… 274
  实验五 shell 编程(3～4 学时) ……………………………………………… 274
  实验六 系统安装与简单配置(3～4 学时) …………………………………… 274
  实验七 KDE 桌面环境应用(2～3 学时) ……………………………………… 275
  实验八 系统及网络管理(2～3 学时) ………………………………………… 276

参考文献 …………………………………………………………………………… 277

第 1 章 Linux 系统概述

一旦打开计算机电源以后，就开始启动操作系统——或者是 Windows 7、Windows 10，或者是 Linux。那么，什么是操作系统呢？它有何功能？

随着斯诺登"棱镜门"事件的扩散，我国政府对于政府机关和职能机构数据通信安全性的认识提高到了一个新的级别。对此，业内不少专家呼吁，应将信息安全建立在有自主知识产权的国产软件上，红旗 Linux 就是其中之一。

Linux 是一个真正的多用户、多任务操作系统。与其他操作系统相比，Linux 在 Internet 和 intranet 的应用中占有明显优势。在个人机和工作站上使用 Linux，能更有效地发挥硬件的功能，使个人计算机能胜任工作站和服务器的工作。

相比之下，Linux 又是一个年轻的操作系统，从它诞生的 1991 年算起，至今才 25 年。但是，它的发展却异常迅猛，已经成为操作系统领域中一支重要的生力军。甚至有一些分析家认为，在未来若干年间，Linux 将成为 Windows 系统真正强有力的竞争对手，也是唯一可以冲破微软公司垄断的出路所在。

本章介绍有关操作系统的术语和基本功能，Linux 系统的历史、特点以及常用版本。

计算机基础知识

计算机由哪些部分组成呢？有主机、显示器、键盘等，此外，计算机上还会装有 Windows 或者 Linux 系统，以及一系列软件工具。所以，一般说来，计算机系统是由硬件和软件组成的。软件裹在硬件之上。硬件是软件建立与活动的基础，而软件对硬件进行管理和功能扩充。没有硬件，就失去了计算机系统的物理基础，软件也就无从存在。反过来，若只有硬件而没有软件，就像一个人失去灵魂，只是毫无用处的一堆躯壳。硬件与软件有机地结合在一起，相辅相成，才使计算机技术飞速发展，且在当今信息时代占据举足轻重的地位。

1.1.1 硬件

现代计算机的体系结构基本上仍沿用 Von Neumann（冯·诺依曼）体系结构，采用存储程序工作原理，即把计算过程描述为由许多条命令按一定顺序组成的程序，然后把程序和所需的数据一起输入计算机存储器中保存起来，工作时控制器执行程序，控制计算机自动、连续进行运算。

大家知道，现代通用计算机硬件系统由 CPU、内存和若干 I/O 设备组成。它们经由系统总线连接在一起,实现彼此通信。从功能上讲,由五大功能部件组成,即运算器、控制器、存储器、输入设备和输出设备。这五大功能部件相互配合,协同工作。其中,运算器和控制器集成在一片或几片大规模或超大规模集成电路中,称为中央处理器(CPU)。

图1.1示出现代计算机系统硬件结构。请注意,图中示出的控制器是设备控制器。每个设备控制器负责对特定类型的设备进行控制和管理,如硬盘控制器用来控制硬盘驱动器,视频控制器用来控制监视器,等等。CPU和设备控制器可以并行工作,它们都要存取内存中的指令或数据。为保障对共享内存的有序存取,内存控制器对这些访问实施同步管理。

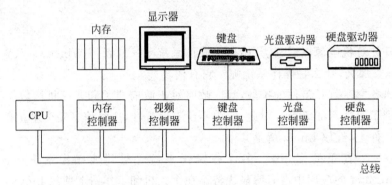

图1.1 现代计算机硬件结构

1. CPU

CPU是计算机系统的"大脑"。它从内存(或高速缓存)中取出指令并执行它们。其基本工作过程是提取指令、译码分析、执行指令。

CPU内部有若干寄存器,其中一类是通用寄存器,用来存放关键变量和中间结果;另一类是专用寄存器,如程序计数器(PC)、程序状态字(PSW)和栈指针寄存器。PC中保存下面要执行的指令地址;PSW中保存处理机的执行状态,包括程序执行模式(用户态或核心态)、CPU优先级、条件码等控制信息;栈指针寄存器中保存内存栈当前帧面的首地址,栈中存放函数(过程)调用时的现场信息。

2. 存储器

在现代计算机中,可以存放信息的部件很多,如高速缓存、内存、磁盘、光盘等,它们在存取速度、容量和成本等方面有很大差别。高速缓存的存取速度超过内存,但其成本远远高于内存,其容量通常小于16MB。而内存容量一般为512MB~16GB。CPU可以直接存取高速缓存和内存中的程序和数据。现在磁盘一般专指硬磁盘,其存取速度低于内存,容量为512GB~2TB,价格便宜。但CPU不能直接存取磁盘上的信息,必须先移到内存才能被CPU访问。

3. I/O设备

I/O设备是人机交互的工具,通常由控制器和设备本身组成。控制器是I/O设备的电子部分,它协调和控制一台或多台设备的动作。通常,它是主板上的一块芯片或一组芯片。它接收来自操作系统的命令,然后执行它们,从而实际控制设备的动作。所以,设备本身并不与操作系统直接打交道。

I/O 设备种类很多，如输入设备——键盘、鼠标，输出设备——打印机、显示器、绘图仪，存储设备——磁盘、光盘、U 盘、磁带等。

1.1.2 软件

软件是相对硬件而言的，它是与数据处理系统操作有关的计算机程序和相关数据等的总称。

（1）程序是计算机完成一项任务的指令的集合。程序既可以是一些由特定计算机才能理解的命令（如汇编语言程序），也可以是通用的应用程序（如 C 语言程序）。它们可以完成一系列工作，如文字处理、数据库管理等。

（2）数据是由程序使用或生成的不同类型的信息。各种程序在输入和输出过程中都需要数据。具体来说，数据可以是字母、数字、文档、报表、数据库、图形、声音、图像等。

计算机系统的基本结构如图 1.2 所示。

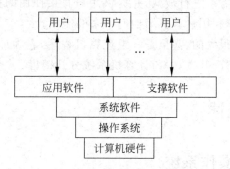

图 1.2 计算机系统的基本结构

在一个应用系统中，各种软件都处于不同的层次，互为基础，这些软件共同为用户提供一系列服务。按照所起的作用和需要的运行环境，软件通常可分为三大类，即系统软件、应用软件和支撑软件（也可以将后二者合为应用软件）。软件的基本构成如图 1.3 所示。

图 1.3 软件的基本构成

1. 系统软件

系统软件包括操作系统（如 Windows、Linux 等）、编译程序（如 C/C++、Java 等）、汇编程序（如 Intel 8080、8086 等）、连接装配程序（如 Loader）、数据库管理系统（如 SQL Server、

Oracle)等,这些软件对计算机系统的资源进行控制、管理,并为用户使用和其他程序的运行提供服务。它们为计算机使用提供最基本的功能,但是并不针对某一特定应用领域。

2. 支撑软件

支撑软件是辅助软件技术人员从事软件开发工作的软件,包括各种开发工具(如JBuilder、Eclipse 等)、测试工具(如 IBM Rational Robot、Microsoft Web Application Stress Tool 等)等,所以又称为工具软件,借以提高软件生产率,改进软件产品质量。

3. 应用软件

应用软件是为解决某一类应用需要或某个特定问题而设计的程序,包括图形处理软件(如 Photoshop、Flash 等)、财务软件(如用友、金蝶等)、软件包(如 All-in-One、RPM)等。与系统软件恰好相反,不同的应用软件根据用户和所服务的领域提供不同的功能。这是范围很广的一类软件。

应用软件完全按用户需求进行裁减,并提供用户直接使用的接口。应用软件与系统软件相结合,可以让用户充分利用计算机为他们带来的便利。

应用软件可以是一个很大的、甚至是一组计算机程序,它为计算机用户提供各种服务。通常,应用软件由第三方厂商开发,并与计算机系统分开销售。

1.2 操作系统概述

1.2.1 什么是操作系统

计算机上都安装了操作系统,如 Windows 7/10 或者 UNIX/Linux 等。而且大家也都知道,在系统中安装其他软件工具(如 Office、IE、抓图软件等)之前,必须先安装好操作系统。

由图 1.2 可以看出,操作系统是裸机之上的第一层软件,与硬件关系尤为密切。它不仅对硬件资源直接实施控制、管理,而且其很多功能的完成是与硬件动作配合实现的,如中断系统。操作系统的运行需要有良好的硬件环境,这种硬件配置环境往往称做硬件平台。

操作系统是整个计算机系统的控制管理中心,其他所有软件都建立在操作系统之上。操作系统对它们既具有支配的权力,又为其运行建造必备环境。因此,在裸机之上每加一层软件,用户看到的就是一台功能更强的机器。通常把经过软件扩充功能后的机器称为"虚拟机"。在裸机上安装了操作系统后,就为其他软件的运行和用户使用提供了工作环境,往往把这种工作环境称做软件平台。

综上所述,操作系统是控制和管理计算机系统内各种硬件和软件资源、有效地组织多道程序运行的系统软件(或程序集合),是用户与计算机之间的接口。

第一,操作系统是软件,而且是系统软件,就是说,它由一整套程序组成。例如,UNIX系统就是一个很大的程序,它由上千个模块组成,有的模块负责内存分配,有的模块实现CPU 管理,还有的做读文件工作,等等。程序中还使用了大量的表格、队列等数据结构。

第二,它的基本职能是控制和管理系统内各种资源,有效地组织多道程序的运行。想象一下编写的程序在计算机上执行的大致过程：程序以文件形式存放在磁盘上，运行之前计算机把它调入内存，然后在 CPU 上运行，产生的结果在屏幕上显示出来。这些工作都由操作系统完成。

第三，它提供众多服务，方便用户使用、扩充硬件功能。例如，用户可以使用操作系统提供的上百条命令或者图形界面完成对文件、输入输出、程序运行等许多方面的控制、管理工作；可以在一台计算机上完成多项任务；甚至可以多个人同时使用一台计算机。

1.2.2 操作系统的功能

有了操作系统这个最基本的系统软件，就能把计算机系统中的各种资源（包括硬件资源和软件资源，如文件、信息等）管理得井井有条。所以，操作系统就好像是系统中的"大管家"，事无巨细，它都过问，并且替用户进行妥善处理，为用户"效劳"。这样，普通用户只需用好系统，集中精力解决自己所处理的问题，而不必考虑系统内部各项功能实现的细节。从而，计算机系统就成为用户的得力助手，大家在使用计算机时会感到轻松多了。我们现在所使用的计算机界面越来越友好，有窗口、菜单、图标等，操作越来越简单、直观，这些都是操作系统为用户带来的方便。

操作系统责任重大，功能强大。其基本功能包括存储管理、进程和处理机管理、文件管理、设备管理和用户接口服务。

1. 存储管理

用户程序在运行之前都要装入内存。内存就是所有运行程序共享的资源。存储管理的主要功能包括内存分配、地址映射、内存保护和内存扩充。

1) 内存分配

无论是系统软件还是用户编写的程序，所有程序和数据都要先放到内存中，然后才能在 CPU 执行。为此，操作系统必须记录整个内存的使用情况，处理用户提出的申请，按照某种策略实施分配，接收系统或用户释放的内存空间。

由于内存是宝贵的系统资源，并且往往出现这种情况：用户程序和数据对内存的需求量总和大于实际内存可提供的使用空间。为此，在制定分配策略时应考虑到提高内存的利用率，减少内存浪费。

2) 地址映射

我们在编写程序时并不考虑程序和数据要放在内存的什么位置，程序中设置变量、数组和函数等只是为了实现这个程序所要完成的任务。源程序经过编译之后，会形成若干个目标程序，各自的起始地址都是 0（但它并不是实际内存的开头地址！），各程序中用到的其他地址都分别相对起始地址计算。这样一来，在多道程序环境下，用户程序中所涉及的相对地址与装入内存后实际占用的物理地址就不一样。CPU 执行用户程序时，要从内存中取出指令或数据，为此就必须把所用的相对地址（或称逻辑地址）转换成内存的物理地址。这就是操作系统的地址映射功能（需要有硬件支持）。

3) 内存保护

不同用户的程序都放在一个内存中，就必须保证它们在各自的内存空间中活动，不能相互干扰，更不能侵犯操作系统的空间。为此，就必须建立内存保护机制。例如，设置两个界限寄存器,分别存放正在执行的程序在内存中的上界地址值和下界地址值。当程序运行时,所产生的每个访问内存的地址都要作合法性检查,就是说该地址必须大于或等于下界寄存器的值,并且小于上界寄存器的值。如果地址不在此范围内,则属于地址越界,产生中断并进行相应处理。另外,还要允许不同用户程序共享一些系统或用户的程序。

4) 内存扩充

一个系统中内存容量是有限的,不能随意扩充其大小。而且用户程序对内存的需求越来越大,很难完全满足用户的要求。这样就出现各用户对内存"求大于供"的局面。怎么办?物理上扩充内存不妥,就采取逻辑上扩充内存的办法,这就是虚拟存储技术。简单说来,就是把一个程序当前正在使用的部分(不是全体)放在内存中,而其余部分放在磁盘上。在这种"程序部分装入内存"的情况下,就启动并执行它。以后根据程序执行时的要求和内存当时使用的情况,随机地将所需部分调入内存;必要时还要把已分出去的内存回收,供其他程序使用(即内存置换)。

2. 进程和处理机管理

计算机系统中最重要的资源之一是 CPU,所有的用户程序和系统程序都必须在 CPU 上运行。对它管理的优劣直接影响整个系统的性能。因而,进程和处理机管理的功能包括作业和进程调度、进程控制和进程通信。

1) 作业和进程调度

简言之,用户的计算任务称为作业;程序的执行过程称做进程,它是分配和运行处理机的基本单位。一个作业通常要经过两级调度才得以在 CPU 上执行。首先是作业调度,它把选中的一批作业放入内存,并分配其他必要资源,为这些作业建立相应的进程。然后进程调度按一定的算法从就绪进程中选出一个合适的进程,使之在 CPU 上运行。

2) 进程控制

进程是系统中活动的实体。进程控制包括创建进程、撤销进程、封锁进程、唤醒进程等。

3) 进程通信

多个进程在活动过程中彼此间会发生相互依赖或者相互制约的关系。为保证系统中所有进程都能正常活动,就必须设置进程同步机制,它分为同步方式和互斥方式(前者实现相关进程协同工作,后者保证对共享资源的竞争、排他性使用。)。

相互合作的进程之间往往需要交换信息,为此系统要提供通信机制。

3. 文件管理

在计算机上工作时,经常要建立文件、打开文件、对文件读/写等。所以,操作系统中文件管理功能应包括文件存储空间的管理、文件操作的一般管理、目录管理、文件的读写管理和存取控制。

1) 文件存储空间的管理

系统文件和用户文件都要放在磁盘上。为此,需要由文件系统对所有文件以及文件的存储空间进行统一管理:为新文件分配必要的外存空间,回收释放的文件空间,提高外存的利用率。

2) 文件操作的一般管理

包括文件的创建、删除、打开、关闭等。

3) 目录管理

目录管理包括目录文件的组织,实现用户对文件的"按名存取",以及目录的快速查询和文件共享等。

4) 文件的读写管理和存取控制

根据用户的请求,从外存中读取数据或者将数据写入外存中。为保证文件信息的安全,防止未授权用户的存取或破坏,对各文件(包括目录文件)进行存取控制。

4. 设备管理

只要使用计算机,就离不开设备:用键盘输入数据,用鼠标操作窗口,在打印机上输出结果,等等。设备的分配和驱动由操作系统负责。设备管理的主要功能包括缓冲区管理、设备分配、设备驱动和设备无关性。

1) 缓冲区管理

缓冲区管理的目的是解决 CPU 和外设速度不匹配的矛盾,从而使它们能充分并行工作,提高各自的利用率。

2) 设备分配

根据用户的 I/O 请求和相应的分配策略,为该用户分配外部设备以及通道、控制器等。

3) 设备驱动

实现 CPU 与通道和外设之间的通信。由 CPU 向通道发出 I/O 指令,后者驱动相应设备进行 I/O 操作。当 I/O 任务完成后,通道向 CPU 发中断信号,由相应的中断处理程序进行处理。

4) 设备无关性

又称设备独立性,即用户编写的程序与实际使用的物理设备无关,由操作系统把用户程序中使用的逻辑设备映射到物理设备。

5. 用户接口

用户上机操作时会直接用到操作系统提供的用户接口。操作系统对外提供多种服务,使得用户可以方便、有效地使用计算机硬件和运行自己的程序。现代操作系统通常向用户提供三种类型的接口。图 1.4 示出三种接口在 UNIX/Linux 系统中的位置。

1) 图形用户接口(GUI)

图形用户接口通常称做图形用户界面(简称图形界面)。用户利用鼠标、窗口、菜单、图标等图形界面工具,可以直观、方便、有效地使用系统服务和各种应用程序及实用工具。

图形界面可以让用户以三种方式与计算机交互作用:

- 通过形象化的图标浏览系统状况;
- 用鼠标直接操纵屏幕上的图标,从而发出控制命令;
- 提供与图形系统相关的视窗环境,使用户可以从多个视窗观察系统,能同时完成几个任务。

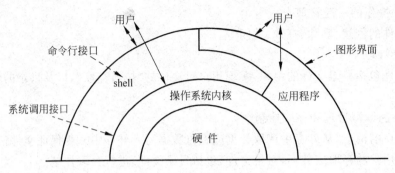

图 1.4　操作系统三种接口的关系

2）命令行接口

在提示符之后用户从键盘上输入命令，命令解释程序接收并解释这些命令，然后把它们传递给操作系统内部的程序，执行相应的功能。这是操作系统与用户的交互界面。在 UNIX/Linux 系统中，称其为 shell。例如，在 Linux 系统中，用户输入如下命令：

$ date

在屏幕上会显示系统当前的日期和时间。其中，"$"是系统提示符（由字符$和一个空格组成）。用户可以修改提示符。

3）程序接口

程序接口也称系统调用接口。系统调用是操作系统内核与用户程序、应用程序之间的接口。在 UNIX/Linux 系统上，系统调用以 C 函数的形式出现。例如：

```
#include <sys/types.h>
#include <sys/stat.h>
#include <fcntl.h>
⋮
fd = open("file.c",2);
```

其中，open 是系统调用名字，其功能是根据模式值 2（允许读、写）打开文件 file.c。

所有内核之外的程序都必须经由系统调用才能获得操作系统内核的服务。系统调用只能在程序中使用，不能直接作为命令在终端上输入和执行。由于系统调用能够改变处理机的执行状态——从用户态（即在此状态下只能访问相应用户作业占用的内存区，而不能执行特权指令）变为核心态（即在此状态下可以访问整个内存，既能执行普通指令，又能执行特权指令），直接进入内核执行，所以其执行效率很高。用户在自己的程序中可以使用系统调用，从而获取系统提供的众多基层服务。

在提示符之后输入命令行，并按 Enter 键后，命令解释程序在用户态下实施对命令的解释和执行。这些命令都需要操作系统内核提供服务，最起码是接收来自键盘的输入数据、在屏幕上显示执行结果。为此，实现各命令的程序代码中要使用相应的系统调用。

在应用程序中可以直接使用系统调用，从而进入操作系统内核，执行其相应的代码。用户也可以利用 shell 命令编制程序（称做脚本），由命令解释程序对脚本进行解释执行。

1.2.3 操作系统的类型

计算机有大有小,从运算速度为每秒上万亿次的巨型机到小巧玲珑的掌上计算机,其上运行着形形色色的操作系统,它们在功能、特征、规模和提供的应用环境等方面存在很大差别。从系统功能的角度,一般把操作系统分为多道批处理系统、分时系统、实时系统、网络操作系统和分布式操作系统。

1. 批处理系统

早期的计算机系统大多数是批处理系统,如 20 世纪 60、70 年代的 IBM 360/370。在这种系统中,把用户的计算任务按"作业"(Job)进行管理。

多道批处理系统的大致工作流程如下:操作员把用户提交的作业卡片放到读卡机上,通过输入程序及时把这些作业送入直接存取的后援存储器(如磁盘);作业调度程序根据系统的当时情况和各后备作业的特点,按一定的调度原则,选择一个或几个搭配得当的作业装入内存准备运行;内存中多个作业交替执行,当某个作业完成时,系统把该作业的计算结果交给输出程序准备输出,并回收该作业的全部资源。重复上述步骤,使得各作业一个接一个地流入系统,经过处理后又挨个地退出系统,形成一个源源不断的作业流。

可以看出,该系统有两个特点:一是"多道",二是"成批"。"多道"是指内存中存放多个作业,并在外存上存放大量的后备作业。因此,这种系统的调度原则相当灵活,易于选择一批搭配合理的作业调入内存运行,从而能充分发挥系统资源的利用率,增加系统的吞吐量。而"成批"的特点是在系统运行过程中不允许用户和机器之间发生交互作用。就是说,用户一旦把作业提交给系统,他就不能直接干预该作业的运行了,直至作业运行完毕,才能根据输出结果去分析它的运行情况,确定下次上机任务。因此,用户必须针对作业运行中可能出现的种种情况,在作业说明书中事先规定好相应的措施。

批处理系统的主要优点是:
- 系统资源利用率高;
- 系统吞吐量大。

但是,批处理系统也存在明显缺点:
- 用户作业的等待时间长,往往要经过几十分钟、几小时,甚至几天;
- 没有交互能力,用户无法干预自己作业的运行,使用起来不方便。

2. 分时系统

针对批处理系统的上述问题,人们提出了分时系统,如 20 世纪 60、70 年代的 MULTICS 和 UNIX 系统。它让用户通过终端设备联机使用计算机,这是比早期的手工操作方式更高级的联机操作方式。

在分时系统中,分时主要是指若干并发程序对 CPU 时间的共享。它是通过系统软件实现的。分享的时间单位称为时间片,它往往是很短的,如几十毫秒。这种分时的实现,需要有中断机构和时钟系统的支持。利用时钟系统把 CPU 时间分成一个一个的时间片,操作系统轮流地把每个时间片分给各个并发程序,每道程序一次只可运行一个时间片。当时间片计数到时后,产生一个时钟中断,控制转向操作系统。操作系统选择另一道程序并分给它时间片,让其投入运行。到达时间,再发中断,重新选程序(或作业)运行,如此反复。由于相对人们的感觉来说,这个时间片很短,往往在几秒钟内即可对用户的命令做出响应,从而使系统上的各个用户都认为整个系统只为他自己服务,并未感觉到还有别的用户也在上机。

分时系统的基本特征可概括为以下四点。

① 同时性:若干用户可同时上机使用计算机系统。

② 交互性:用户能方便地与系统进行人机对话。

③ 独立性:系统中各用户可以彼此独立地操作,互不干扰或破坏。

④ 及时性:用户能在很短时间内得到系统的响应。

分时系统所具有的许多优点使它获得迅速的发展,其优点主要是以下几点。

① 为用户提供了友好的接口,即用户能在较短时间内得到响应,能以对话方式完成对程序的编写、调试、修改、运行和得到运算结果。

② 促进了计算机的普通应用,一个分时系统可带多台终端,可同时供多个远近用户使用,这给教学和办公自动化提供了很大方便。

③ 便于资源共享和交换信息,为软件开发和工程设计提供了良好的环境。

3. 实时系统

在计算机的某些应用领域内,要求对实时采样数据进行及时(立即)处理并做出相应的反应,如果超出限定的时间就可能丢失信息或影响到下一批信息的处理。例如卫星发射过程中,必须对出现的各种情况立即进行分析、处理。这种系统是专用的,它对实时响应的要求是批处理系统和分时系统无法满足的,于是人们引入了实时操作系统(简称实时系统)。常用的实时系统有 QNX、VxWorks、RTLinux 等。

实时系统现在有三种典型应用形式,这就是过程控制系统、信息查询系统和事务处理系统。

(1) 过程控制系统。计算机用于工业生产的自动控制,它从被控过程中按时获得输入。例如,化学反应过程中的温度、压力、流量等数据,然后计算出能保持该过程正常进行的响应,并控制相应的执行机构去实施这种响应。比如测得温度高于正常值,可降低供热用的电压,使温度下降。这种操作不断循环反复,使被控过程始终按预期要求工作。在飞机飞行、导弹发射过程中的自动控制也是如此。

(2) 信息查询系统。该系统的主要特点是配置有大型文件系统或数据库,并具有向用户提供简单、方便、快速查询的能力。例如仓库管理系统和医护信息系统。当用户提出某种信息要求后,系统通过查找数据库获得有关信息,并立即回送给用户。整个响应过程应在相当短的时间内完成(比如不超过一分钟)。

(3) 事务处理系统。该系统的特点是数据库中的数据随时都可能更新,用户和系统之间频繁地进行交互。典型应用例子是飞机票预订和银行财务往来。事务处理系统不仅应有实时性,而且当多个用户同时使用该系统时,应能避免用户相互冲突,使各个用户感觉是单独使用该系统。

4. 网络操作系统

在信息时代离不开计算机网络,特别是 Internet 的广泛应用正在改变着人们的观念和社会生活的方方面面。每天有上亿人次通过网络传递邮件、查阅资料、搜寻信息,以及网上订票、网上购物,等等。

为了实现异地计算机之间的数据通信和资源共享,可以将分布在各处的计算机和终端设备通过数据通信系统联结在一起,构成一个系统,这就是计算机网络。

计算机网络具有如下特征。

① 分布性。网上的节点机可以位于不同地点,各自执行自己的任务。根据要求,一项大任务可划分为若干子任务,分别由不同的计算机执行。

② 自治性。网上的每台计算机都有自己的内存、I/O 设备和操作系统等,能够独立地完成自己承担的任务。网络系统中的各个资源之间多是松散耦合的,并且不具备整个系统统一任务调度的功能。

③ 互连性。利用互联网把不同地点的资源(包括硬件资源和软件资源)在物理上和逻辑上连接在一起,在统一的网络操作系统控制下,实现网络通信和资源共享。

④ 可见性。计算机网络中的资源对用户是可见的。用户的任务通常在本地计算机上运行,利用网络操作系统提供的服务可共享其他主机上的资源。所以,用户心目中的计算机网络是一个多机系统。

计算机网络要有一个网络操作系统(NOS)对整个网络实施管理,并为用户提供统一、方便的网络接口。网络操作系统一般建立在各个主机的本地操作系统基础之上,其功能是实现网络通信、资源共享和保护,以及提供网络服务和网络接口等。

目前局域网中常用的网络操作系统主要有以下几类:Windows Server 2003,UNIX SVR 3.2、SVR 4.0 和 SVR 4.2,Linux,NetWare 3.11、3.12、4.10、4.11、5.0,等等。

5. 分布式操作系统

多计算机系统除网络系统外,还有分布式系统。它把大量的计算机组织在一起,彼此通过高速网络进行连接。分布式系统有效地解决了地域分布很广的若干计算机系统间的资源共享、并行工作、信息传输和数据保护等问题,从而把计算机技术和应用推向一个新阶段。

分布式操作系统是配置在分布式系统上的共用操作系统。从用户看来,它是一个普通的集中式操作系统,提供强大的功能,使用户可用透明的方式访问系统内的远程资源。分布式操作系统实施系统整体控制,对分布在各节点上的资源进行统一管理,并且支持对远程进程的通信协议。

分布式操作系统所涉及的问题远远多于以往的操作系统。归纳起来它应具有以下五个特点。

① 透明性。要让每个用户觉得这种分布式系统就是老式的单 CPU 分时系统,最容易的办法是对用户隐藏系统内部的实现细节,如资源的物理位置、活动的迁移,并发控制,系统容错处理等。用户只需输入相应的命令,就可以完成指定任务,而不必了解对该命令的并行处理过程。

② 灵活性。可以根据用户需求和使用情况,方便地对系统进行修改或者扩充。

③ 可靠性。如果系统中某台计算机不能工作了，就由另外的计算机做它的工作。可靠性包括可用性(系统可供使用的时间)、安全性(文件和其他资源受到保护，防止未授权使用)和容错性(在一定限制条件下对故障的容忍程度)。

④ 高性能。分布式系统有很高的性能，它不仅执行速度快、响应及时、资源利用率高，而且网络通信能力强。

⑤ 可扩充性。分布式系统能根据使用环境和应用需要，方便地扩充或缩减其规模。

除以上5大类操作系统外，还有其他类型的操作系统在使用中，如个人机系统、多处理器系统、嵌入式系统、云计算系统等。

1.3 Linux 系统的历史和现状

1.3.1 Linux 的历史

1984年，曾是 Bill Gates 哈佛大学同学的 Richard Stallman 组织开发了一个完全基于自由软件的软件体系计划——GNU(GNU 是 GNU is Not UNIX 的递归缩写)，并且拟定了一份通用公共许可证(General Public License,GPL)。GPL 保证任何人有共享和修改自由软件的自由，任何人都有权取得、修改和重新发布自由软件的源代码，并且规定在不增加附加费用的条件下得到源代码(基本发行费用除外)。这一规定保证了自由软件总体费用的低廉，在使用 Internet 的情况下则是免费的。

20世纪80年代，Andrew S. Tanenbaum 教授为了满足教学的需要，自行设计了一个微型 UNIX 操作系统——MINIX。在此基础上，1991年芬兰赫尔辛基大学的学生 Linus Torvalds 在自己的 Intel 386 个人计算机上开发了属于他自己的第一个程序，并利用 Internet 发布了他开发的源代码，将其命名为 Linux，从而创建了 Linux 操作系统。之后，许多系统软件设计专家共同对它进行改进和提高。

到现在为止，Linux 已成为具有全部 UNIX 特征、与 POSIX 兼容的操作系统。近年来，Linux 在国际上发展迅速，得到了除微软以外几乎所有知名软件和硬件公司的支持。支持 Linux 的硬件公司有 IBM、HP、Sun、Intel、AMD、SONY 等，软件公司有 CA、Oracle、Sybase、Informix、BEA、Borland、Veritas 等。这些支持包括提供技术支持、开发 Linux 的应用软件，将 Linux 系统的应用推向各个领域，使得 Linux 已经进入到企业级应用。

Linux 成功的意义不仅在于 Linux 操作系统本身，还在于 Linus Torvalds 所建立的全新的软件开发方法和 Stallman 的 GNU 精神。Linus 把 Linux 奉献给了自由软件，奉献给了 GNU，从而使自由软件有了一个良好的发展根基——基于 Linux 的 GNU。

1.3.2 Linux 的应用现状

Linux 自诞生以来，由于其具有一系列显著特点(见1.4节)而备受各国政府和业界的重视，全球软件业和厂商都以极大热情和大量资金投入 Linux 的研究和应用开发。特别是近10年来，在自由软件运动的支持下，Linux 以异乎寻常的开发速度证明了自己的活力。随着 Linux 技术的日益成熟、完善，其应用领域和市场份额继续快速扩大。目前，其主要应用领域是服务器系统、嵌入式系统和云计算系统等。然而，Linux 的足迹已遍及各行各业，几乎无所不在。

1. 超级计算机和服务器领域

多年来，Linux 一直是超级计算机领域的王者。根据 2014 年 7 月世界超级计算机 TOP 500 排名，在全球 500 台最快的计算机里，有 485 台运行 Linux 系统，占比达 97%。

Linux 服务器用于处理如网络和系统管理、数据库管理和 Web 服务等的业务应用，是具备高性能和开源性的一种服务器。目前，Linux 已经成为服务器操作系统领域的首选系统之一。作为全世界最大的应用集群之一，Google 就使用着 1.8 万台左右的 Linux 服务器。著名的 Apache、IBM LinuxONETM、z SystemsTM、Unisys ES7000、Oracle、MySQL、Sendmail 等平台上都运行着 Linux 操作系统。

2. 嵌入式系统

嵌入式系统是以应用为中心，以计算机技术为基础，软件硬件可裁剪，适应应用系统对功能、可靠性、成本、体积、功耗有严格要求的专用计算机系统。嵌入式系统是将先进的计算机技术、半导体技术和电子技术与各个行业的具体应用相结合后的产物。嵌入式系统技术已被广泛应用于军事、工业控制系统、信息家电、通信设备、医疗仪器、智能仪器仪表等众多领域。Linux 的众多优点使它在嵌入式领域获得了广泛的应用，并出现了数量可观的嵌入式 Linux 系统，其中有代表性的产品包括 μCLinux、ETLinux、ThinLinux、RT-Linux、Embedix、Xlinux、红旗嵌入式 Linux 等。

其实，Linux 在我们日常生活中应用很普遍，目前几乎人手一部的智能手机上安装最多的操作系统是基于 Linux 系统的安卓（Android）。Android 是 Google 公司于 2007 年 11 月 5 日发布的、基于 Linux 平台的操作系统。该平台由操作系统、中间件、用户界面和应用软件组成。第一部 Android 智能手机发布于 2008 年 10 月，此后 Android 逐渐扩展到平板电脑及其他领域上，如电视、数码相机、游戏机等。根据市场研究机构 Gartner 的统计，2015 年第三季度，Android 在全球智能手机市场的份额为 84.7%。

基于其成本低廉及高度可裁剪性，Linux 常常被应用于如机顶盒、移动电话及移动装置等设备中。此外，有很多网络防火墙及路由器其内部都使用 Linux 来驱动，如 LinkSys 的产品。

3. 云计算系统

如今，我们已进入大数据时代，"云计算"正成为热门的术语。云计算秉承"一切皆服务"的理念，将包括网络、服务器、存储、应用软件、服务等资源并入可配置的计算资源共享池，用户按使用量付费，就像花钱买水买电那样，非常方便。

在云计算和大数据领域里采用分布式系统基础架构、被称为大数据心脏的 Hadoop 最早就是为了在 Linux 平台上使用而开发的。得益于 Linux 平台的强力支撑，Hadoop 展现出了极其可靠、高效的性能。

长期以来，Linux 一向是备受云计算和数据中心青睐的操作系统，多数云供应商都在使用 Linux 打造数据中心。"云"具有相当的规模，如 Google 云计算平台已经拥有 100 多万台服务器，Amazon、IBM、微软、Yahoo 等公司的"云"均拥有几十万台服务器。企业私有云一般拥有数百上千台服务器。我国各地也都纷纷成立了云计算中心、大数据中心，如阿里云、腾讯云、易拓云等。

4. 桌面系统

新版本的 Linux 系统特别在桌面应用方面进行了改进，达到相当的水平，完全可以作为一种集办公应用、多媒体应用、网络应用等多方面功能于一体的图形界面操作系统。

Linux 系统本身就是由世界上最优秀的程序员开发的，因此具有强大的开发能力。它可以支持包括 C、C++、Java、Python、Perl、PHP、Fortran、PASCAL 等在内的常用程序设计语言，并且也涌现出一批高效、易用的可视化编程工具。

1.4 Linux 系统的特点

Linux 的功能强大而全面，与其他操作系统相比，具有一系列显著特点。

1. 与 UNIX 兼容

现在，Linux 已成为具有全部 UNIX 特征、遵从 POSIX 标准的操作系统。所有 UNIX 的主要功能都有相应的 Linux 工具和实用程序。对于 UNIX System V 来说，其软件程序源码在 Linux 上重新编译之后就可以运行；而对于 BSD UNIX，它的可执行文件可以直接在 Linux 环境下运行。所以，Linux 实际上就是一个完整的 UNIX 类操作系统。Linux 系统上使用的命令多数都与 UNIX 命令在名称、格式、功能上相同。

2. 自由软件，源码公开

Linux 项目从一开始就与 GNU 项目紧密结合，它的许多重要组成部分直接来自 GNU 项目。任何人只要遵守 GPL 条款，就可以自由使用 Linux 源程序。这样就激发了世界范围内热衷于计算机事业的人们的创造力。通过 Internet，这一软件的传播和使用就像野火一样迅速蔓延。

3. 性能高，安全性强

在相同的硬件环境下，Linux 可以像其他著名的操作系统那样运行，提供各种高性能的服务，可以作为中小型 ISP 或 Web 服务器工作平台。

Linux 上包含了大量网络管理、网络服务等方面的工具，用户可利用它建立起高效稳定的防火墙、路由器、工作站、Intranet 服务器和 WWW 服务器。它还包括了大量系统管理软件、网络分析软件、网络安全软件等。

由于 Linux 源码是公开的，所以可消除系统中是否有"后门"的疑惑。这对于关键部门、关键应用来说是至关重要的。

4. 便于定制和再开发

在遵从 GPL 版权协议的条件下，各部门、企业、单位或个人可根据自己的实际需要和使用环境对 Linux 系统进行裁剪、扩充、修改或者再开发。

5. 互操作性强

Linux 操作系统能够以不同的方式实现与非 Linux 系统的不同层次的互操作：
- Client/Server 网络　Linux 可以为基于 MS-DOS、Windows 和 UNIX 系统提供文件存储、打印机、终端、后备服务，以及关键性业务应用；
- 工作站　与工作站间的互操作可以让用户把他们的计算需求分散到网络的不同计算机上；
- 仿真　在 Linux 上运行 MS-DOS 与 Windows 平台的仿真工具，就可以运行 DOS/Windows 程序。

6. 全面的多任务和真正的 32 位操作系统

Linux 和 UNIX 系统一样，是真正的多任务系统，它允许多个用户同时在一个系统上运行多道程序。Linux 还是真正的 32 位操作系统，它工作在 Intel 80386 及以后的 Intel 处理器的保护模式下。Linux 支持多种硬件平台。

1.5　Linux 的发展优势与存在的问题

1.5.1　Linux 的发展优势

Linux 的迅速发展具有一系列优势，主要包括以下几点。

（1）开放源码系统从本质上就具有其他系统无法比拟的研制开发优势，它集中了众多软件专家、编程高手、IT 爱好者，以及黑客的智慧与辛苦，在一个公开的、自由的、不受约束的论坛上，大家各抒己见，从不同的角度对 Linux 系统提出修改、扩充、纠错、支持或批评的意见与建议。这是全球范围的研制，其广度是任何一个公司所无法比拟的。

（2）Linux 受到各国政府的大力支持。包括美国政府在内的各国政府都全力支持 Linux，不少政府在采购办公软件时优先考虑开源软件。Linux 正逐步成为电子政务的平台标准。我国政府对软件产业非常支持，先后颁布了国发[2000]18 号文件和国办发[2002]47 号文件，对软件产业发展给予各项优惠政策。

（3）得到全球各大软硬件公司的支持。几乎各大知名软、硬件厂商都支持 Linux 系统，如 IBM 公司在其所有的解决方案中都全力采用 Linux；HP 公司宣布其所有硬件产品都支持 Linux；Google、Amazon 和 Facebook 等互联网巨头也都使用 Linux 来运行不同的网络和云服务。

（4）价格优势。由于 Linux 是开放源代码的操作系统，除了内核免费以外，它的许多系统程序以及应用程序也是自由软件，可以从网上免费获得。所以它的软件成本非常低廉。此外，还兼具低人员培训成本、低移植成本、低管理成本等。对于各政府部门、企事业单位、机关学校来说，采用 Linux 系统会带来重大的经济效益。对于个人来说，这是少花钱、多办事的捷径。

（5）安全性。一个操作系统的架构就已经预先决定了它的安全性。Linux 操作系统的架构完全沿袭了 UNIX 的系统架构,而 UNIX 系统的安全性已被业界、商家和用户所公认。Linux 系统在设计的时候就是针对多用户环境的,对用户权限、信息保护等都有周到的考虑。按照安全性能评测标准划分(分为 4 类、7 级,A 类最高,D 类最低),UNIX/Linux 达到 C 类,而 Windows 系列产品属于 D 类。Linux 是高效、安全、可靠、廉价的自由软件。操作系统涉及国家安全,采用开源代码系统具有重要意义。

1.5.2　Linux 的用户

当前流行的软件按照所提供的方式和是否以营利为目的可以划分为三种模式,即商业软件(Commercial Software)、共享软件(Shareware)和自由软件(Freeware 或 Free Software)。

商业软件由开发者出售副本并提供技术服务,用户只有使用权,但不得进行非法复制、扩散、修改或添加新功能。共享软件由开发者提供软件试用程序副本授权,用户在试用该程序副本一段时间之后,必须向开发者交纳使用费用,开发者则提供相应的升级和技术服务。而自由软件则由开发者提供软件全部源代码,任何用户都有权使用、复制、扩散、修改该软件,同时用户也有义务将自己修改过的程序代码公开。Linux 就是自由软件的杰出代表。1993 年 Linus Torvalds 将 Linux 系统转向了 GPL,并加入了 GNU。这一版权上的转变对于 Linux 的进一步发展确实起到了极其重要的作用。

按用户的性质,可以将目前 Linux 的用户分为个人用户、专业用户和商业用户。

个人用户可以说是业余用户,在这类用户中,学生占据了很大的比例。在 Linux 的使用者中个人用户占据很大部分。随着 Linux 的进一步发展,这些用户是 Linux 得以发展的潜在最大用户群。

专业用户大多是 UNIX 的使用者,他们本身对 UNIX 比较熟悉,能够很快地掌握 Linux 的使用。专业用户是 Linux 最忠实的拥护者。

商业用户要向客户提供商业服务。目前,广泛使用 Linux 的商业用户多为信息服务提供商,如大量的 ISP(互联网服务提供商)或 ICP(互联网内容提供商)等。随着 Linux 优秀性能逐渐被广大商业用户所认识,Linux 商业用户的规模会越来越大。

1.5.3　Linux 的不足

古语说,金无足赤,人无完人。尽管 Linux 具有众多优点和强大的发展优势,但是它也存在不足之处,使其普及率受到很大的限制,甚至受人诟病。多数人认为制约 Linux 发展的不利因素主要是:没有特定的支持厂商,不像 Windows 系统有微软公司专门运营开发并进行版本更新;使用不方便,命令行方式难学难记;图形界面不如 Windows 7 或 Windows 10 等产品那样靓丽舒适;应用软件少,特别是游戏软件不如 Windows 丰富多彩;等等。这就造成很多用户不熟悉 Linux 桌面操作系统,因而影响其对 Linux 系统的选择和使用。

应当指出,上述问题正在得到解决。例如,红旗 Linux 桌面系统的图形界面与 Windows 已经相差无几,可以很方便、直观、快捷地进行操作。随着各大公司的积极投入,已经开发出大量具有特色的应用软件,可以适应各方面的不同需求。当然,Linux 版本众多也影响了 Linux 的普及和应用,需要尽快制定统一的桌面版本标准(规范)。另外,如何使开发者和经营商获得合理的利润,对于促进 Linux 的快速、持续的发展也至关重要。Linux 的推广需要有大量的 Linux 人才,从而尽快调整计算机/信息教育和培训体系就显得十分必要。

1.6　Linux 的常用版本

Linux 有两种版本,一个是内核(Kernel)版本,另一个是发行(Distribution)版本。

1. 内核版本

内核版本主要是 Linux 的内核,Linus 等人在不断地开发和推出新的内核。Linux 内核的官方版本由 Linus Torvalds 本人维护。在 2.6.0 版本(2004 年)之前,内核版本的序号由三部分数字构成,其形式为:A.B.C。其中,A 为主版本号(major),B 为次版本号(minor),二者共同构成了当前内核版本号;C 表示对当前版本的修订次数(patchlevel)。例如,2.4.2 表示对核心 2.4 版本的第 2 次修订。

根据当时约定,次版本号为奇数时,表示该版本加入新内容,但不一定很稳定,相当于测试版;次版本号为偶数时,表示这是一个可以使用的稳定版本。由于 Linux 内核开发工作的连续性,因此内核的稳定版本与在此基础上进一步开发的不稳定版本总是同时存在的。对于一般用户,建议采用稳定的内核版本。

从 2.6.0 版本开始,使用一种基于时间(time-based)的方式,是一种"A.B.C.D"的格式。在其后大约七年的时间里,内核版本号的前两个数 A 和 B 一直保持是"2.6",第三个数 C 随着发布次数增加,发布周期大约是两三个月。考虑到对某个版本的 bug 和安全漏洞的修复,有时也会出现第四个数字 D。

Linus 于 2011 年 5 月 29 日宣布,为了纪念 Linux 发布 20 周年,在 2.6.39 版本发布之后,内核版本将升到 3.0 。在 3.0 版本之后仍采用基于时间的"A.B.C"格式,如 3.11.7。

Root 用户可以使用命令 uname -r 来查看所用计算机上发行版使用的内核版本号。

2. 发行版本

发行版本是各个公司推出的版本,它们与核心版本是各自独立发展的。发行版本通常将 Linux 系统内核与众多应用软件及相关文档集成在一起,包括安装界面、系统设定、管理工具等软件,构成一个发行套件,从而方便了用户使用。目前,国内外开发出的 Linux 发行版本有几百个,常见的发行版本如下。

1) Red Hat Linux/ Fedora Core

Red Hat Linux 是世界上使用最多、我国用户最熟悉的 Linux 发行版本之一。它支持众多的硬件平台,安全性能良好,其创建的 RPM 软件包管理器(Redhat Package Manager)是目前业界最流行的软件安装方式。它还拥有丰富的软件包、方便的系统管理界面及详细且完整的联机文档。

Red Hat 公司在 2003 年发布了 Red Hat 9.0,并宣布不再推出个人使用的发行套件而专心发展商业版本。因此,目前 Red Hat 分为两个系列:由 Red Hat 公司提供收费技术支持和更新的 Red Hat Enterprise Linux(RHEL),以及由 Red Hat 公司赞助、由社区开发的免费的 Fedora Core。Fedora Core 自第五版起直接更名为 Fedora。目前最新版本是 Fedora 28。

Red Hat 公司网站是 http://www.redhat.com。

Fedora 的官方网站是 http://fedoraproject.org。

2）Debian

Debian 是一个致力于创建自由操作系统的合作组织，其开发的操作系统叫做 Debian GNU/Linux，简称 Debian。它拥有超过 18 000 个高度集成的软件包，安装过程和升级程序简单方便。它分为三个版本分支：stable，testing 和 unstable。其中，unstable 为最新的测试版本，其中包括最新的软件包，但是也有相对较多的 bug，适合桌面用户；testing 版本都经过 unstable 的测试，相对较稳定，也支持不少新技术；而 stable 版本一般只用于服务器，其软件包大部分都比较陈旧，但是稳定性和安全性都非常高。

Debian 的官方网站是 http://www.debian.org。

3）Ubuntu

Ubuntu 是基于 Debian 体制的新一代 Linux 操作系统，它继承了 Debian 的优点，并提供更易用、更人性化的使用方式。Ubuntu 的主要特点是：采用 GNOME 桌面环境；使用 Sudo 工具，系统具有更好的安全性；系统安装完成后即可使用，可用性强；新增了虚拟机环境下的安装等特性。Ubuntu 主要分为桌面版和服务器版两种。

Ubuntu Linux 的网站是 https://cn.ubuntu.com。

4）Slackware

Slackware Linux 创建于 1992 年，是出现最早的 Linux 发行套件之一。与很多其他的发行版不同，它坚持 KISS(Keep It Simple Stupid)原则；Slackware 没有 RPM 之类的成熟的软件包管理器。它的主要特点是安装简单(但配置系统需要用户有经验)，目录结构清晰，版本更新快，适于安装在服务器端。

Slackware 的网站是 http://www.slackware.com。

5）openSuSE

openSuSE 是著名的 Novell 公司旗下的 Linux 发行版，发行量在欧洲占第一位。它采用 KDE 4.3 作为默认桌面环境，同时也提供 GNOME 桌面版本。它的软件包管理系统采用自主开发的 YaST，颇受好评。它的用户界面非常华丽，甚至超越 Windows 7，而且系统性能良好。现在的最新版本是 11.2。

openSuSE Linux 的官方网站是 http://www.opensuse.org。

6）普华 Linux

普华 Linux 桌面操作系统是由中国电子科技集团所属的普华基础软件有限公司开发，最新的普华 Linux 4.0 采用由官方长期支持的 4.4 内核，符合 Linux 相关标准以及 LSB 4 系列标准，采用 KDE5 桌面环境，提供浏览器、邮件客户端以及多媒体工具等常见的桌面应用程序，自带金山办公套件 WPS 等，对各类常见外设支持良好，更贴近用户的使用习惯。不仅支撑着传统 X86、ARM、POWER 等主流硬件平台，还着力打造了对国产龙芯、申威、兆芯等平台的系统支撑。目前普华 Linux 已成功应用于行政机构、教育、邮政及电力等多个行业。

普华 Linux 的网站是 http://www.i-soft.com.cn。

7）Red Flag Linux(红旗 Linux)

红旗 Linux 是由中科院软件所下属的中科红旗软件技术有限公司开发研制的，主要有服务器版本和桌面版本。红旗 Linux 桌面版 6.0 沿袭 Windows like 经典风格，融合更多 Linux 独特设计，具有人性化、易用化的交互界面，采用稳定的 KDE 3.5.5 作为标准桌面环境。全程的中文信息处理平台，支持国家 GB18030 编码标准，拥有高达 27 000 汉字的矢量字库，可以进行该编码的汉字输入及打印。提供符合用户使用习惯的操作界面，包括中文菜单、对话框、中文提示和帮助、中文时间显示和货币格式。提供了多种汉字输入法。红旗 Linux 集成了丰富的应用软件和系统管理工具。

因经营等问题，2014 年中科红旗被收购，企业名称更名为"北京红旗软件有限公司"（简称：红旗软件）。

红旗 Linux 网址为 http://www.redflag-linux.com。

思考题

1. 现代计算机系统由哪两部分组成？二者有何关系？
2. 什么是软件？软件分为哪几大类？Linux、Flash、Oracle、抓图软件、Skype 各属于哪类软件？
3. 什么是操作系统？它与硬件以及其他软件之间的关系是怎样的？
4. 操作系统的主要功能是什么？主要有哪些类型？
5. 下列哪些软件是开源软件：Windows 10、Red Hat、IE、UNIX？
6. Linux 系统有什么显著特点？其应用领域主要有哪些？
7. Linux 迅速发展的优势是什么？
8. Linux 的内核版本与发行版本有何区别？
9. 你认为，让 Windows 系统"一统天下"会出现什么后果？为什么？
10. 学习、应用和开发 Linux 技术的必要性是什么？

第2章 常用命令及文件操作

众所周知,我们上机时是通过用户界面与计算机打交道的。用户界面定义了用户与计算机交流的不同方式。常见的有图形界面、命令行界面以及程序界面。每个人喜欢什么样的用户界面取决于其教育背景及经验。Linux 提供了几种不同的用户界面。其中,命令行界面是 Linux 系统下最简单,但也是功能最强的用户界面。Linux 系统为用户提供了几百条命令,其功能涉及资源管理、信息处理、系统检测、通信服务等方方面面。

我们经常要利用文件来存放信息和数据,进行创建/删除文件、打开/关闭文件、读/写文件等操作,用户最常用的操作几乎都与文件相关。Linux 针对文件操作提供了众多方便、高效的命令。

本章介绍 Linux 系统中有关文件管理的知识,包括进入命令行方式,命令格式、文件类型和常用文件操作命令。

2.1 命令行方式

2.1.1 进入命令行界面

通常,要使用 Linux 命令就首先要进入命令行界面。在常用桌面系统 KDE(K Desktop Environment)环境下,可以利用终端程序进入传统的命令行操作界面。启动命令行终端只需在系统主菜单中选择"开始"→"系统终端"(或直接双击面板上的"系统终端"图标)即可打开如图 2.1 所示的窗口。

Konsole 是终端程序的窗口。通过在此输入 shell 命令可以快捷地完成工作任务。如输入 ls 命令,就显示出当前目录中所包含的各个文件和子目录。

如果在 KDE 桌面上有"终端程序"图标,那么用鼠标双击它,也同样可以进入命令行界面。另外,如果只想运行一条命令,那么可以使用快捷键 Alt+F2 或是在系统主菜单中选择"运行命令",打开命令行输入窗口,然后输入运行命令。

要退出终端程序,单击窗口右上角的"关闭"按钮,或在 shell 提示符下输入 exit,也可按快捷键 Ctrl+D。

2.1.2 提示符

从图 2.1 中看到的"[mengqc@localhost ~]$"是 shell 主提示符,它是在 shell 准备接

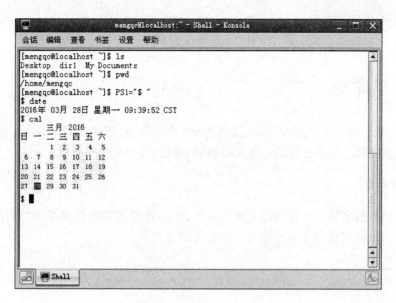

图 2.1　命令行界面

受命令时显示的字符串。在这个提示符中，mengqc 表示当前用户名，localhost 是默认的主机名，~表示默认用户主目录，"$"表示当前用户是普通用户。对于超级用户来说，该位置出现的提示符是♯。

在提示符之后，用户输入命令，最后按 Enter 键。shell 命令解释程序将接收、分析、解释并执行相应的命令，执行结果在屏幕上显示出来。

在 bash(即 Linux 系统默认的 shell)中，主提示符用环境变量 PS1 表示。PS1 定义主提示符是怎样构成的。如果没有设置它，bash 默认的主提示符一般为"\s-\v\$ "。其中，\s 表示 shell 的名称；\v 表示 bash 的版本号。当然，可以随意设置 PS1 的值，例如在图 2.1 中，有命令行：

PS1 = " $ "

则主提示符被改成"$ "，由"$"和一个空格组成。这样，下面的提示符就都变成这种形式。请注意：我们约定，在本书的示例中一般用户的主提示符为"$ "，超级用户的主提示符为"♯ "。

在 PS1 中常用的转义字符及其含义如下：

\d　　以"星期月日"形式表示的日期，如 Mon　Dec　1。

\h　　主机名，直至第一个"."为止。

\H　　主机名。

\s　　所用 shell 名称。

\t　　按 24 小时制(即小时：分：秒)形式表示的当前时间。

\T　　按 12 小时制(即小时：分：秒)形式表示的当前时间。

\@　　按 12 小时制 am/pm 形式表示的当前时间。

\u　　当前用户的用户名。

\v　　bash 的版本号。

\w　当前的工作目录。

\$　如果有效的 UID(用户标识)为 0,那么它就是一个"♯";否则,就是一个"$"。

2.2　简单命令

Linux 系统中命令有几百个,涉及文件操作、进程管理、设备管理和使用、系统维护、网络配置等方方面面。下面先介绍一些简单的 shell 命令。

1. who 命令

who 命令将列出所有正在使用系统的用户、所用终端名和注册到系统的时间。而 who am i 命令将列出使用该命令的当前用户的相关信息。例如:

```
$ who
mengqc    :0     2016 - 03 - 28   07:52(只有一个用户 mengqc 登录进入系统)
```

2. echo 命令

echo 命令可以将命令行中的参数显示到标准输出(即屏幕)上。例如:

```
$ echo  Happy New Year!
Happy New Year!
```

echo 命令往往用于 shell 脚本(详见第 7 章)中,作为一种输出提示信息的手段。它的参数可以用单引号括起来,那么,参数(字符串)按原样输出;如果不用单引号括起来,则字符串中各个单词将作为字符串输出,各单词间以一个空格隔开。例如:

```
$ echo  'This is a    command.'(a 与 command 之间有 4 个空格)
This is a    command.(与输入相同)
$ echo  This is a    command.
This is a command.(各词之间只有一个空格)
```

3. date 命令

date 命令用于在屏幕上显示或设置系统的日期和时间。如果没有选项和参数,将直接显示系统当前的日期和时间。例如:

```
$ date
2016 年 03 月 28 日　星期一 09:56:54  CST
```

如果指定显示日期的格式,将按照指定的格式显示当前的日期和时间(详见 2.3.2 节)。

4. cal 命令

cal 命令可以显示公元 1—9999 年中任意一年或者任意一个月的日历。如果使用该命令时不带任何参数,则显示当前月份的日历。如果在 cal 命令后只有一个参数,则该参数被解释为年份,而不是月份。例如:

```
$ cal   10(将列出公元 10 年的日历,而不是当年 10 月份的日历)
```

当有两个参数时,则第一个参数表示月份,第二个参数表示年份。在两个参数之间应留有空格。例如:

```
$ cal   10   2016(将列出 2016 年 10 月份的日历)
```

请注意,表示年份的参数必须使用年份的完全形式,如 2016 年要写成 2016,不能简写成 16,因为 cal 10 16 将显示公元 16 年 10 月的日历。

另外,月份可以使用英文缩写形式,如:cal Oct 2016。

5. clear 命令

clear 命令清除屏幕上的信息,它类似于 DOS 中的 CLS 命令。清屏后,提示符移到屏幕的左上角。

6. passwd 命令

Linux 的安全特性可以允许用户控制自己的密码。它决定用户是否可以修改分派给他的密码,用户必须多长时间更改一下自己的密码,以及用户的密码中可以使用什么样的字符串。

为了把原来的密码改为一个更安全的字符串,可利用 passwd 命令,其交互过程如下(注:代码中的 ▌ 表示光标当前位置):

```
$ passwd
Changing  password  for  user  mengqc.(表示要修改用户 mengqc 的密码)
Changing  password  for  mengqc
(current) UNIX   password:▌(提示输入旧密码。当输入原来密码时,对应字符并不出现在屏幕上,
光标也不移动。输入密码正确、并按 Enter 键后,出现下面各行信息)
Enter  new  UNIX  password:▌(输入新密码,光标不动。然后按 Enter 键)
Retype  new  UNIX  password:▌(重新输入一遍新密码,以便进行认证。如果两次输入的密码完全
一样,系统就接受这个密码作为下次登录时的密码。最后按 Enter 键)
passwd: all  authentication  tokens  updated  successfully.(表示修改成功)
```

应注意,系统出于安全考虑,输入的所有密码都不在屏幕上显示。如果输入的密码不对,系统会发出提示,要求重复以上步骤。

7. ls 命令

ls 命令列出指定目录的内容,如图 2.1 所示。如果没有给出参数,那么就显示当前目录下所有文件和子目录的信息。如果要查看某个目录中的内容,则以该目录名作为参数。例如:

```
$ ls  /home/mengqc/dir
```

屏幕上将列出目录/home/mengqc/dir 中包含的文件和子目录的信息。

8. pwd 命令

pwd 命令显示出当前目录的路径。例如:

```
$ pwd
/home/mengqc
```

9. su 命令

su 命令可以更改用户的身份，如从超级用户 root 改到普通用户 mengqc：

```
# su  mengqc
$ ▌(提示符变为"$ "，表明现在是普通用户身份了)
$ su(再改回到超级用户)
密码：▌(输入超级用户 root 的密码，不显示输入的字符)
# ▌(输入密码后，系统进行认证、处理，无误后，显示提示符"#")
```

2.3 命令格式

2.3.1 一般命令格式

Linux 提供了几百条命令，虽然这些命令的功能不同，但它们的使用方式和规则都是统一的。Linux 命令的一般格式是：

命令名 ［<u>选项</u>］ ［<u>参数</u>］…

其中，<u>选项</u>和<u>参数</u>都带有下画线，表示具体的数据，如选项字母、文件名或数字等。

例如：

```
cp  -f  file1.c  myfile.c
```

该命令将源文件 file1.c 复制到目标文件 myfile.c 中，如果目标文件 myfile.c 存在但不能打开，就删除它并重新试一次。

使用 bash 命令时，应注意以下几点。

(1) 命令名必须是小写的英文字母，并且往往是表示相应功能的英文单词或单词的缩写，例如，date 表示日期，who 表示谁在系统中，cp 是 copy 的缩写，表示复制文件，等等。

shell 可以鉴别输入命令的大小写，例如，DATE,date 和 Date 是不同的，其中只有一个(即 date)是正确的 Linux 命令。如果系统找不到输入的命令，会显示反馈信息：command not found。这时，就要检查输入命令的拼写及大小写是否正确。

(2) 命令名、选项和参数彼此间必须用空格或制表符隔开，不能连在一起，如上所示。连续的空格会被 shell 解释为单个空格。

如果一个命令太长，一行放不下时，要在本行行尾输入"\"字符，并按 Enter 键。这时 shell 会返回一个大于号(＞)作为提示符，表示该命令行尚未结束，允许继续输入有关信息。

(3) 一般格式中由方括号括起来的部分是可选的，即该项对命令行来讲不是必需的，可有可无，依具体情况而定。例如，可以直接在提示符后面输入命令 date，显示当前的日期和时间，也可以在 date 命令名后面带有选项和参数，如：

date -s 15:30:00(设置系统时间为下午 3 点 30 分)

(4) 选项是对命令的特别定义,要求该命令执行某个特定的功能,这类似 UNIX 的方式——以"-"开始,如简单命令 ls 只是列出相应目录中包含的文件和子目录的信息,而 ls -l 则以长格式显示相应目录中各文件及子目录的详细信息。多个选项可连写在"-"后面,如 ls -l -a 与 ls -la 相同。

另外,Linux 系统中选项也可以以"--"开始,例如:ls --all 与 ls -a 的功能是相同的。

(5) 命令行的参数提供命令运行的信息或者命令执行过程中所使用的文件名。通常,参数是一些文件名,告诉命令从哪里可以得到输入,以及把输出送到什么地方。

(6) 如果命令行中没有提供参数,命令将从标准输入文件(即键盘)上接收数据,输出结果显示在标准输出文件(即显示器)上,而错误信息则显示在标准错误输出文件(即显示器)上。可使用重定向功能对这些文件进行重定向。

(7) 命令在正常执行后返回一个 0 值,表示执行成功;如果命令执行过程中出错,没有完成全部工作,则返回一个非零值(在 shell 中可用变量"$?"查看)。在 shell 脚本中可用此返回值作为控制逻辑流程的一部分。

(8) Linux 操作系统的联机帮助对每个命令的准确语法都做了说明,可以使用命令 man 来获取相应命令的联机说明,如 man ls。

2.3.2 常用命令一般格式

在 2.2 节中我们学习了一些简单命令,它们没有带选项或参数。其实,它们的一般格式可以带选项和参数,而且这是更常用、更灵活的使用方式。

1. who 命令

显示当前已注册到系统的所有用户名、所用终端名和注册到系统的时间。

1) 一般格式

who [选项]… [参数]

2) 说明

who 命令将列出所有正在使用系统的用户;而 who am i 命令将列出使用该命令的当前用户的相关信息。

3) 常用选项

-b,--boot   显示系统最近引导的时间。
-H,--heading   打印出各列的标题。
-m   仅显示与 stdin(标准输入)相关的主机名和用户。
-q,--count   显示所有注册用户名和注册用户数目。
-t,--time   显示系统时钟最后修改情况。

4) 示例

$ who -b
system boot 2016-03-28 18:56

2. echo 命令

可以将命令行中的参数回显到标准输出（即屏幕）上。

1）一般格式

echo　[选项]…　[STRING]…

2）说明

echo 命令的功能是在屏幕上显示命令行中所给出的字符串 STRING。该命令往往用于 shell 脚本中，作为一种输出提示信息的手段。

3）常用选项

-n　　　表示输出字符串 STRING 之后光标不换行。
--help　显示帮助信息并且退出。

4）注意

参数可以用单引号括起来，也可以不加引号。如果用单引号将参数括起来，则字符串按原样输出。如果不用引号括起来，则字符串中各个单词将作为字符串输出，各单词间以一个空格隔开。

5）示例

```
$ echo  'This is a    command. '
This is a    command.
$ echo  This is a    command.
This is a command.
$ echo  -n 'Enter data->'
Enter data->$
```

3. date 命令

date 命令用于在屏幕上显示或设置系统的日期和时间。

1）一般格式

date　[选项]…　[＋格式控制字符串]
date　[选项]　[MMDDhhmm [[CC]YY] [.ss]]

2）说明

如果没有选项和参数，将直接显示系统当前的日期和时间。如果指定显示日期的格式，将按照指定的格式显示当前的日期和时间。

3）常用选项

-d,--date＝STRING　　　显示由字符串 STRING 指定的时间，不是 now。
-s,--set＝STRING　　　 设定由字符串 STRING 指定的时间。
-u,--utc,--universal　 显示或设定格林尼治时间。
--help　　　　　　　　 在标准输出（即显示器）上输出帮助信息并且退出。
--version　　　　　　 在标准输出上输出版本信息并且退出。

4) 格式控制字符串

格式控制字符串是控制日期和时间输出格式的字符串,这部分通常用单引号括起来。例如:

date ' + Today is % D,and now is % r'

其中,%D 和%r 是格式控制字符串,而 Today is 和 and now is 是普通字符串。

每个格式控制字符串由%和一个字母组成,用来表示日期和时间的格式。下面列出一些常用的表示形式。

(1) 时间表示形式。

%H　　用 00,01,02,…,23 的形式表示小时

%I　　用 00,01,02,…,12 的形式表示小时

%M　　用 00,01,02,…,59 的形式表示分钟

%p　　显示出本地时间的 AM(上午)或 PM(下午)

%r　　用 hh:mm:ss AM(即上午　时:分:秒)或 hh:mm:ss PM(即下午　时:分:秒)的形式表示时间

%T　　用 hh:mm:ss 的形式表示时间(24 小时制)

%Z　　时区

(2) 日期表示形式。

%a　　用缩写形式 Sun,Mon,…,Sat 分别表示星期日,星期一,…,星期六

%A　　用全称形式 Sunday,Monday,…,Saturday 表示星期几

%b　　用缩写形式 Jan,Feb,…,Dec 表示月份

%B　　用全称形式 January,February,…,December 表示月份

%c　　用如 Sat Jul 28 12:30:00 CST 2001 所示的形式表示本地日期和时间

%d　　用 01,02,…,31 的形式表示每月的第几日

%D　　用 mm/dd/yy(即:月/日/年)的形式表示日期

(3) [MMDDhhmm[[CC]YY][.ss]]含义。

MM、DD 等从左到右分别表示月份,日期,小时,分钟,年份的前两位(可选项),年份的后两位(可选项),秒数(可选项)。

5) 注意

只有超级用户才有权设置或修改系统时间(启动系统时从 CMOS 中读出)。

6) 示例

(1) 显示现在的日期和时间:

$ date ' + Today is % D,and now is % r'
Today is 03/28/16,and now is 下午 07 时 16 分 19 秒

(2) 显示前天的时间:

$ date － u －－ date = '2 days ago'
2016 年 03 月 26 日星期六 11:54:54   UTC

（3）设置系统时间为下午 3 点 30 分：

$ date -- set = '15:30:00'   （注意：提示符为 $，表明用户身份是普通用户）
date:无法设定日期:不允许的操作（表明：普通用户无权修改系统时间）
2016 年 03 月 28 日星期一 15:30:00(显示系统当前日期和要设定的时间)
$ su
密码：   （输入超级用户的密码）
date -s 15:30:15   （以超级用户身份修改时间）
2016 年 03 月 28 日星期一 15:30:15(修改成功.屏幕右下角的时间也改变了)
date
2016 年 03 月 28 日星期一 15:30:28(显示系统当前日期和时间)

4．cal 命令

cal 命令用来显示日历。

1) 一般格式

cal [选项] [[[day]month] year]

2) 说明

cal 命令可以显示公元 1—9999 年中任意一年或者任意一个月的日历。如果使用该命令时不带任何参数，则显示当前月份的日历。

3) 常用选项

-1   只显示一个月份的日历。这是默认方式。

-3   显示上月/本月/下月连续三个月的日历。

-s   以周日（Sunday）作为一周的第 1 天（默认方式）。

-m   以周一（Monday）作为一周的第 1 天。

-j   显示儒勒日期，即：将一个月中的日号按照在一年中是第多少天来显示。

-y   显示本年度的日历。

4) 注意

如果在 cal 命令后只有一个参数，则该参数被解释为年份，而不是月份。当有两个参数时，则第一个参数表示月份，第二个参数表示年份。在两个参数之间应留有空格。

表示年份的参数必须使用年份的完全形式，如 2008 年要写成 2008，不能简写成 08，因为 cal   08 将显示公元 8 年的日历，而不是公元 2008 年的日历。

月份可以使用英文缩写形式，如 cal   Aug   2008。

5) 示例

（1）显示 2008 年 8 月的日历。

```
$ cal 8 2008
      八月 2008
日 一 二 三 四 五 六
                1  2
 3  4  5  6  7  8  9
10 11 12 13 14 15 16
17 18 19 20 21 22 23
24 25 26 27 28 29 30
31
```

(2) 显示本月的日历(设当前日期是 2016 年 3 月)。

```
$ cal
      三月 2016
日 一 二 三 四 五 六
         1  2  3  4  5
 6  7  8  9 10 11 12
13 14 15 16 17 18 19
20 21 22 23 24 25 26
27 28 29 30 31
```

(3) 以儒勒日期的表示形式显示 2008 年 8 月份的日历。

```
$ cal -j 8 2008
       八月 2008
 日   一   二   三   四   五   六
                          214 215
216 217 218 219 220 221 222
223 224 225 226 227 228 229
230 231 232 233 234 235 236
237 238 239 240 241 242 243
244
```

2.4 文件及其类型

计算机中有大量的用户程序、应用程序和系统程序,所有程序在运行过程中都需要保存和读取信息。当一个进程运行时,它可以把有限的信息存放在分给自己的内存空间中。但是,计算机系统需要处理的信息量太大,而内存容量有限,无法把所有的信息全部保存在内存中。另外,进程地址空间中存放的信息是临时性的,当进程终止后,信息就丢失了。这不符合长期保存信息的要求。此外,系统中往往有多个进程要同时访问一个信息,而每个进程地址空间中的信息要受到保护,不允许其他进程随意访问。为了解决这些问题,实现大量信息的长期方便共享,通常系统中的绝大部分信息都存放在外存,一般是保存在磁盘(指硬盘)中,仅在实施文件备份时才将相关信息保存在 U 盘或光盘中。对这些信息在存储介质上的存放和管理必须利用文件和文件系统。

当使用 Linux 命令对文件进行操作时,就可访问存储在一个结构化环境中的信息。所有这些信息都存放在一个分层的结构中,可以方便且有条不紊地管理数据。重要的是,不仅应学会如何访问这些数据,而且应学会如何控制对信息的访问。对文件与目录进行管理和维护可能是每个用户最经常做的工作。

2.4.1 文件概念

1. 文件

文件(File)是被命名的相关信息的集合体。它通常存放在外存(如磁盘、磁带)上,可以作为一个独立单位存放和实施相应的操作(如打开、关闭、读、写等)。例如用户编写的一个源程序、经编译后生成的目标代码程序、初始数据和运行结果等,均可以文件形式保存。所以,文件表示的对象相当广泛。一般地,文件是由二进制代码、字节、行或记录组成的序列,它们由文件创建者或用户定义。

文件中的信息由创建者定义。很多不同类型的信息都可存放在文件中,如源程序、目标程序、可执行程序、数值数据、文本、工资单、图形图像、录音等。根据信息类型，文件具有一定的结构。如文本文件是一行一行(或页)的字符序列；源文件是子程序和函数序列，它们又有自己的构造，如数据说明和后面的执行语句；目标文件是组成模块的字节序列，系统连接程序知道这些模块的作用；而可执行文件是由一系列代码段组成的，装入程序可把它们装入内存，然后运行。

2．文件的成分

无论文件是一个程序、一个文档、一个数据库，或者是一个目录，操作系统都会赋予它如下所示的同样的结构。

- 索引节点：又称 I 节点。在文件系统结构中，包含有关相应文件的信息的一个记录，这些信息包括文件权限、文件主、文件大小、存放位置、建立日期等。系统利用这些信息对相应文件实施控制和管理。
- 数据：文件的实际内容，它可以是空的，也可以非常大，并且有自己的结构。

3．文件命名

文件名保存在目录文件中。Linux 的文件名几乎可以由 ASCII 字符的任意组合构成，文件名最长可多达 255 个字符(某些较老的文件系统类型把文件名长度限制为 14 个字符)。下面的惯例会使管理文件更加方便。

(1) 文件名应尽量简单，并且应反映出文件的内容。文件名几乎没有必要超过 14 个字符。

- 除斜线(/)和空字符(ASCII 字符\0)以外，文件名可以包含任意的 ASCII 字符，因为那两个字符被操作系统当做表示路径名的特殊字符来解释。
- 习惯上允许使用下画线(_)和句点(.)来区别文件的类型，使文件名更易读；但是应避免使用以下字符，因为对系统的 shell 来说，它们有特殊的含义。这些字符是：
  ; | < > ` " ' $! % & * ? \ ( ) [ ]
文件名应避免使用空格、制表符或其他控制字符。
- 很多操作系统支持的文件名都由两部分构成：文件名和扩展名。二者间用圆点分开，如 prog.c。扩展名也称为后缀，利用扩展名可以区分文件的属性。表 2.1 给出了常见文件扩展名及其含义。

表 2.1 常见文件扩展名及其含义

扩 展 名	文 件 类 型	含 义
exe,com,bin	可执行文件	可以运行的机器语言程序
obj,o	目标文件	编译过的、尚未连接的机器语言程序
c,cc,java,pas,asm,a	源文件	用各种语言编写的源代码
bat,sh	批文件	由命令解释程序处理的命令
txt,doc	文本文件	文本数据、文档
wp,tex,rrf,doc	字处理文档文件	各种字处理器格式的文件
lib,a,so,dll	库文件	供程序员使用的例程库
ps,pdf,jpg	打印或视图文件	以打印或可视格式保存的 ASCII 码文件或二进制文件

续表

扩 展 名	文 件 类 型	含 义
arc,zip,tar	存档文件	相关文件组成一个文件(有时压缩)进行存档或存储
mpeg,mov,rm	多媒体文件	包含声音或 A/V 信息的二进制文件

同类文件应使用同样的后缀或扩展名。

（2）Linux 系统区分文件名的大小写，例如名为 letter 的文件与名为 Letter 的文件不是同一个文件。

（3）以圆点(.)开头的文件名是隐含文件，默认方式下使用 ls 命令并不能把它们在屏幕上显示出来。同样，在默认情况下，shell 通配符并不匹配这类文件名。

4．文件名通配符

为了能一次处理多个文件，shell 提供了几个特别字符，称为文件名通配符（也称做扩展字符）。通过使用通配符可以：

- 让 shell 查询与特别格式相符的文件名。
- 用做命令参数的文件或目录的缩写。
- 以简短的标记访问长文件名。
- 可以用于任意的命令行。

主要的文件名通配符如下所示。

1）星号（*）

- 与 0 个或多个任意的字符相匹配。例如 le* 可以代表 letter、lease 或 le。
- 星号匹配的是当前目录下的所有文件，但以点(.)开头的隐含文件除外。
- .* 只与隐含文件匹配。

2）问号（?）

问号只与单个任意的字符匹配。你可以使用多个问号。例如 file? 与文件 file1,file2 匹配，但不与 file、file10 匹配。而 name.??? 与文件 name.abc、name.xyz 匹配，但不与文件 name.ab 匹配。

3）方括号（[ ]）

- 方括号与问号相似，只与一个字符匹配。它们的区别在于：问号与任意一个字符匹配，而方括号只与括号中列出的字符之一匹配。例如 letter[123] 只与文件 letter1、letter2 或 letter3 匹配，但不与文件 letter12 匹配。
- 你可以用短横线(-)代表一个范围内的字符，而不用将它们一一列出。例如 letter[1-5] 是 letter[12345] 的简写形式。但应注意：

——范围内的字符都按升序排列，即[A-Z]是有效的，而[Z-A]是无效的。

——方括号中可以列出多个范围，如[A-Za-z]可以和任意大写或小写的字符相匹配。

- 如果在左方括号([)之后是一个惊叹号(!)或脱字符(^)，则表示与不在方括号中出现的字符匹配。
- 上面介绍的所有符号都可以混合使用，例如：[! A-Z]*.? 代表所有不以大写字母开头,但倒数第二个位置是".''的文件名。

2.4.2 文件类型

Linux 操作系统支持的文件类型有普通文件、目录文件、特别文件以及符号链接文件。

1. 普通文件

普通文件也称做常规文件,包含各种长度的字节串。核心对这些数据没有进行结构化,只是作为有序的字节序列把它提交给应用程序,应用程序自己组织和解释这些数据。通常把它们归并为下述类型之一:

- 文本文件,它由 ASCII 字符构成。例如,信件、报告和称做脚本(script)的命令文本文件,后者由 shell 解释执行。
- 数据文件,它由来自应用程序的数字型和文本型数据构成。例如,电子表格、数据库,以及字处理文档。
- 可执行的二进制程序,它由机器指令和数据构成。例如,上面所说的系统提供的命令。

你可以使用 file 命令来确定指定文件的类型。该命令可以将任意多个文件名当做参数,其一般使用格式是:

```
file  文件名 [文件名…]
```

2. 目录文件

如同普通文件那样,目录文件也包含数据;但目录文件与普通文件的差别是,核心对这些数据加以结构化——它是由成对的"I节点号/文件名"构成的列表。(详见 3.1 节)

3. 设备文件

在 Linux 系统中,所有设备都作为一类特别文件对待,用户像使用普通文件那样对设备进行操作,从而实现设备无关性。但是,设备文件除了存放在文件 I 节点中的信息外,它们不包含任何数据。系统利用它们来标识各个设备驱动器,核心使用它们与硬件设备通信。

有两类特别的设备文件,它们对应不同类型的设备驱动器:

(1) 字符设备——最常用的设备类型,允许 I/O 传送任意大小的数据。允许传送的实际大小取决于设备本身的容量。使用这种接口的设备包括终端、打印机以及鼠标。

(2) 块设备——这类设备利用核心缓冲区的自动缓存机制,缓冲区进行 I/O 传送总是以 1KB 为单位。使用这种接口的设备包括硬盘、软盘和 RAM 盘。

设备文件的一个示例是当前正在使用的终端。tty 命令可以显示出这个文件名,例如:

```
$ tty
/dev/tty01
```

通常,设备文件在/dev 目录之下。

4. 符号链接文件

这种文件是一种特别类型的文件。事实上,它只是一个小文本文件,其中包含它所链接的目标文件的绝对路径名。(详见 3.2.3 节)

2.5 常用文件操作命令

用户经常要查看文件的内容,复制文件,删除文件,移动文件,比较文件,查找文件等。下面介绍 Linux 系统提供的常用文件操作命令。

2.5.1 有关文件显示命令

1. cat 命令

cat 命令连接文件并打印到标准输出设备上。cat 经常用来显示文件的内容,类似于 DOS 下的 TYPE 命令。

1) 一般格式

```
cat  [选项]  [FILE]…
```

2) 说明

该命令有两项功能,其一是用来显示文件的内容,它依次读取由参数 FILE 所指明的文件,将它们的内容输出到标准输出上;其二是连接两个或多个文件,如:cat f1 f2＞f3 将把文件 f1 和 f2 的内容合并起来,然后通过输出重定向符"＞"的作用,将它们放入文件 f3 中。

3) 常用选项

注意,在下面同一行中的不同形式的选项,其功能是相同的,下同。

-b,--number-noblank	从 1 开始对所有非空输出行进行编号。
-E,--show-ends	在每一行的末尾显示一个 $。
-n,--number	从 1 开始对所有输出行编号。
-s,--squeeze-blank	将多个相邻的空行合并成一个空行。
-help	打印该命令用法,然后退出,其返回码表示成功。

如果没有指定文件或者用"-"代替文件,该命令就读取标准输入。

4) 注意

当文件较大时,文本在屏幕上迅速闪过(滚动屏),用户往往看不清所显示的内容。因此,一般用 more 等命令分屏显示。

为了控制滚动屏,可以按 Ctrl＋S 键,停止滚动屏;按 Ctrl＋Q 键可以恢复滚动屏。

按 Ctrl＋C(中断)键可以终止该命令的执行,并且返回 shell 提示符状态。

5) 示例(设 m1 和 m2 是当前目录下的两个文件)

```
$ cat  m1              (在屏幕上显示文件 m1 的内容)
$ cat  m1  m2          (同时显示文件 m1 和 m2 的内容)
$ cat  m1  m2＞mfile   (将文件 m1 和 m2 合并后放入文件 mfile 中)
```

```
$ cat -n m1            （对文件 m1 的各行编号并输出）
```

2. more 命令

more 命令显示文件内容，每次显示一屏。

1) 一般格式

```
more ［选项］ ［file …］
```

2) 说明

该命令一次显示一屏文本，满屏后停下来，并且在屏幕的底部出现一个提示信息，给出至今已显示的该文件的百分比：--More--(XX%)。

可以用下列不同的方法对提示做出回答：

(1) 按 Space 键，显示文本的下一屏内容。
(2) 按 Enter 键，只显示文本的下一行内容。
(3) 按斜线符(/)，接着输入一个模式，可以在文本中寻找下一个相匹配的模式。
(4) 按 H 键，显示帮助屏，该屏上有相关的帮助信息。
(5) 按 B 键，显示上一屏内容。
(6) 按 Q 键，退出 more 命令。

3) 常用选项

-num   这个选项指定一个整数，表示一屏显示多少行。
-d   在每屏的底部显示以下更友好的提示信息：

```
- -More- -(21%)[Press space to continue, 'q' to quit.]
```

而且当用户按键有错误时，则显示[Press 'h' for instructions.]信息，而不是简单的报警。

-c 或-p   不滚动屏，在显示下一屏之前先清屏。
-s   将文件中连续的空白行压缩成一个空白行显示。
+/   在显示每个文件之前，先搜索由该选项后的模式(Pattern)指定的字符串。
+num   从行号 num 开始。

more 命令在执行过程中还用到一些基于 vi 编辑器的交互式命令，这里不做详述。

4) 示例

(1) 显示文件 mfile 的内容，但在显示之前先清屏，并且在屏幕的最下方显示完整的百分比。

```
$ more -dc mfile
```

(2) 显示文件 mfile 的内容，每 10 行显示一次，而且在显示之前先清屏。

```
$ more -c -10 mfile
```

3. less 命令

与 more 命令类似，less 命令也用来分屏显示文件的内容。但是二者存在差别：less 命令允许用户向前或向后浏览文件。例如,less 命令显示文件内容时,可以用↑键和↓键分别将屏幕内容下移一行和上移一行。所以,在功能上它比 more 命令更强。

less 中使用了多个命令,这些命令是基于 more 和 vi 的。它们用来实现向前、向后滚动若干行或屏,搜索给定模式,等等。

用 less 命令显示文件时,用 PageUp 键向上翻页,用 PageDown 键向下翻页。要退出 less 程序,可以按 q 或 Q 键等。

less 有几种格式和很多选项,这里不做详述。

例如:

```
$ less mfile        (从第 1 屏开始,分屏显示文件 mfile)
```

4. head 命令

head 命令在屏幕上显示指定文件的开头若干行。

1) 一般格式

head [选项]… [文件]…

2) 说明

head 命令在屏幕上显示指定文件的开头若干行,行数由参数值来确定。显示行数的默认值是 10。如果给出多个文件,那么在显示各文件的开头正文之前,先标出相应文件的名称。如果没有给出文件名或者文件名为"-",则读取标准输入。

3) 常用选项

-c,--bytes=[-]N   显示每个文件前面 N 个字节。如果数字 N 前面带有"-",则分别显示每个文件除最后 N 个字节以外的所有内容。

-n,--lines=[-]N   显示指定文件的前面 N 行,而不是默认的 10 行。如果数字 N 前面带有"-",则分别显示每个文件除最后 N 行以外的所有内容。

-q,--quiet,--silent   不显示给定文件的标题。

-v,--verbose   始终显示给定文件的标题。

--help   显示帮助信息并退出。

--version   显示版本信息并退出。

4) 示例

```
$ head -5 mfile              (显示文件 mfile 的前 5 行)
$ head --bytes=-100 mfile    (显示文件 mfile 除最后 100 个字节之外的所有内容.注意:"="
                              与"-"之间没有空格)
$ head -v mfile              (显示文件 mfile 的内容,并且给出文件名标题)
$ head -q mfile              (显示文件 mfile 的内容,但不列出文件名标题)
```

5. tail 命令

tail 命令在屏幕上显示指定文件的末尾部分。

1) 一般格式

`tail [选项]… [FILE]…`

2) 说明

tail 命令在屏幕上显示指定文件 FILE 的末尾 10 行。如果给定的文件不止一个，则在显示的每个文件前面加一个文件名标题。如果没有指定文件或者文件名为"-"，则读取标准输入。

3) 常用选项

-c,--bytes=N	输出最后 N 个字；如果用＋N 选项，则从每个文件的第 N 个字开始输出。
-f	当文件增长时输出附加的数据。
-n,--lines=N	输出最后的 N 行，而不是默认的 10 行；如果用＋N 选项，则从每个文件的第 N 行开始输出。
-q,--quiet,--silent	不输出包含给定文件名的标题。
-v,--verbose	始终输出包含给定文件名的标题。

4) 注意

如果表示字节或行数的 N 值之前有一个"＋"号，则从文件开头的第 N 项开始显示，而不是显示文件的最后 N 项。N 值后面可以有后缀：b 表示 512，K 表示 1024，M 表示 1024×1024。

5) 示例

```
$ tail  mfile            (显示文件 mfile 的最后 10 行)
$ tail  -n  +20  mfile   (显示文件 mfile 的内容，从第 20 行至文件末尾)
$ tail  -c  10  mfile    (显示文件 mfile 的最后 10 个字节)
```

6. touch 命令

可以修改指定文件的时间标签或者创建一个空文件。

1) 一般格式

`touch [选项]… FILE…`

2) 说明

touch 命令将会修改指定文件 FILE 的时间标签，把已存在文件的时间标签更新为系统当前的时间(默认方式)，它们的数据将原封不动地保留下来。如果该文件尚不存在，则建立一个空的同名文件。

3) 常用选项：

-a	仅改变指定文件的存取时间。
-c,--no-create	不创建任何文件。
-m	仅改变指定文件的修改时间。
-t STAMP	使用 STAMP 指定的时间标签，而不是系统当前的时间。STAMP 的格式为[[CC]YY]MMDDhhmm[.ss]，其中，CC 表示年份的前两位，

YY 表示年份的后两位,MM 表示月份,DD 表示日期,hh 表示小时,mm 表示分钟,ss 表示秒。

4) 示例

```
$ touch ex2        (在当前目录下建立一个空文件 ex2.利用 ls -l 命令可以发现文件 ex2 的大
                   小为 0,表明它是空文件)
$ touch -m mfile   (将文件 mfile 的修改时间改为系统当前时间.在使用 touch 命令之前和之后,
                   分别执行 ls -l 命令,从显示结果中可以看出修改时间的变化)
```

7. file 命令

可以确定文件类型。

1) 一般格式

file [选项]… **FILE**

2) 说明

file 命令对每个参数 FILE 进行检查,并予以分类。

3) 常用选项

-b,--brief   在输出行前不加文件名(简化方式)。
-r,--raw   对不可打印的字符不以八进制形式\000 输出。一般情况下,对不可打印的字符以八进制形式输出。

4) 示例

```
$ pwd
/home/mengqc/dir1
$ file mengqc
mengqc: ERROR: cannot open 'mengqc' (No such file or directory)
$ cd /home
$ file mengqc
mengqc: directory
$
$ pwd
/home
$ file prog1.c
prog1.c: ERROR: cannot open 'prog1.c' (No such file or directory)
$ cd mengqc
$ file prog1.c
prog1.c: ASCII C program text
$
```

这表明,指定的文件名应在当前目录之下,file 命令才能找到它,并判断其类型。

2.5.2 匹配、排序及显示指定内容的命令

1. grep 命令

该命令用来在文本文件中查找指定模式的词或短语,并在标准输出上显示包括给定字符串模式的所有行。该命令组包含三个命令:grep,egrep 和 fgrep 命令。grep 命令一次只能搜索一个指定的模式;egrep 命令等同于 grep -E,可以使用扩展的字符串模式进行搜索;fgrep 命令等同于 grep -F,是快速搜索命令,它检索固定字符串,但不识别正则表达式。

正则表达式是描述一组字符串的模式,它的构成形式类似于算术表达式,通过各种运算

符把较小的表达式结合在一起。例如,模式 file[a-d]就代表 filea,fileb,filec,filed。

1) 一般格式

```
grep  [选项]  模式  [文件…]
grep  [选项]  [-e 模式]  [文件…]
grep  [选项]  [-f 文件]  [文件…]
```

2) 说明

这组命令在指定文件中搜索特定模式及定位特定主题等方面作用很大。要搜索的模式被看做是一些关键词,查看指定的文件中是否包含这些关键词。这三个命令的功能类似,但由于可以搜索的模式不同,因此在功能强弱上有所差别。

如果没有指定文件或者给定的文件名是"-",它们就从标准输入中读取。在正常情况下,每个匹配的行被显示到标准输出上。如果要搜索的文件不止一个,则在每一行输出之前加上文件名。

3) 常用选项

-E   将模式解释成扩展的正则表达式。
-F   将模式解释成一系列以换行符分开的单纯的字符串,其中任何一个都可被匹配。
-b,--byte-offset   在输出的每一行前面显示包含匹配字符串的行在文件中的位置,用字节偏移量来表示。
-c,--count   只显示文件中包含匹配字符串的行的总数。
-f FILE,--file=FILE   从文件FILE中获取模式,每行一个。空文件不含模式,因此,不做匹配。
-i,--ignore-case   匹配比较时不区分字母的大小写。
-R,-r,--recursive   以递归方式查询目录下的所有子目录中的文件。
-n   在输出包含匹配模式的行之前,加上该行的行号(文件首行的行号为1)。
-v   只显示不包含匹配字符串的文本行。
-x   只显示整个行都严格匹配的行。

4) 注意

(1) 在命令名之后先输入搜索的模式,然后是要搜索的文件。
(2) 在文件名列表中可以使用通配符,如"*","?"等。
(3) 要查找目录的子目录中的文件,应使用"-r"选项。
(4) 如果在搜索模式的字符串中包含空格,应用单引号把模式字符串括起来。
(5) 利用选项"-f"可以在文件中搜索大批的字符串。

5) 示例

(1) 在密码文件/etc/passwd 中查找包含 mengqc 的所有行:

```
$ grep mengqc /etc/passwd
mengqc: x: 500: 100: meng qingchang: /home/mengqc: /bin/bash
```

(2) 先定位到 mengqc 目录的上一级,然后在 mengqc 及其子目录下的所有文件中查找

字符串 print 出现的次数:

```
$ pwd
/home/mengqc
$ cd ..
$ grep  -r  'print'  mengqc
```

屏幕上会显示出包含字符串 print 的各个文件名和相应的正文行。

（3）在子目录 dir 下与正则表达式 f?.c 相匹配的各个文件中查找包含 main 或者 printf 的所有行,不管首字母的大小写：

```
$ grep  -E  '[Mm]ain|[Pp]rintf'  ~/dir/f?.c
```

或者

```
$ grep  -i  'main|printf'  ~/dir/f?.c
```

2. sort 命令

sort 命令用来对文本文件的各行进行排序。

1) 一般格式

sort [选项]… [文件]…

2) 说明

sort 命令将逐行对指定文件中的所有行进行排序,并将结果显示在标准输出上。如果不指定文件或者使用"-"表示文件,则排序内容来自标准输入。

排序比较是依据从输入文件的每一行中提取的一个或多个排序关键字进行的。排序关键字定义了用来排序的最小的字符序列。在默认情况下,排序关键字的顺序由系统使用的字符集决定。

3) 常用选项

选项	说明
-m,--merge	对已经排好序的文件统一进行合并,但不做排序。
-c,--check	检查给定的文件是否已排好序,若没有,则显示出错消息,不做排序。
-u,--unique	与-c 选项一起用,严格地按顺序检查；否则,对排序后的重复行只输出第一行。
-o,--output=FILE	将排序输出放到指定的文件 FILE 中。如果该文件不存在,则创建一个同名文件。

改变排序规则的选项主要有：

选项	说明
-d,--dictionary-order	按字典顺序排序,比较时仅考虑空白字符和字母数字字符。
-f,---ignore-case	忽略字母的大小写。
-i,--ignore-nonprinting	忽略非打印字符。
-M,--month-sort	规定月份的比较次序是(未知)<"JAN"<"FEB"<…<"DEC"。
-r,--reverse	按逆序排序。默认排序输出是按升序排序的。

-k,--key=n1[,n2]　　　指定从文本行的第 n1 字段开始至第 n2 字段（不包括第 n2 字段）中间的内容作为排序关键字。如果没有 n2，则关键字是从第 n1 个字段到行尾的所有字段。n1 和 n2 可以是小数形式，如 x.y，x 表示第 x 字段，y 表示第 x 字段中的第 y 个字符。字段和字符的位置都是从 1 开始算起的。

-b,--ignore-leading-blanks　　比较关键字时忽略前导的空白符（空格或制表符）。

-t,--field-separator=SEP　　将指定的字符 SEP 作为字段间的分隔符。

4）示例

（1）对文件 more_h10 排序：

```
$ head  mfile > more_h10   （将文件 mfile 的前 10 行定向到文件 more_h10 中）
$ sort  more_h10
```

（2）以第 3 个字段作为排序关键字，对文件 more_h10 排序：

```
$ sort  -k  2,3  more_h10
```

3. uniq 命令

该命令从排好序的文件中去除重复行。

1）一般格式

uniq　[选项]…　[输入文件[输出文件]]

2）说明

uniq 命令读取输入文件，并比较相邻的行，去掉重复的行，只留下其中的一行。该命令加工后的结果写到输出文件中。输入文件和输出文件必须不同。如果没有指定文件，则默认输入文件是标准输入，输出文件是标准输出。

3）常用选项

-c,--count　　　　　显示输出时，在每行的行首加上该行在文件中出现的次数。
-d,--repeated　　　 只显示重复行。
-f,--skip-fields=N　忽略比较前 N 个字段。
-s,--skip-chars=N　 忽略比较前 N 个字符。
-u,--unique　　　　 只显示文件中不重复的行。

4）示例

```
$ uniq -u  ex3    （显示文件 ex3 中不重复的行）
```

2.5.3　比较文件内容的命令

1. comm 命令

comm 命令用来对两个已排序文件进行逐行比较。

1)一般格式

comm [选项]… 文件 1 文件 2

2)说明

comm 命令对两个已经排好序的文件进行比较。其中,文件 1 和文件 2 是已经排好序的文件。如果没有选项,那么 comm 从这两个文件中读取正文行,进行比较,最后生成三列输出,依次为:仅在文件 1 中出现的行;仅在文件 2 中出现的行;在两个文件中都存在的行。

3)常用选项

-1   不输出仅在文件 1 中出现的行。
-2   不输出仅在文件 2 中出现的行。
-3   不输出在两个文件中都存在的行。
--help 显示帮助信息并且退出。

4)示例

$ comm. -12 m1 m2   (比较文件 m1 和 m2,并且只显示它们共有的行)

2. diff 命令

diff 命令比较两个文本文件,并找出它们的不同。它比 comm 命令完成更复杂的检查,并且不要求两个文件预先排好序。

1)一般格式

diff [选项] 文件 1 文件 2

2)说明

该命令逐行比较两个文件,列出它们的不同之处,并且告诉用户,为了使两个文件一致,需要修改它们的哪些行。如果两个文件完全一样,则该命令不显示任何输出。

该命令输出的一般形式如下:

n1   a n3,n4   (表示把文件 1 的 n1 行附加到文件 2 的 n3~n4 行后,则二者相同)
n1,n2 d n3   (表示删除文件 1 的 n1~n2 行及文件 2 的 n3 行后,则二者相同)
n1,n2 c n3,n4   (表示把文件 1 的 n1~n2 行改为文件 2 的 n3~n4 行后,则二者相同)

字母(a,d 和 c)之前的行号(n1,n2)是针对文件 1 的,其后面的行号(n3,n4)是针对文件 2 的。字母 a 表示附加,字母 d 表示删除,字母 c 表示修改。

在上述形式的每一行的后面跟随受到影响的若干行,以"<"打头的行属于文件 1,以">"打头的行属于文件 2。

diff 命令能区分块特别文件、字符特别文件及 FIFO(管道文件),不会把它们与普通文件进行比较。

3)常用选项

-b   忽略空格造成的差别。例如,"How are you"与"How are   you   "被看做是相同的字符串。
-c   输出格式是带上下文的三行格式。

-C n　　输出格式是有上下文的 n(整数)行格式；如果没有给出 n，则采用三行格式。
-e　　　输出一个合法的 ed 脚本。
-I　　　忽略字母大小写的区别。
-r　　　当文件 1 和文件 2 都是目录时，递归比较找到的各子目录。

4) 注意

如果用"-"表示文件 1 或文件 2，则意味着标准输入。如果文件 1 或文件 2 是目录，那么 diff 将使用该目录中的同名文件进行比较。如果文件 1 和文件 2 都是目录，则 diff 会产生很多信息。如果一个目录中只有一个文件，则产生一条信息，指出该目录路径名和其中的文件名。

2.5.4 复制、删除和移动文件的命令

1. cp 命令

cp 命令将源文件或目录复制到目标文件或目录中。

1) 一般格式

cp　[选项]…　源文件或目录　目标文件或目录

2) 说明

如果源文件是普通文件，则该命令把它复制到指定的目标文件中；如果是目录，就需要使用-r 选项，将整个目录下所有的文件和子目录都复制到目标位置。

3) 常用选项

-a　　　　　　该选项通常在复制目录时使用。它递归地将源目录下的所有子目录及其文件都复制到目标目录中，并且保留文件链接和文件属性不变。
-f,--force　　　如果现存的目标文件不能打开，则强行删除而不加提示。
-i,--interactive　与-f 选项不同，它在覆盖目标文件之前先给出提示，要求用户予以确认。回答 y，将覆盖目标文件。这是交互式复制。
-p　　　　　　除复制源文件的内容外，还将其修改时间和存取权限也复制到新文件中。
-R,-r　　　　　递归复制目录，即将源目录下的所有文件及其各级子目录都复制到目标位置。
-l　　　　　　不复制，而是创建指向源文件的链接文件，链接文件名由目标文件给出。

4) 注意

cp 命令复制一个文件，而原文件保持不变！

如果把一个文件复制到一个目标文件中，而目标文件已经存在，那么，该目标文件的内容将被破坏。

此命令中所有参数既可以是绝对路径名，也可以是相对路径名。通常会用到点(.)或点点(..)的形式(分别表示本目录和父目录，详见 3.1.2 节)。例如，下面的命令将指定文件复制到当前目录下：

```
cp  ../mary/Homework/assign  .
```

所有目标文件指定的目录必须是已经存在的,cp 命令不能创建目录。
如果没有文件复制的权限,则系统会显示出错信息。

5) 示例

(1) 将文件 mfile 复制到目录/home/mengqc 下,并改名为 exam1:

```
$ cp  mfile  /home/mengqc/exam1
```

(2) 将目录/home/mengqc 下的所有文件及其子目录复制到目录/home/liuzh 中:

```
$ cp  -r  /home/mengqc  /home/liuzh
```

(3) 交互式地将目录/home/mengqc 中的以 m 打头的所有.c 文件复制到目录/home/liuzh 中:

```
$ cp  -I  /home/mengqc/m*.c  /home/liuzh
```

2. rm 命令

rm 命令可以删除文件或目录。

1) 一般格式

rm [选项]… 文件…

2) 说明

该命令可以删除用户在命令行上指定的每个文件,默认情况下,它不能删除目录。如果文件不可写,则标准输入是 tty(终端设备)。如果没有给出选项-f 或--force,该命令删除文件之前会提示用户是否删除该文件;如果用户没有回答 y 或者 Y,则不删除该文件。

3) 常用选项

-f,--force　　　　　忽略不存在的文件,并且不给出提示信息。
-r,-R,--recursive　递归地删除指定目录及其下属的各级子目录和相应的文件。
-i　　　　　　　　　交互式地删除文件。

4) 注意

使用 rm 命令要格外小心。因为一旦删除了一个文件,就无法再恢复它。所以,在删除文件之前,最好再看一下文件的内容,确定是否真要删除。

rm 命令可以用-i 选项。如果在文件名中使用了文件名通配符(如 file?),那么用这个选项就可以删除多个文件,此时该选项就特别有用。使用这个选项,系统会要求你逐一确定是否要删除。这时,必须输入 y 并按 Enter 键,才能删除文件。如果仅按 Enter 键或其他字符,文件不会被删除。

5) 示例

(1) 交互式删除当前目录下的文件 test 和 example:

```
$ rm  -i  test  example
rm:是否删除一般文件'test'?n         (不删除文件 test)
rm:是否删除一般文件'example'?y      (删除文件 example)
```

(2) 删除当前目录下除隐含文件外的所有文件和子目录：

```
$ rm -r *
```

应注意，这样做是非常危险的！

3. mv 命令

mv 命令用来对文件或目录重新命名，或者将文件从一个目录移到另一个目录中。

1）一般格式

mv [选项] … SOURCE DEST

2）说明

SOURCE 表示源文件或目录，DEST 表示目标文件或目录。如果将一个文件移到一个已经存在的目标文件中，则目标文件的内容将被覆盖。

mv 命令可以用来将源文件移至一个目标文件中，或将一组文件移至一个目标目录中。源文件被移至目标文件有两种不同的结果：

(1) 如果目标文件是到某一目录文件的路径，源文件会被移到此目录下，且文件名不变。

(2) 如果目标文件不是目录文件，则源文件名（只能有一个）会变为此目标文件名，并覆盖已存在的同名文件。如果源文件和目标文件在同一个目录下，mv 的作用就是改文件名。

当目标文件是目录文件时，源文件或目录参数可以有多个，则所有的源文件都会被移至目标文件中。所有移到该目录下的文件都将保留以前的文件名。

3）常用选项

-i,--interactive	交互式操作。如果源文件与目标文件或目标目录中的文件同名，则询问用户是否覆盖目标文件。用户输入 y，表示将覆盖目标文件；输入 n，表示取消对源文件的移动。这样可以避免误将文件覆盖。
-f	与-i 相反，它禁止交互式操作。在覆盖已有的目标文件时，不给任何提示。
-t,--target-directory=DIRECTORY	把所有的源文件或目录都移到 DIRECTORY 所指示的目标中。

4）注意

mv 与 cp 的结果不同，mv 好像文件"搬家"，文件个数并未增加。而 cp 对文件进行复制，文件个数增加了。

5）示例

(1) 将文件 ex3 改名为 new1：

```
$ mv ex3 new1
```

(2) 将目录/home/mengqc 中的所有文件移到当前目录(用"."表示)中：

$ mv /home/mengqc/* .

2.5.5 文件内容统计命令

wc 命令用来统计指定文件的字节数、字数、行数,并将统计结果显示出来。

1) 一般格式

wc [选项]… [文件]…

2) 说明

wc 命令统计出指定文件的字节数、字数、行数,并输出结果。如果没有给出<u>文件</u>或者<u>文件</u>为"-",则从标准输入读取数据。如果多个文件一起进行统计,则 wc 最后给出所有指定文件的总统计数。

字是由空格符隔开的字符串。

wc 输出列的顺序和数目不受<u>选项</u>顺序和数目的影响,总是按以下格式显示,并且每项只占一列：

行数　字数　字节数　文件名

3) 常用选项

-c,--bytes　统计字节数。

-l,--lines　统计行数。

-m,--chars　统计字符数。

-w,--words　统计字数。

4) 注意

如果命令行中没有给出文件名,则输出中不出现文件名。

5) 示例

```
$ wc  mfile
20   36   409  mfile
$ wc  -lcw  mfile  m2    (统计文件 mfile 和 m2 的字节数、字数和行数)
20   36   409  mfile
232  851  8865  m2
252  887  9274 总计
$ wc  mfile  m2          (不带选项,统计文件 mfile 和 m2 的字节数、字数和行数)
```

在上面两种情况下,命令执行的结果是一样的。

思考题

1. 简述 Linux 命令的一般格式。
2. 请说明下述命令的功能：

date,cp,pwd,rm,echo,who,cat,more

3. 公元 2016 年的元旦是星期几？
4. 什么是文件？Linux 系统中主要有哪几种文件？各自的功用是什么？
5. 下面的正则表达式表示的含义是什么？

file*.c   dir??   Char[a-f].o

6. 命令 cp 和 mv 有何异同？你能用 copy 作为复制文件的命令吗？为什么？
7. 将文件 file1 的前 20 行、文件 file2 的最后 15 行合并成一个文件 AB。
8. 要确定在文件 ABC 中是否含有表示星期六或者星期日字符的行，应使用什么命令？
9. 如何对文件 ABC 分别按字典顺序、月份顺序、算术值进行排序？
10. 自己建一个文本文件 file_1，把它复制到文件 other 中。对 other 进行修改，然后比较它与文件 file_1 的区别。

第 3 章 目录及其操作

在 Windows 系统中建立的文件要放在某个文件夹中。而在 Linux 系统中,除根目录(root)以外,所有的文件(包括子目录)都存放在相应的目录中。从根目录开始,目录一级一级地构造,形成一种树状结构。

用户对文件进行操作时,离不开对目录的使用和管理。对目录管理好了,就可以方便、高效、安全地使用自己的和共享的文件。

本章介绍 Linux 系统中目录结构、路径名、链接等概念,以及相关的常用操作命令。

3.1 目录、路径名和存取权限

3.1.1 目录概念

1. Linux 树型目录结构

用户对文件是"按名存取",所以用户首先要创建文件,为它命名。以后对该文件的读、写甚至最后删除它,都要用到文件名。为了便于对文件进行控制和管理,在文件系统内部,给每个文件唯一地设置一个文件控制块。这是一种数据结构。操作系统利用这种结构对文件实施各种管理。例如,按名存取文件时,先要找到对应的控制块,验证权限。仅当存取合法时,才能取得存放文件信息的盘块地址。

在 UNIX/Linux 系统中,起文件控制块作用的结构称做 I 节点(即 Inode)。在 I 节点中存放该文件的控制管理信息。每个文件有唯一的 I 节点。(详见 11.3.1 节)

为了加快对文件的检索,以便获取文件属性的信息,往往将文件控制块集中在一起进行管理。这种文件控制块的有序集合称为文件目录(简称目录)。文件控制块就是其中的目录项。完全由目录项构成的文件称为目录文件。(人们往往将文件目录和目录文件统称为目录)

目录具有将文件名转换成该文件在外存的物理位置的功能,它实现文件名与存放盘块之间的映射,这是目录所提供的最基本的功能。

目录文件中包含许多文件的目录项,每个目录项包含相应文件的名字和 I 节点号。目录支持文件系统的层次结构。文件系统中的每个文件都登记在一个(或多个)目录中。

子目录是挂靠在另一个目录中的目录。包含子目录的目录称做父目录。除了 root 目录以外,所有的目录都是子目录,并且有它们的父目录。root 目录的父目录就是 root 自身。

如 2.4.2 节所述，目录文件是 Linux 操作系统中一种文件类型。Linux 文件系统采用带链接的树型目录结构。即，只有一个根目录（通常用"/"表示），其中含有下级子目录或文件的信息；子目录中又可含有更下级的子目录或者文件的信息，……这样一层一层地延伸下去，构成一棵倒置的树，如图 3.1 所示。

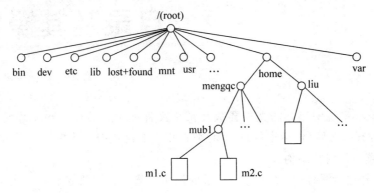

图 3.1 Linux 树型目录结构

在目录树中，根节点和中间节点（用圆圈表示）都必须是目录，而普通文件和特别文件只能作为"叶子"出现。当然，目录也可以作为叶子。

2. 根目录

利用 cd /命令可以将当前目录改到根目录，然后用 ls -l 命令可以列出它的清单。

在根目录下，通常有以下目录：bin、sbin、boot、dev、etc、home、lib、lost＋found、mnt、proc、root、tmp、usr、var 等。

- bin 目录包含二进制（binary）文件的可执行程序。许多 Linux 命令实际上是放在该目录中的程序。
- sbin 目录中存放用于管理系统的命令。
- boot 用于存放引导系统时使用的各种文件，如 LILO 等。
- etc 目录非常重要，它包含许多 Linux 系统文件（如密码文件/etc/passwd、配置文件/etc/profile 等）。对系统的配置主要就是对该目录下的文件进行相应修改。
- root 目录是超级用户的目录。
- dev 目录包含标示设备的特别文件，这些文件用于访问系统中所有不同类型的硬件。
- home 目录是用户起始目录的基础目录。通常，用户的主目录就保存在该目录中。
- lib 目录中保存程序运行时使用的共享库。这些库文件仅在执行有关命令时才会用到。
- lost＋found 目录中存放系统非正常关闭时正在处理的文件，以便下次系统启动时予以恢复。
- mnt 目录中存放安装文件系统的安装点。
- proc 目录实际上是一个虚拟文件系统，其中的文件是由核心在内存中产生，用于提供关于系统的信息。
- tmp 目录用于存放程序运行时生成的临时文件。

- usr 目录中包含了多个子目录，在这些子目录中保存系统一些最重要的程序，可供所有用户共享。
- var 包括系统正常运行时要改变的数据。通常，各种系统记录文件都放在这个目录下。

3．工作目录和主目录

当我们说"今天大讲堂举办新年晚会"时，大家都明白，这是针对本学校而言的，而不必说"中华人民共和国××市××区××学校大讲堂"。同样，对文件进行操作时，往往是集中于某个目录之下的文件，例如 mengqc 下属的文件。为了简捷明了，我们使用一个目录作为参照点，以后不作具体指定情况下，所访问的文件都是该目录中的文件。这个目录就称做工作目录，又称当前目录。

当为新用户建立账户时，系统就指定一个目录作为用户主目录（用户也可以自行修改）。主目录往往位于/home 目录之下，并且与用户的注册名相同（例如，/home/mengqc）。以后，你注册进入系统时，你的主目录就是你的当前目录。

通常，用户主目录包含子目录、数据文件，以及用于注册环境的配置文件。

使用 pwd 命令可以显示你的工作目录是什么。用 ls 命令可以列出你的工作目录中所包含的文件和子目录的名字，这是默认方式。在工作目录中，文件名按照 ASCII 码顺序列出：以数字开头的文件名列在前面，然后是以大写字母开头的文件名，最后是以小写字母开头的文件名。

3.1.2　路径名

迄今为止，我们所看到的文件仅是用户主目录下的文件。其实，你可以利用路径名来访问在层次结构文件系统中任何地方的文件和目录。

大家都知道，要给朋友寄一张新年贺卡，不仅要写上朋友的姓名，还要详细写明其地址。同样，在计算机上为了访问文件，你必须告诉系统它们在什么地方，即保存在哪个目录下。路径名描述了文件系统中通向任意文件的路径。

文件系统中有两种路径名：绝对路径名和相对路径名。当为命令指定文件路径名时，你要指定两种路径形式中的一种，不管它有多长或者多复杂。

1．绝对路径名

在 Linux 操作系统中，每一个文件有唯一的绝对路径名，它是沿着层次树，由从根目录开始、到达相应文件的所有目录名连接而成，各目录名之间以斜线字符(/)隔开。例如，/home/mengqc/lib/func/file1。由于在一个文件系统中根目录是唯一的，所以以根目录为起点的路径名称做绝对路径名。

绝对路径名总是以斜线字符(/)开头，它表示根目录。如果你要访问的文件在你当前工作目录之上，那么，使用绝对路径名往往是最简便的方法。

绝对路径名也称做全路径名。使用 pwd 命令可以在屏幕上显示出当前工作目录的绝对路径名。例如：

```
$ pwd
/home/mengqc
```

图 3.2 所示的文件 file1 的绝对路径名是/home/mengqc/lib/func/file1。

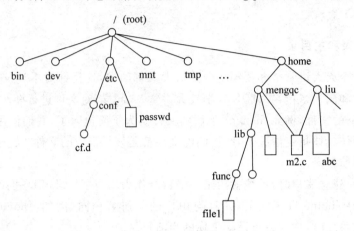

图 3.2　路径名类型

2．相对路径名

文件的相对路径名是相对当前工作目录的路径名。

为了访问你当前工作目录或其任意子目录中的文件，你可以使用相对路径名。例如，如果你的工作目录是/home/mengqc/lib，为了列出在目录/home/mengqc/lib/func 中的文件 file1，可以使用下述命令：

```
$ ls -l func/file1
```

相对路径名不能以斜线字符(/)开头。

为了访问在当前工作目录中和当前工作目录之上的文件，你可以在相对路径名中使用特殊目录名——点(.)和点点(..)。点(.)目录表示本目录自身，而点点(..)目录代表该目录的父目录(即直接上一级目录)。例如，当前工作目录是/home/mengqc/lib，想列出/home/liu 目录的内容，可使用命令：

```
$ ls ../../liu
```

再提醒一下：

(1) 在每个目录中都有点点目录文件(..)。在上面示例中，/home/mengqc/lib 的父目录是/home/mengqc，后者的父目录是/home。

(2) 可以连续使用"../"形式表示父目录，直至根目录。如上例所示。所以，系统中的每个文件都可以利用相对路径名来命名。

3．正确使用路径名

在什么情况下使用绝对路径名，什么情况下使用相对路径名，取决于哪种方式涉及的目录更少。路径短，不仅有更少的键盘输入，而且节省系统搜索路径的时间，使得执行效率更高。

例如,当前的工作目录是/etc/conf/cf.d,如果需要访问系统口令文件/etc/passwd,那么:
- 使用绝对路径名是/etc/passwd,使用相对路径名是../../passwd。
- 绝对路径名/etc/passwd 涉及的目录有 2 个,而相对路径名../../passwd 涉及的目录却是 3 个。此时,使用绝对路径名更有效。

但是,如果当前工作目录是/home/mengqc/lib,要访问在 func 目录之下的 file1 文件,那么:
- 使用绝对路径名是/home/mengqc/lib/func/file1,使用相对路径名是 func/file1。
- 绝对路径名/home/mengqc/lib/func/file1 涉及的目录有 5 个,而相对路径名涉及的目录只有 2 个。此时,使用相对路径名更有效。

如果你不清楚当前工作目录与其他目录之间的关系,那么最好使用绝对路径名。

3.1.3 用户及文件存取权限

用户使用文件命令对文件(包括目录)进行操作的前提是他拥有相应的权限,下面将介绍如何控制这些权限。

Linux 系统中为了对文件实施保护和共享,规定了 4 种不同类型的用户,各有不同的职责和操作权限。

① 文件主(owner);
② 同组用户(group);
③ 可以访问系统的其他用户(others);
④ 超级用户(root),具有管理系统的特权。

(1) 文件主:Linux 为每个文件都分配了一个文件所有者,称为文件主,并赋予文件主唯一的注册名。对文件的控制取决于文件主或超级用户(root)。

文件或目录的创建者对创建的文件或目录拥有特别使用权。

文件的所有关系是可以改变的,可以将文件或目录的所有权转让给其他用户,但只有文件主或 root 才有权改变文件的所有关系。文件的所有权的标识是用户 ID(UID)。

利用 chown 命令可以更改某个文件或目录的所有权。例如,超级用户把自己的一个文件复制给用户 xu,为了让用户 xu 能够存取这个文件,超级用户(root)应该把这个文件的属主设为 xu,否则,用户 xu 无法存取这个文件。

如果改变了文件或目录的所有权,原文件主将不再拥有该文件或目录的权限。

系统管理员经常使用 chown 命令,在将文件复制到另一个用户的目录下以后,让用户拥有使用该文件的权限。

(2) 用户组:当系统管理员为你建立账户之后,会分配一个组 ID 和一个特定的用户组名。通常,这些组名包含了有相同需求的用户,如一个开发部门的所有成员。采用组方式也有助于增强系统使用的安全性。

虽然已经分配了一个标记注册组的组 ID,但是,该组也可以是其他组的成员。如果目前从事的项目涉及多个用户组,那么它可能要属于不止一个组,从而可以与那些组中的用户共享信息。

在 Linux 系统中,每个文件要隶属于一个用户组。当创建一个文件或目录时,系统会赋予它一个用户组关系,用户组的所有成员都可以使用此文件或目录。

文件用户组关系的标识是 GID。文件的 GID 只能由文件主或超级用户（root）来修改。利用 chgrp 命令可以改变文件的 GID。

（3）用户存取权限：Linux 系统中的每个文件和目录都有存取许可权限，用它来确定谁可以通过何种方式对文件和目录进行访问和操作。

存取权限规定 3 种访问文件或目录的方式：

① 读（r）；

② 写（w）；

③ 可执行或查找（x）。

当用 ls -l 命令显示文件或目录的详细信息时，最左边的字段为文件的存取权限。其中各位的含义如图 3.3 所示。

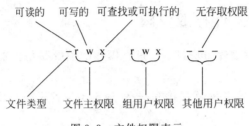

图 3.3　文件权限表示

（4）文件存取权限。

r（读权限）：表示只允许指定用户读取相应文件的内容，而禁止对它做任何的更改操作。将所访问的文件的内容作为输入的命令都需要有读的权限，如 cat, more 等。

w（写权限）：表示允许指定用户打开并修改文件，如命令 vi, cp 等。

x（执行权限）：表示允许指定用户将该文件作为一个程序执行。

（5）目录存取权限：在 ls 命令后加上 -d 选项，可以了解目录文件的使用权限。

r（读权限）：表示可以列出存储在该目录下的文件，即读目录内容列表。这一权限允许 shell 使用文件扩展名字符列出相匹配的文件名。

w（写权限）：表示允许从目录中删除或添加新的文件。通常只有目录主才有写权限。

x（执行权限）：表示允许在目录中进行查找，并能用 cd 命令将该目录改为工作目录。

3.2　常用目录操作命令

3.2.1　创建和删除目录

1. mkdir 命令

mkdir 命令用来创建目录。

1）一般格式

mkdir　[选项]　dirname…

2）说明

该命令创建由 dirname 命名的目录。如果在目录名的前面没有加任何路径名，则在当前目录下创建由 dirname 指定的目录；如果给出了一个已经存在的路径，将会在该目录下创建一个指定的目录。在创建目录时，应保证新建的目录与它所在目录下的文件没有重名。

3）常用选项

-m,--mode=MODE　　将新建目录的存取权限设置为 MODE，存取权限用给定的八进制数字表示（详见 3.2.4 节）。

-p,--parents　　可一次建立多个目录，即如果为新建目录所指定的路径 dirname 中有些父目录尚不存在，此选项可以自动建立它们。

4）注意

在创建文件时，不要把所有的文件都存放在主目录中，可以创建子目录，通过它们来更有效地组织文件。

最好采用前后一致的命名方式来区分文件和目录。例如，目录名可以以大写字母开头，这样，在目录列表中目录名就出现在前面。

在一个子目录中应包含类型相似或用途相近的文件。例如，建立一个子目录，它包含所有的数据库文件，另有一个子目录包含电子表格文件，还有一个子目录包含文字处理文档，等等。

目录也是文件，它们和普通文件一样遵循相同的命名规则，并且利用全路径可以唯一地指定一个目录。

5）示例

（1）在目录/home/mengqc 下建立子目录 test，并且只有文件主有读、写和执行权限，其他人无权访问：

```
$ mkdir --mode=700 /home/mengqc/test
```

（2）在当前目录中建立 bin 和其下的 os_1 目录，权限设置为文件主可读、写、执行，同组用户可读和执行，其他用户无权访问：

```
$ mkdir -p -m 750 bin/os_1    （同时建立了两个目录：bin 和它的子目录 os_1）
```

2. 删除目录

当目录不再被使用时，或者磁盘空间已到达使用限定值，就需要删除失去使用价值的目录。

利用 rmdir 命令可以从一个目录中删除一个或多个空的子目录。

1）一般格式

rmdir [选项] … **dirname** …

2）说明

该命令从一个目录中删除一个或多个子目录，其中 dirname 表示目录名。如果 dirname 中没有指定路径，则删除当前目录下由 dirname 指定的目录；如果 dirname 中包含路径，则删除指定位置的目录。删除目录时，必须具有对其父目录的写权限。

3）常用选项

-p,--parents　　递归删除目录dirname，当子目录删除后其父目录为空时，也一同被删除。如果有非空的目录，则该目录保留下来。

-v,--verbose　　对每个被处理的目录输出相关诊断信息。

4）注意

子目录被删除之前应该是空目录。就是说，该目录中的所有文件必须用rm命令全部删除。如果该目录中仍有其他文件，那么就不能用rmdir命令删除。

另外，当前工作目录必须在被删除目录之上，不能是被删除目录本身，也不能是被删除目录的子目录。

虽然还可以用带有-r选项的rm命令递归删除一个目录中的所有文件和该目录本身，但是，那样做存在很大的危险性。

5）示例

删除子目录os_1和其父目录bin：

```
$ cd  /home/mengqc/test
$ rmdir  -p  bin/os_1
```

3.2.2　改变工作目录和显示目录内容

1. cd命令

cd命令用来改变工作目录。

1）一般格式

```
cd  [dirname]
```

2）说明

如果想访问另外一个目录下的若干文件，如子目录下的文件，往往更简便的方法是，把当前工作目录改到那个目录上去，然后从新的工作目录出发去访问那些文件。请注意，可以把工作目录改到用户子目录以外的目录上。

使用cd命令可以改变当前工作目录，它带有唯一的一个参数，即表示目标目录的路径名（相对路径名或绝对路径名）。

利用点点（..）形式可以把工作目录向上移动两级：

```
cd  ../..
```

为了从系统中的任何地方返回到主目录中，可以使用不带任何参数的cd命令：

```
cd
```

如果给cd命令提供的参数是普通文件名或一个不存在的目录，或者是无权使用的一个目录，那么系统将显示一条出错信息。

3）示例

（1）将当前目录改到/home/liuzh：

$ cd /home/liuzh

（2）将当前目录改到用户的主目录：

$ cd

（3）将当前目录向上移动两级：

$ cd ../..

2．pwd 命令

pwd 命令显示出当前工作目录的绝对路径。

1）一般格式

pwd

2）说明

该命令不带任何选项或参数。利用 pwd 命令可以知道当前是在哪个目录下工作的。

3）示例

显示当前的工作目录：

$ pwd
/home/mengqc

3．ls 命令

ls 命令列出指定目录的内容。

1）一般格式

ls [选项]… [FILE]…

2）说明

如果给出的参数FILE是目录，该命令将列出其中所有子目录与文件的信息；如果给出的参数FILE是文件，将列出有关该文件属性的一些信息。在默认情况下，输出条目按字母顺序排列。如果没有给出参数，将显示当前目录下所有子目录和文件的信息。

3）常用选项

-a,--all   显示指定目录下所有子目录和文件，包括以"."开头的隐藏文件（如.cshrc）。

-A,--almost-all   显示指定目录下所有子目录和文件，包括以"."开头的隐藏文件，但是不列出"."和".."目录项。

-b,--escape   当文件名中包含不可显示的字符时，则用\ddd（三位八进制数）形式显示该字符。

-c   按文件的修改时间排序。

-C	分成多列显示各项。
-d	如果参数是目录,则只显示它的名字(不显示其内容)。往往与-l 选项一起使用,以得到目录的详细信息。
-F,--classify	在列出的文件名后面加上不同的符号,以区分不同类型的文件。可以附加的符号有:

　　　　　　　　　　／　　表示目录
　　　　　　　　　　＊　　表示可执行文件
　　　　　　　　　　＠　　表示符号链接文件
　　　　　　　　　　｜　　表示管道文件
　　　　　　　　　　＝　　表示 socket 文件

-i,--inode	在输出的第一列显示文件的 I 节点号。
-l	以长格式显示文件的详细信息。输出的信息分成多列,它们依次是:

文件类型与权限　链接数　文件主　文件组　文件大小　建立或最近修改的时间　文件名

例如：-rw-r--r--　2　mengqc　group　809　12月 27　2008　mfile2
其中几个字段的含义说明如下。
(1) 第一个字段中头一个字符表示文件类型,所用字符及其含义是:
—　　普通文件
d　　目录
b　　块设备文件
c　　字符设备文件
l　　符号链接文件
s　　套接字文件(socket)
p　　命名管道文件(pipe)
(2) 随后的 9 个字符表示文件的存取权限。各权限用以下字符表示:
r　　读
w　　写
x　　执行。对于目录,表示可以访问该目录。
s　　当文件被执行时,把该文件的 UID 或 GID 赋予执行进程的 UID(用户 ID)或 GID(组 ID)。
t　　设置了粘着标志位(留在内存,不被换出)。如果该文件是目录,则在该目录中的文件只能被超级用户、文件主删除;如果它是可执行的文件,在该文件执行后,指向其正文段的指针仍留在内存。这样再次执行它时,系统就能更快地装入该文件。
-　　表示没有设置权限。
(3) 对于符号链接文件,在最后"文件名"字段显示的形式是:

符号链接文件名->目标文件的路径名

(4) 对于设备文件,其"文件大小"字段显示的信息是设备的主、次设备号。
在列表的第一行给出了该目录的总块数,其中包含了间接块。

-L,--dereference	如果指定的名称是一个符号链接文件,则显示链接所指向的

文件。

-m	输出按字符流格式,各项以逗号分开。
-n,--numeric-uid-gid	输出格式与-l选项相同,只是在输出中文件主和文件组是用相应的 UID 号和 GID 号来表示的,而不是实际的名称。
-o	与-l选项相同,只是不显示组用户信息。
-p	在目录文件名后面附加一个表示类型的标号,即/。
-q,--hide-control-chars	将文件名中不可显示的字符用"?"代替。
-r,--reverse	按逆序显示 ls 命令的输出结果。默认时,ls 命令以文件名的字典顺序排列。如果指定按时间属性排序,则最近建立的文件排在前面。
-R,--recursive	递归显示指定目录的各个子目录中的文件。
-s,--size	给出每个目录项所用的块数,包括间接块。
-t	按修改时间的新旧排序,最新的优先。当两个文件的修改时间相同时,则按文件名的字典顺序排序。该选项可以与选项"-c"或"-u"一起使用,这时的排列顺序取决于"-c"或"-u"选项。默认时,使用"-c"。
-u	按文件最近一次的存取时间排序,最近者优先。这时 ls -l 命令列出的将是文件最近一次的存取时间。
-x	按行显示出各排序项的信息。

4) 示例

(1) 列出当前目录的内容,并标出文件的属性:

```
$ ls -F
a.out* Desktop/ ex1 ex2 m1.c m2.c test/
```

(2) 按多列形式列出目录/home/mengqc 的内容:

```
$ ls -C /home/mengqc
```

(3) 以长列表格式列出当前目录的内容,包括隐藏文件和它们的 I 节点号:

```
$ ls -lai
```

3.2.3 链接文件的命令

Linux 具有为一个文件起多个名字的功能,称为链接。被链接的文件可以存放在相同的或不同的目录下。如果在同一目录下,二者必须有不同的文件名,而不用在硬盘上为同样的数据重复备份;如果在不同的目录下,那么被链接的文件可以与原文件同名,此时只要对一个目录下的该文件进行修改,就可以完成对所有目录下同名链接文件的修改。对于某文件的各个链接文件,可以给它们指定不同的存取权限,以控制对信息的共享和增强安全性。

文件链接有两种形式,即硬链接和符号链接。

1. 硬链接

建立硬链接时,在另外的目录或本目录中增加目标文件的一个目录项,这样,一个文件就登记在多个目录中。如图 3.4 所示的 m2.c 文件就在目录 mub1 和 liu 中都建立了目录项。

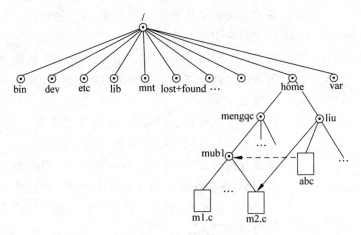

图 3.4 文件链接

创建硬链接后,已经存在的文件的 I 节点号(Inode)会被多个目录文件项使用。

一个文件的硬链接数可以在目录的长列表格式的第二列中看到,无额外链接的文件的链接数为 1。

在默认情况下,ln 命令创建硬链接。ln 命令会增加链接数,rm 命令会减少链接数。一个文件除非链接数为 0,否则不会从文件系统中被物理地删除。

对硬链接有如下限制。

(1) 不能对目录文件做硬链接。

(2) 不能在不同的文件系统之间做硬链接。就是说,链接文件和被链接文件必须位于同一个文件系统中。

2. 符号链接

符号链接也称为软链接,是将一个路径名链接到一个文件。这些文件是一种特别类型的文件。事实上,它只是一个文本文件(如图 3.4 中的 abc 文件),其中包含它提供链接的另一个文件的路径名,如图 3.4 中虚线箭头所示。另一个文件是实际包含所有数据的文件。所有读、写文件内容的命令被用于符号链接时,将沿着链接方向前进来访问实际的文件。

与硬链接不同的是,符号链接确实是一个新文件,当然它具有不同的 I 节点号;而硬链接并没有建立新文件。

符号链接没有硬链接的限制,可以对目录文件做符号链接,也可以在不同文件系统之间做符号链接。

用 ln -s 命令建立符号链接时,源文件最好用绝对路径名。这样可以在任何工作目录下进行符号链接。而当源文件用相对路径时,如果当前的工作路径与要创建的符号链接文件所在路径不同,就不能进行链接。

符号链接保持了链接与源文件或目录之间的区别。

(1) 删除源文件或目录,只删除了数据,不会删除链接。一旦以同样文件名创建了源文件,链接将继续指向该文件的新数据。

(2) 在目录长列表中,符号链接作为一种特殊的文件类型显示出来,其第一个字母是 l。

(3) 符号链接的大小是其链接文件的路径名中的字节数。

(4) 当用 ls -l 命令列出文件时,可以看到符号链接名后有一个箭头指向源文件或目录,例如:

```
lrwxrwxrwx ··· 14  12月 28  10:20  /etc/motd->/original_file
```

其中,表示"文件大小"的数字 14 恰好说明源文件名/original_file 由 14 个字符构成。

3. ln 命令

ln 命令用来创建链接。

1) 一般格式

ln [选项]… 源文件 [目标文件]…

2) 说明

链接的对象可以是文件,也可以是目录。如果链接指向目录,用户就可以利用该链接直接进入被链接的目录,而不用给出到达该目录的一长串路径。另外,即使删除这个链接,也不会破坏原来的目录。

3) 常用选项

-f,--force   删除已有的目的地文件。
-i,--interactive 提示是否删除目的地文件。
-s,--symbolic   建立符号链接,而不是硬链接。
-v,--verbose   显示每个被链接文件的名字。

4) 注意

符号链接文件不是一个独立的文件,它的许多属性依赖于源文件,所以给符号链接文件设置存取权限是没有意义的。

5) 示例

① 将目录/home/mengqc/mub1 下的文件 m2.c 链接到目录/home/liuzh 下的文件 a2.c(由于涉及两个用户的目录,就存在权限问题,所以以超级用户身份执行。):

```
# cd  /home/mengqc
# ln  mub1/m2.c  /home/liuzh/a2.c
```

在执行 ln 命令之前,目录/home/liuzh 中不存在 a2.c 文件。执行 ln 之后,在/home/liuzh 目录中才有 a2.c 这一项,表明 m2.c 和 a2.c 链接起来(注意,二者在物理上是同一文件),利用 ls -l 命令可以看到链接数的变化。

```
# ls -l /home/liuzh
总计 8
-rw-r--r--    2 mengqc    users    409   03-25  19:16  a2.c
```

```
drwxr-xr-x    3      liuzh    users   4096   03-15   21:22   Desktop
```

② 在目录/home/liuzh 下建立一个符号链接文件 abc，使它指向目录/home/mengqc/mub1：

```
# ln -s /home/mengqc/mub1 /home/liuzh/abc
```

执行该命令后，/home/mengqc/mub1 代表的路径将存放在名为/home/liuzh/abc 的文件中。

```
# ls -l /home/liuzh
总计 8
-rw-r--r--    2      mengqc   users   409    03-25   19:16   a2.c
lrwxrwxrwx    1      root     root    17     03-28   10:02   abc -> /home/mengqc/mub1
drwxr-xr-x    3      liuzh    users   4096   03-15   21:22   Desktop
```

3.2.4 改变文件或目录存取权限

1. chmod 命令

chmod 命令用于改变或设置文件或目录的存取权限。

只有文件主或超级用户 root 才有权用 chmod 命令改变文件或目录的存取权限。

根据表示权限的方式不同，该命令有两种用法：以符号模式改变权限和以绝对方式改变权限。

- 以符号模式改变权限

1) 一般格式

```
chmod [选项]… MODE [,MODE]… 文件…
```

2) 说明

MODE 表示用户类别、执行的操作和相应权限，它由以下各项组成：

```
[who] [操作符号] [mode]
```

(1) who(操作对象)可以是下述字母中的任一个或者它们的组合：
u 表示"用户(user)"，即文件或目录的所有者。
g 表示"同组(group)用户"，即与文件属主有相同组 ID 的所有用户。
o 表示"其他(others)用户"。
a 表示"所有(all)用户"。它是系统默认值。

(2) 操作符号可以是：
＋ 添加某个权限。
－ 取消某个权限。
＝ 赋予给定权限并取消其他所有权限(如果有的话)。

(3) mode 所表示的权限可用下述字母的任意组合：
r 可读。
w 可写。

x 可执行(或搜索目录)。

X 只有该目标文件是目录文件或对某些用户有可执行权限时,才有"可执行/搜索"属性。

s 在文件执行时,把进程的属主或组 ID 置为该文件的文件属主。方式 u+s 设置文件的用户 ID 位,g+s 设置组 ID 位。

t 受限删除标志或粘着位,即程序的文本保存到交换设备上。

u 与文件属主拥有一样的权限。

g 与和文件属主同组的用户拥有一样的权限。

o 与其他用户拥有一样的权限。

这三部分必须按顺序输入。在 chmod 命令行中可以用多个 MODE 项,但各项间必须以逗号间隔。

3) 常用选项

-c,--changes 与-v 选项类似,但是仅当做了改变才报告结果。

-v,--verbose 详细列出该命令对每个处理文件所做的工作。

-R,--recursive 递归地修改文件和目录的权限。

4) 示例

(1) 将文件 ex1 的权限改为所有用户都有执行权限:

 $ chmod a+x ex1

(2) 将文件 ex1 的权限重新设置为文件主可以读和执行,组用户可以执行,其他用户无权访问:

 $ chmod u=r,ug=x ex1

- 以绝对方式改变权限

1) 一般格式

chmod [选项]… OCTAL-MODE 文件…

2) 说明

用绝对方式设置或改变文件的存取权限,就是用数字 1 和 0 表示图 3.3 中的 9 个权限位,置为 1 表示有相应权限,置为 0 表示没有相应权限。例如,某个文件的存取权限是:文件主有读、写和执行的权限,组用户有读和执行的权限,其他用户仅有读的权限。用符号模式表示是 rwxr-xr--,用二进制数字表示是 111 101 100。

为了记忆和表示方便,通常将这 9 位二进制数用等价的 3 个 0~7 的八进制数字表示,即从右到左,3 个二进制数换成一个八进制数。这样,上述二进制数就等价于八进制数 754。

在 Linux 系统中,OCTAL-MODE 是由 4 个八进制数字组成的,从左至右各位数字的含义是:第一位表示设置用户 ID(数值 4)、组 ID(数值 2)和粘着属性(数值 1),第二位表示文件主权限,第三位表示组用户权限,第四位表示其他用户权限。

3) 示例

 $ chmod 0664 ex1   (使文件 ex1 的文件主和同组用户具有读、写权限,而其他用户只可读)

2. umask 命令

umask 命令用来设置限制新建文件权限的掩码。

1) 一般格式

```
umask [-p] [-S] [mode]
```

2) 说明

当新文件被创建时,其最初的权限由文件创建掩码决定。用户每次注册进入系统时,umask 命令都被执行,并自动设置掩码 mode 来限制新文件的权限。用户可以通过再次执行 umask 命令来改变默认值,新的权限将会把旧的覆盖掉。

如果 mode 是以数字开头,那么,mode 就被解释为八进制数字;否则,就被解释为符号方式,和 chmod 命令中所采用的方式相似。如果直接输入 umask 命令,不带任何参数,那么将以八进制形式显示当前的掩码。系统默认的掩码是 0022。

3) 选项

-p   如果省略了 mode,则以数字形式输出掩码的当前值。
-S(大写)   以符号形式显示掩码。默认的掩码输出形式是八进制数字。

4) 示例

(1) 查看当前掩码的设置:

```
$ umask  -S
u=rwx,g=rx,o=rx
```

这里显示的结果是表示当前不同身份的用户都具有哪些权限,即文件主有读、写和执行权限,组用户有读和执行权限,其他用户有读和执行权限。其他权限被屏蔽掉了。再用数字方式验证一下:

```
$ umask  -p
Umask    0022
```

表明当前的掩码是 0022,即组用户和其他用户的写权限被取消。就是说,文件主的权限不受影响,有读、写和执行权限;组用户和其他用户有读和执行权限。

(2) 利用 umask 命令可以指定哪些权限将在新文件的默认权限中被删除。例如,可以使用下面的命令创建掩码,使得组用户的写权限,其他用户的读、写和执行权限都被取消:

```
$ umask   u=rwx,g=rx,o=
$ umask
0027
$ umask   -S
u=rwx,g=rx,o=
```

执行该命令以后,对于下面创建的新文件,其文件主的权限未做任何改变,而组用户没有写权限,其他用户的所有权限都被取消。

(3) 可以使用八进制数值来设置 mode。由于在 umask 中所指定的权限是要从文件中删除的,所以,如果该文件原来的初始化权限是 0777,那么执行命令 umask 0022 以后,该文件的权限将变为 0755;如果该文件原来的初始化权限是 0666,那么该文件的权限将变为0644。

不能直接利用umask命令创建一个可执行的文件,用户只能在其后利用chmod命令使它具有执行权限。假设执行了命令:umask 0027,虽然在命令行中没有删去文件主和组用户的执行权限,但默认的文件权限还是0640(即rw-r-----),而不是0750(rwxr-x---)。但是,如果创建的是目录或者通过编译程序创建的一个可执行文件,将不受此限制。在这种情况下,会设置文件的执行权限。

下面,将掩码设为0037,即开放文件主全部权限,取消组用户的写和执行权限,取消其他用户的所有权限。

```
$ umask 0037
$ umask -S
u=rwx,g=r,o=
$ touch newfile        (创建一个空文本文件newfile)
$ ls -l
```

在显示的结果中,会看到有关newfile的信息是:

```
-rw-r-----  1 mengqc users 0 03-31 09:29 newfile
```

可见,虽然没有屏蔽文件主和组用户的执行权限,但对于新建的文本文件来说,他们仍然没有执行权限。

3.2.5 改变用户组和文件主

1. chgrp命令

chgrp命令用来改变文件或目录所属的用户组。
1) 一般格式

chgrp [选项]… **GROUP** **FILE**…

2) 说明

该命令把由FILE指定文件的用户组改为GROUP指定的组。其中,GROUP可以是用户组的ID,也可以是用户组的组名。FILE可以是由空格分开的要改变属组的文件列表,也可以是由通配符描述的文件集合。应注意,如果用户不是超级用户(root)或该文件的文件主,则不能改变该文件的组,因为权限不够。

3) 常用选项

-R,--recursive 递归式地改变指定目录及其下面的所有子目录和文件的用户组。
-v,--verbose   详细列出该命令对每个处理文件所做的工作。

4) 示例

将/home/mengqc及其子目录下的所有文件的用户组改为friend:

```
# chgrp -R friend /home/mengqc      (注意,这里以超级用户身份执行)
```

2. chown命令

chown命令改变某个文件或目录的所有者和/或所属的组。

1）一般格式

chown　[选项]…　OWNER 或 GROUP　FILE…

2）说明

该命令可以向某个用户OWNER授权，使该用户变成指定文件FILE的所有者或者将文件所属的组改为GROUP。用户可以是用户名或用户ID，用户组可以是组名或组ID。文件名可以是由空格分开的文件列表，在文件名中可以包含通配符。

3）常用选项

-R,--recursive　　递归式地改变指定目录及其所有子目录、文件的文件主。
-v,--verbose　　详细列出该命令对每个处理文件所做的工作。

4）注意

只有超级用户或文件主才可以使用该命令。

5）示例

将目录/home/mengqc及其下面的所有文件、子目录的文件主改成liuzh：

chown -R liuzh /home/mengqc

3.3 联机帮助命令

Linux系统中有大量的命令，而且许多命令又有众多选项或参数，要想全部记住它们相当困难。对大多数用户来说，也没有必要这样做，因为用户常用的命令是整个命令集合中的一个子集。硬性记忆命令很难，但Linux提供了联机帮助手册，利用它，可以方便地查看所有命令的完整说明，包括命令语法、各选项的意义及相关命令等。

3.3.1　man命令

man命令格式化并显示某一命令的联机帮助手册页。

1）一般格式

man　[选项]…　参数…

2）说明

man是英文单词manual的缩写，表示"手册"。该命令可以格式化并显示联机帮助手册页。参数一般是手册页的名字，尤其是命令名、函数名或者文件名。通常，用户只要在命令man之后输入想了解其用法的命令名（例如，man cat），man命令就会在屏幕上列出一份完整的说明，就好像查阅"命令手册"那样。

所有用户都可以通过man命令使用Linux的联机用户手册。在联机手册中，不同命令的手册页存在差别。常用的命令说明格式如下所述。

（1）NAME：表示命令的名称和用法。

（2）SYNOPSIS：显示命令的语法格式，其中列出所有可供使用的选项及参数。方括号中的内容是可选的。

(3) DESCRIPTION：描述命令的一般用法和每个选项的功能。

(4) AUTHOR：说明编写这个程序的作者。

(5) BUGS：如果用户发现该程序有问题，可以向指定机构报告。

(6) COPYRIGHT：自由软件版权声明。

(7) SEE ALSO：说明命令的其他方面或对命令的其他解释。

如果在命令行参数中指定了具体命令名，man 命令会显示关于这条命令的手册页。

如果参数中包含斜线"/"，那么 man 就把它解释为文件描述，如，man /cd/foo/bar.1.gz。

3) 常用选项：

-M 路径　　指定查找 man 手册页的路径。路径可以是目录列表，以冒号隔开。如果没有这个选项，将使用环境变量 MANPATH 指定的路径。

-P 分页程序　指定显示手册所使用的分页程序。该选项优先于环境变量 MANPAGER。默认使用/usr/bin/less -is。

-S 章节　　指定查找手册页的章节列表。该列表是由表示各命令类别的章节号和分隔它们的符号"："组成。

-a　　　　按照默认，man 在显示它找到的第一个手册页后就退出。使用该选项后，就强制显示与参数相匹配的所有手册页，而不是只显示第一处找到的。

-d　　　　这个选项并不实际显示手册页的内容，但是打印许多调试信息。

-D　　　　既显示手册页的内容，也打印调试信息。

-w 或--path　不显示手册页，只显示将被格式化和显示的文件所在的位置。

4) 示例

查看 pwd 命令的用法：

```
$ man  pwd       （显示 pwd 命令的手册页，如图 3.5 所示）
```

3.3.2　help 命令

help 命令用来查看所有 shell 内置命令的帮助信息。

1) 一般格式

```
help  [-s]  [pattern]
```

2) 说明

shell 是 Linux 的命令解释程序，它对接收的命令进行解释并予以执行。有些命令构造在 shell 内部，从而在 shell 环境内部执行。这种命令称为 shell 内置命令（也称为内部命令）。

用户可以利用 help 命令来查看 shell 内置命令的用法。如果给出模式 pattern，则该命令给出所有与 pattern 相匹配的命令的详细帮助信息；否则，显示出所有内置命令和控制结构的帮助信息。

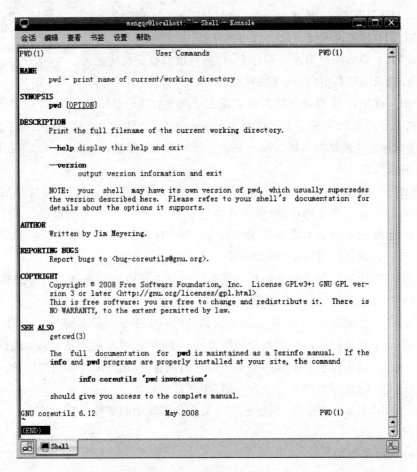

图 3.5 pwd 命令手册页

3) 选项

-s 以简短提要格式显示信息。

4) 示例

(1) 查看内置命令 cd 的用法。

```
$ help cd
cd: cd [-L|-P] [dir]
    Change the current directory to DIR.  The variable $HOME is the
    default DIR.  The variable CDPATH defines the search path for
    the directory containing DIR.  Alternative directory names in CDPATH
    are separated by a colon (:).  A null directory name is the same as
    the current directory, i.e. `.'.  If DIR begins with a slash (/),
    then CDPATH is not used.  If the directory is not found, and the
    shell option `cdable_vars' is set, then try the word as a variable
    name.  If that variable has a value, then cd to the value of that
    variable.  The -P option says to use the physical directory structure
    instead of following symbolic links; the -L option forces symbolic links
    to be followed.
```

(2) 列出 cd 命令帮助信息的简要说明:

```
$ help -s cd
cd: cd [-L|-P] [dir]
```

思考题

1. 什么是目录文件？它有何作用？

2. 解释以下概念：父目录、子目录、根目录、当前工作目录、用户主目录、绝对路径名、相对路径名。

3. 确定当前工作目录。把工作目录改到父目录上，然后用长格式列出其中所有的内容。

4. 在所用的 Linux 系统上，根目录下含有哪些内容？各自的功能是什么？

5. 说出下列每一项信息各对应哪一类文件：
(1) drwxr-xr-x　(2) /bin　　(3) /etc/passwd　(4) Brw-rw-rw-
(5) /dev/fd0　 (6) /usr/lib　(7) -rwx--x--x

6. 假设用 ls -l 长列表格式显示某个目录的内容时，看到如下一行文件说明：

-rwxr-xr--　2　mengqc　users　5699　12月28　11:36　prog1

问：
(1) 该文件的名称是什么？它是什么类型的文件？
(2) 想取消其他用户对该文件的执行权限，应使用什么命令？
(3) 想把该文件链接到目录 /home/liuzh 下的 tmp 文件，应如何操作？如链接成功，则使用 ls -l 命令重新列出该目录时，其中显示信息有何改变？

7. 请给出下列命令执行的结果：
(1) cd　　(2) cd ..　(3) cd ../..　(4) cd /

8. 目录 ABC 下有两个子目录 a1、b2，以及 5 个普通文件。如果想删除 ABC，应使用什么命令？

9. 如何用一个命令行统计出给定目录中有多少个子目录？

10. 文件链接有哪些形式？它们有什么差别？

11. 想了解命令 find、tee 和 gzip 的功能和用法，应如何操作？

第4章 进程及其管理

无论是我们自己编写的程序,还是系统提供的程序,都具有静态、被动的特性,本身可以作为一种软件资源长期保存。程序只有在 CPU 上才能得到真正的执行。而程序的执行过程是动态、主动的,有一定的生命期。为反映程序并发执行过程中的一系列新特性,引入了"进程"概念。

进程可以看做程序的执行过程,它是操作系统中最重要的概念之一。进程在完成任务时需要一定的资源,如 CPU 时间、内存空间、文件以及 I/O 设备等,所以进程是分配资源的基本单位。

在大多数计算机系统中,进程是并发活动的单位。从进程的观点出发,系统是由进程的集合体组成的。系统进程执行系统代码,用户进程执行用户代码。

本章介绍进程的概念、特征和状态,以及 Linux 系统中进程管理的常用命令。

4.1 进程概念

4.1.1 多道程序设计

1. 顺序程序活动的特点

大家回想一下自己编写的程序,都是一个语句、一个语句顺序排列的。如果系统中只有一个程序,那么程序执行时也是从前到后,一步一步地计算下去。前面的工作完成了,才做后面的事情,就好像工厂中生产流水线加工方式那样。这种程序设计方式叫做顺序程序设计。

在早期的单道程序工作环境中,内存中只有一个作业的程序。一个作业完成了,后一个作业才进入内存,并得以执行。这样一来,计算机执行程序的过程就严格按顺序方式进行。这种顺序程序活动具有顺序性、封闭性和可再现性三个主要特点:

(1) 顺序性是指程序所规定的每个动作都在上个动作结束后才开始。
(2) 封闭性是指只有程序本身的动作才能改变程序的运行环境。
(3) 可再现性是指程序的执行结果与程序运行的速度无关。

图 4.1 列出了几个典型的顺序程序的示意图。

其中图 4.1(a)最简单,一条条指令顺次做下去;图 4.1(b)表示程序代码中出现循环的情况;图 4.1(c)表示 A 程序在执行过程中调用 B 程序,B 运行完,返回 A,继续执行 A

的情况。

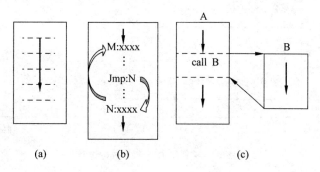

图 4.1 顺序程序示意图

2. 多道程序设计

单道程序系统具有资源浪费、效率低等明显缺点,所以在现代计算机系统中几乎不再采用这种技术,而广泛采用多道程序设计技术。多道程序设计是在内存中同时存放多道程序,它们在管理程序的控制下交替地在 CPU 上运行。由于 CPU 执行指令的方式一般是流水线方式,即顺序执行,所以在每一时刻真正在 CPU 上执行的程序只有一个。在 CPU 调度程序的控制下,多个程序可以交替地在 CPU 上运行。从宏观上看,系统中的多个程序都"同时"得到执行,即实现了程序的并发执行。

多道程序设计具有提高系统资源(包括 CPU、内存和 I/O 设备)利用率和增加作业吞吐量的优点。举一个极端的例子:假定有两道作业 A 和 B 都在执行,每个作业都是执行一秒钟,然后等待一秒钟,进行数据输入,随后再执行,再等待……一直重复 60 次。如果按单道方式,先执行作业 A,A 做完了再执行 B,那么两个作业都运行完共需 4 分钟(如图 4.2 所示),每个作业各用去两分钟,所以 CPU 的利用率是 50%。

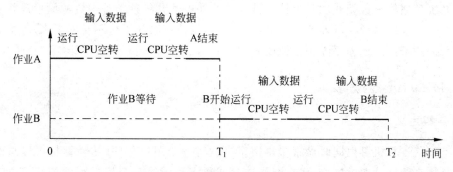

图 4.2 非多道技术下作业执行过程

如果采用多道程序技术来执行同样的作业 A 和 B,就能大大改进系统性能(见图 4.3)。作业 A 先运行,它运行一秒后等待输入。此时让 B 运行,B 运行一秒后等待输入,此时恰好 A 输入完,可以运行了……就这样在 CPU 上交替地运行 A 和 B,在这种理想的情况下,CPU 不空转,其使用率升至 100%,并且吞吐量也随之增加了。

当然,程序的并发执行和系统资源的共享使得操作系统的工作变得很复杂,不像单道程序顺序执行时那样简单、直观。

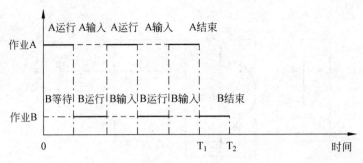

图4.3 多道技术下作业执行过程

3．程序并发执行的特征

程序并发执行产生了以下三个新特征：

（1）失去封闭性。并发执行的多个程序共享系统中的资源，因而这些资源的使用状态不再仅由某个程序决定，而是受并发程序的共同影响。多个程序并发执行时的相对速度是不确定的，每个程序都会经历"走走停停"的过程。但何时发生控制转换并非完全由程序本身确定，与整个系统当时所处的环境有关，因而具有一定的随机性。

（2）程序与计算不再一一对应。"程序"是指令的有序集合，是"静态"概念；而"计算"是指令序列在处理机上的执行过程，是"动态"概念。在并发执行过程中，一个共享程序可被多个用户作业调用，从而形成多个"计算"。例如，在分时系统中，一个编译程序副本往往为几个用户同时服务，该编译程序便对应几个"计算"。

（3）并发程序在执行期间相互制约。并发程序的执行过程不再像单道程序系统那样总是顺序连贯的，而具有"执行—暂停—执行"的活动规律，各程序活动的工作状态与所处的系统环境密切相关。系统中很多资源具有独占性质，即一次只让一个程序使用，如打印机、磁带机及系统表格等。这就使逻辑上彼此独立的程序由于共用这类独占资源而形成相互制约的关系——在顺序执行时可连续运行的程序，在并发执行时却不得不暂停下来，等待其他程序释放所需的资源。该程序停顿的原因并非自身造成的，而是其他程序影响的结果。

4.1.2 进程概念

1．进程定义

所有现代计算机可以同时做很多事情。当运行一个用户程序时，计算机可以从磁盘上为另一个用户程序读取数据，并且在终端或打印机上显示第三个用户程序的结果。在多道程序设计系统中，CPU在各程序之间来回进行切换：这个程序运行一会儿（例如几十或几百毫秒），另一个程序再运行一会儿。就是说，各个程序是并发执行的。

从上节分析中可以看出，由于多道程序并发执行时共享系统资源，共同决定这些资源的状态，因此系统中各程序在执行过程中就出现了相互制约的新关系，程序的执行出现"走走停停"的新状态。这些都是在程序的动态过程中发生的。而程序本身是机器能够翻译或执行的一组动作或指令，它或者写在纸面上，或者存放在磁盘等介质上，是静止的。很显然，直接从程序的字面上无法看出它什么时候运行、什么时候停顿，也看不出它是否影响其他程序或者一定受其他程序的影响。

综上所述,用程序这个静态概念已不能如实反映程序并发执行过程中的这些特征。为此,人们引入"进程(process)"这一概念来描述程序动态执行过程的性质。

进程(或任务)是在20世纪60年代中期由美国麻省理工学院(MIT)J. H. Saltzer首先提出的,并在所研制的MULTICS系统上实现。IBM公司把进程叫做任务(task),它在TSS/360系统中实现了。

"进程"是操作系统的最基本、最重要的概念之一。然而至今,人们对进程这一概念的表述不尽相同,但是普遍认同,进程最根本的属性是动态性和并发性。为此,我们将进程定义为:程序在并发环境中的执行过程。

2. 进程的基本特征

综上所述,进程和程序是两个截然不同的概念。进程具有如下基本特征:

(1) 动态性。进程是程序的执行过程,它有生有亡,有活动有停顿。可以处于不同的状态。

(2) 并发性。多个进程的实体能存在于同一内存中,在一段时间内都得到运行。这样就使得一个进程的程序与其他进程的程序并发执行了。

(3) 调度性。进程是系统中申请资源的单位,也是被调度的单位。就像体育比赛一样,教练"调"你上场,你才能登台献技。操作系统中有很多调度程序,它们根据各自的策略调度合适的进程,为其运行提供条件。

(4) 异步性。各进程向前推进的速度是不可预知的,即以异步方式运行。这造成进程间的相互制约,使程序执行失去再现性。为保证各程序的协调运行,需要采取必要的措施。

(5) 结构性。进程有一定的结构,它由程序段、数据段和控制结构(如进程控制块)等组成。程序规定了该进程所要执行的任务,数据是程序操作的对象,而控制结构中含有进程的描述信息和控制信息,是进程组成中最关键的部分。

4.2 进程状态

4.2.1 进程的基本状态

人是有生存期的,通常要经历幼儿、少年、青年、中年、老年等阶段。概括地讲,不同阶段有不同特点。进程也是有生存期的,其动态性质是由其状态及转换决定的。如果一个事物始终处于一个状态,那么它就不再是活动的,就没有生命力了。

通常在操作系统中,进程至少要有三种基本状态。这些状态是处理机挑选进程运行的主要因素,所以又称为进程控制状态。这三种基本状态是运行态、就绪态和阻塞态(或等待态)。

(1) 运行态(running)。运行态是指当前进程已分配到CPU,它的程序正在处理机上执行时的状态。处于这种状态的进程的个数不能大于CPU的数目。一般在单CPU系统中,任何时刻处于运行状态的进程至多是一个。在多处理器系统中,同时处于运行状态的进程可以有多个。

(2) 就绪态(ready)。就绪态是指进程已具备运行条件,但因为其他进程正占用 CPU,所以暂时不能运行而等待分配 CPU 的状态。一旦把 CPU 分给它,它立即就可以运行。在操作系统中,处于就绪状态的进程数目可以是多个。

(3) 阻塞态(blocked)。阻塞态是指进程因等待某种事件发生(例如等待某一输入、输出操作完成,等待其他进程发来的信号等)而暂时不能运行的状态。就是说,处于阻塞状态的进程尚不具备运行条件,即使 CPU 空闲,它也无法使用。这种状态有时也称为封锁状态或等待状态。系统中处于这种状态的进程也可以有多个。

图 4.4 表示了进程的状态及其转换。

在一个具体的系统中,为了调度的方便、合理,往往设立了更多个进程状态。如在 Linux 操作系统中,进程状态可分为 5 种(详见 11.2.1 节);而在 UNIX 操作系统中,进程状态划分为 9 种。但是上述三种状态是最基本的。因为如果不设立运行状态,就不知道

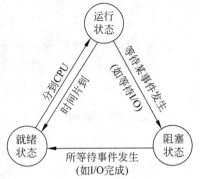

图 4.4 进程状态及其转换

哪一个进程正在占有 CPU;如果不设立就绪状态,就无法有效地挑选出适合运行的进程,或许选出的进程根本就不能运行;如果不设立阻塞状态,就无法区分各进程除 CPU 之外是否还缺少其他资源,那样一来,准备运行的进程和不具备运行条件的进程就混杂在一起了。

4.2.2 进程状态的转换

进程在其生存期间不断发生状态转换——从一种状态变为另一种状态。就像电影底片上记录的动作状态那样,由状态的转换反映出动态效果。一个进程可以多次处于就绪状态和运行态,也可以多次处于阻塞态,但可能排在不同的阻塞队列上。

进程状态的转换需要一定的条件和原因。下面进行简要分析。

(1) 就绪—>运行。处于就绪状态的进程被调度程序选中,分配到 CPU 后,该进程的状态就由就绪态变为运行态。处于运行态的进程也称做当前进程。此时当前进程的程序在 CPU 上执行,它真正是活动的。

(2) 运行—>阻塞。正在运行的进程因某种条件未满足而放弃对 CPU 的占用。例如该进程要求读入文件中的数据,在数据读入内存之前,该进程无法继续执行下去,它只好放弃 CPU,等待读文件这一事件的完成。这个进程的状态就由运行态变为阻塞态。不同的阻塞原因对应不同的阻塞队列。就好像排队买火车票那样,不同车次对应不同的队列(窗口)。

(3) 阻塞—>就绪。处于阻塞状态的进程所等待的事件发生了,例如读数据的操作完成,系统就把该进程的状态由阻塞态变为就绪态。此时该进程就从阻塞队列中出来,进入到就绪队列中,然后与就绪队列中的其他进程竞争 CPU。

(4) 运行—>就绪。正在运行的进程如用完了本次分配给它的 CPU 时间片,它就得从 CPU 上退下来,暂停运行。该进程的状态就由运行态变为就绪态,以后进程调度程序选中它,它就又可以继续运行了。

4.2.3 进程族系

就如同人类的族系一样,系统中众多的进程也存在族系关系:由父进程创建子进程,子进程再创建子进程……从而构成一棵树型的进程族系图,如图 4.5 所示。图中节点代表进程。

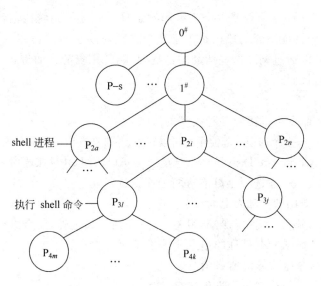

图 4.5 进程创建的层次关系

在开机时,首先引导操作系统,把它装入内存。之后生成第一个进程(在 UNIX 中称做 0 号进程),由它创建 1 号进程及其他核心进程;然后 1 号进程又为每个终端创建命令解释进程(shell 进程);用户输入命令后又创建若干进程。这样便形成了一棵进程树。树的根节点(即第一个进程 $0^\#$)是所有进程的祖先。上一层节点对应的进程是其直接相连的下一层节点对应进程的父进程,例如 $1^\#$ 进程是 P_{2a},P_{2i},P_{2n} 这些进程的父进程。

4.3 进程管理命令

Linux 命令的执行是通过进程实现的。当你在提示符之后输入一个命令或可执行文件的名字,一按回车,这个命令就开始执行了。在操作系统中,为了执行这个命令,往往要创建相应的进程。通过进程的活动来完成一个预定的任务。其实,在 Linux 中,通常执行任何一个命令都会创建一个或多个进程。当进程完成了预期的目标,自行终止时,该命令也就执行完了。不但用户可以创建进程,系统程序也可以创建进程。可以说,一个运行着的操作系统就是由许许多多的进程组成的。

4.3.1 查看进程状态

ps 命令是查看进程状态的最常用的命令,它可以提供关于进程的许多信息。你可以根据显示的信息确定哪个进程正在运行,某个进程是被挂起,还是遇到了某些困难,进程已运行了多久,进程正在使用的资源,进程的相对优先级,以及进程的标识号(PID)。所有这些信息对用户都很有用,对于系统管理员来说更为重要。

1) 一般格式

ps [选项]

2) 说明

在性能监视命令中,ps 命令是一个很有用的工具。它监视系统内活动进程的状态。可以用来检查导致系统性能下降的原因是由于某个进程对系统资源占用太多,还是有其他原因。如果是前者,可以通过调度这些活动的进程,控制耗用资源大的进程交出占用资源而达到优化系统性能的目的。

3) 常用选项

这个版本的 ps 命令可以接收几种类型的选项:

- UNIX 选项——多个选项一起使用时可以成组,并且在选项字母前必须有一个连字符(-);
- BSD(Berkeley Software Distribution)选项——可以成组,并且在选项字母前没有连字符;
- GNU 长选项——在选项字母前有两个连字符(--)。

以下是 ps 命令常用的选项及其含义:

-a   显示系统中与终端相关的(除会话组长之外)所有进程的信息。
-e   显示所有进程的信息。等价于-A。
-f   显示进程的所有信息。
-l   以长格式显示进程信息。
r   只显示正在运行的进程。
u   显示面向用户的格式(包括用户名、CPU 及内存使用情况等信息)。
x   显示所有非控制终端上的进程信息。
--pid pidlist   显示由进程 ID 指定的进程的信息。
--tty ttylist   显示指定终端上的进程的信息。

4) 示例

(1) 直接用 ps 命令可以列出每个与当前 shell 有关的进程的基本信息:

```
$ ps
  PID TTY          TIME CMD
 3509 pts/1    00:00:00 bash
 4015 pts/1    00:00:00 man
 4030 pts/1    00:00:00 sh
 4031 pts/1    00:00:00 sh
 4035 pts/1    00:00:00 nroff
 4036 pts/1    00:00:00 less
 4044 pts/1    00:00:00 iconv
 6582 pts/1    00:00:00 man
 6585 pts/1    00:00:00 sh
 6586 pts/1    00:00:00 sh
 6591 pts/1    00:00:00 less
23466 pts/1    00:00:00 man
23469 pts/1    00:00:00 sh
23470 pts/1    00:00:00 sh
23474 pts/1    00:00:00 nroff
23475 pts/1    00:00:00 less
23485 pts/1    00:00:00 iconv
10978 pts/1    00:00:00 ps
$
```

其中各字段的含义如下：
- PID   进程标识号。
- TTY   该进程建立时所对应的终端，"?"表示该进程不占用终端。
- TIME   报告进程累计使用的 CPU 时间。注意，尽管你觉得有些命令（如 sh）已经运转了很长时间，但是它们真正使用 CPU 的时间往往很短。所以，该字段的值往往是 00:00。
- CMD   执行进程的命令名。

通过使用不同的选项，ps 命令可以报告很多信息。表 4.1 列出了 ps 命令输出中包含的各个域，这些域的内容对系统性能调试十分有帮助。

表 4.1 ps 命令输出中常见的域

域 名		描 述
F		进程标识，表示进程性质。显示的值是其具有的属性值相加之和
	1	进程创建了，但未执行
	4	使用超级用户特权
S		表示进程当前状态，由下列字符之一指明
	D	进程处于不可中断睡眠状态（通常是 I/O）
	R	进程正在运行或处于就绪状态
	S	进程处于可中断睡眠状态（等待要完成的事件）
	T	进程停止，由于作业控制信号或者被跟踪
	X	进程死亡（实际上从来也看不到）
	Z	进程僵死，终止了但还没有被其父进程回收
PID		进程标识号
PPID		父进程标识号
UID		用户标识号
C		CPU 使用率的整数值
PRI		进程调度优先级（数值越高，其优先级越低）
NI		进程的 nice 值（从 -20～19）。可利用 nice 命令指定。其值越高，优先级越低
SZ		进程核心映像的物理页面大小，包括正文、数据和栈空间
TIME		报告进程累计使用的 CPU 时间
STIME		进程开始时间，以"小时:分钟"的形式给出
TTY		启动进程或其父进程的终端号（? 表示该进程不占用终端）
CMD		是 command（命令）的缩写。往往表示进程所对应的命令名
%CPU		进程占用 CPU 的时间除以该进程运行时间的百分比
%MEM		该进程占用内存所占的百分比
USER		启动进程的用户
STAT		用多个字符表示进程的状态
START		进程开始的时间或日期。一般以 HH:MM（即小时:分钟）形式显示
VSZ		虚拟内存的大小，以 KB 为单位
RSS		任务使用的不被交换物理内存的数量，以 KB 为单位

(2) 利用选项 -ef 可以显示系统中所有进程的全面信息：

```
$ ps -ef
```

```
UID          PID  PPID  C STIME TTY      TIME CMD
root           1    0   0 08:03 ?        00:00:01 init [5]
root           2    1   0 08:03 ?        00:00:00 [ksoftirqd/0]
root           3    1   0 08:03 ?        00:00:00 [events/0]
root           4    3   0 08:03 ?        00:00:00 [khelper]
…
mengqc       3115   1   0 08:06 ?        00:00:00 kdeinit:Running…
…
mengqc       3515 3115  0 08:06 ?        00:01:02 kdeinit: konsole
mengqc       3556 3515  0 08:06 pts/1    00:00:00 /bin/bash
…
mengqc       3618 3556  0 11:10 pts/1    00:00:00 ps – ef
```

在本例中，可以看到：最后执行的命令是 ps -ef，其 PID 为 3618，PPID(即父进程 ID)为 3556；而 3556 号进程的父进程是 3515 号进程，3515 号进程的父进程是 3115 号进程，后者的父进程是 1 号进程，即 init 进程，它是系统中所有进程(除最原始的 0 号进程外)的祖先。照此类推，可以勾画出系统中进程的族系关系。

(3) 利用下面的命令可以显示所有终端上所有用户的有关进程的所有信息：

```
$ ps aux
USER      PID  %CPU %MEM   VSZ   RSS TTY   STAT START   TIME COMMAND
root        1  0.0  0.2  1972   524 ?     S    19:07   0:01 init [5]
root        2  0.0  0.0     0     0 ?     SN   19:07   0:00 [ksoftirqd/0]
root        3  0.0  0.0     0     0 ?     S<   19:07   0:00 [events/0]
root        4  0.0  0.0     0     0 ?     S<   19:07   0:00 [khelper]
    …
mengqc    3116  0.0  3.9 30292 10088 ?    Ss   19:09   0:00 kdeinit:Running…
    …
mengqc    8566  0.0  7.1 56596 18376 ?    S    19:13   0:01 kdeinit: konsole
mengqc    8603  0.0  0.5  6004  1452 pts/1 Ss  19:14   0:00 /bin/bash
    …
mengqc   28158  0.0  0.3  3844   780 pts/1 R+  19:58   0:00 ps aux
```

该示例的列表中包含 STAT 项，表示进程的运行状态。对于 BSD 格式，所包含的字符及含义如下：

- < 高优先权的进程。
- N 低优先权的进程。
- L 有锁入内存的页面(用于实时任务或定制 I/O 任务)。
- s 是会话组长。
- l 是多线程。
- + 在前台进程组。

4.3.2 进程管理

1. kill 命令

异步进程可以通过彼此发送信号来实现简单通信。系统中规定了各个信号所分别对应的事件(当然，也允许用户定义少量的信号)。运行进程当遇到相应事件或出现特定要求时

(如进程终止或运行中出现某些错误——非法指令、地址越界等),就把一个信号写到相应进程的信号项中。接收信号的进程在运行过程中检测自身是否收到信号,如果已收到信号,则转去执行预先规定好的信号处理程序。处理之后,再返回原先正在执行的程序。(详见 11.7 节)

kill 命令通过向进程发送指定的信号来终止一个进程的运行。

1) 一般格式

```
kill  [-s 信号|-p]  [-a]  pid…
kill  -l[信号]
```

2) 说明

通常,终止一个前台进程可以使用 Ctrl+C 快捷键,但是,对于一个后台进程就须用 kill 命令来终止。kill 命令是通过向进程发送指定的信号来结束相应进程(pid)的。在默认情况下,采用编号为 15 的 TERM 信号。TERM 信号将终止所有不能捕获该信号的进程。对于那些可以捕获该信号的进程就要用编号为 9 的 KILL 信号,强行"杀掉"该进程。

pid…用来指定接收信号的进程列表。pid 可以是下列值之一:

(1) n　　　　　　n 是大于 0 的整数,表示该进程的 PID。
(2) 0　　　　　　表示当前进程组中的所有进程。
(3) -1　　　　　 表示 PID 号大于 1 的所有进程。
(4) -n　　　　　 这里 n 大于 1。表示进程组为 n 的所有进程。
(5) 命令名　　　 表示由该命令名所产生的全部进程。

3) 选项

-s　signal　　指定需要发送的信号,signal 既可以是信号名(如 KILL),也可以是对应信
　　　　　　　号的号码(如 9)。
-l　　　　　　显示信号名称列表,它也可以在/usr/include/linux/signal.h 文件中找到。
-p　　　　　　指定 kill 命令只显示进程的 PID(进程标识号),并不真正发出结束信号。
-a　　　　　　并不限定与当前进程在同一组的进程(UID 相同)要把命令名转换成 PID。

4) 注意事项

(1) kill 命令可以带信号号码选项,也可以不带。如果没有信号号码,kill 命令就会发出终止信号(TERM),这个信号可以被进程捕获,使得进程在退出之前可以清理并释放资源。也可以用 kill 向进程发送特定的信号。例如:

```
kill  -s  2  123
```

它的效果等同于在前台运行 PID 为 123 的进程时按下 Ctrl+C 键。但是,普通用户只能使用不带信号参数的 kill 命令或最多使用信号 9。

(2) kill 可以带有进程 ID 号作为参数。当用 kill 向这些进程发送信号时,必须是这些进程的主人。如果试图撤销一个没有权限撤销的进程或撤销一个不存在的进程,就会得到一个错误信息。

(3) 可以向多个进程发信号或终止它们。

(4) 当 kill 成功地发送了信号后,shell 会在屏幕上显示出进程的终止信息。有时这个信息不会马上显示,只有当按下 Enter 键使 shell 的命令提示符再次出现时,才会显示出来。

(5) 应注意，信号使进程强行终止，这常会带来一些副作用，如数据丢失或者终端无法恢复到正常状态等。所以发送信号时必须小心，只有在万不得已时，才用 KILL 信号(9)，因为进程不能首先捕获它。

要撤销所有的后台作业，可以输入 kill 0。因为有些在后台运行的命令会启动多个进程，跟踪并找到所有要杀掉的进程的 PID 是件很麻烦的事。这时，使用 kill 0 来终止所有由当前 shell 启动的进程，是个有效的方法。

5) 示例

一般可以用 kill 命令来终止一个已经僵死的进程或者一个陷入死循环的进程。首先执行以下命令：

```
$ find / -name core -print >/dev/null 2>&1&
```

这是一条后台命令，执行时间较长。其功能是：从根目录开始搜索名为 core 的文件，将结果输出（包括错误输出）都定向到/dev/null 文件。现在决定终止该进程。为此，运行 ps 命令来查看该进程对应的 PID。例如，该进程对应的 PID 是 1651，现在可用 kill 命令"杀死"这个进程：

```
$ kill 1651
```

再用 ps 命令查看进程状态时，就可以看到，find 进程已经不存在了。

2. sleep 命令

sleep 命令的功能是使进程暂停执行一段时间。

1) 一般格式

```
sleep 时间值
```

2) 说明

默认情况下，时间值参数以秒为单位，使进程暂停由时间值所指定的秒数。此命令大多用于 shell 程序设计中，使两条命令执行之间停顿指定的时间。

另外，在时间值后面可以有以下后缀：

s——表示秒数（默认）；
m——表示分钟；
h——表示小时；
d——表示天数。

时间值不必是整数，可以是任意的浮点数。

3) 示例

下面的命令行使进程先暂停 100 秒，然后查看用户 mengqc 是否在系统中：

```
$ sleep 100; who | grep 'mengqc'
```

在这个命令行中使用了分号"；"，它的功能是表示顺序执行，即先执行 sleep 100，然后再执行后面的命令 who | grep 'mengqc'。

3. nice 命令

Linux 系统中,交互式分时进程的优先级取决于两个因素:一个因素是进程剩余时间配额,如果进程用完了配给的时间,则相应优先级为 0;另一个是进程的优先数 nice,这是从 UNIX 系统沿袭下来的方法,即优先数越小,其优先级越高。nice 的取值范围是 −20～19,用户可以利用 nice 命令设定进程的 nice 值。但一般用户只能设定正值,从而主动降低其优先级,只有特权用户才能把 nice 的值置为负数。进程的优先级就是以上二者之和。

nice 命令通常用于降低一个进程的优先级。每当你在进行主要的处理并且想要降低对系统的要求时,就可以用 nice 命令。例如,一个程序需要很长的运行时间,大大超过以一般优先级运行的程序,那么,就可以在后台运行该程序,并且降低其优先级。

1) 一般格式

nice [选项] [命令 …]

2) 说明

nice 命令执行后,指定的命令就以调整后的优先数运行。如果没有命令,则显示当前的调度优先数。

3) 选项

-n,--adjustment=N   将进程的优先数增加 N 所指定的值。N 的默认值是 10。
--help   显示帮助信息并退出。
--version   输出版本信息并退出。

4) 示例

设 T1 是一个需要运行时间长的程序,为不影响交互程序在前台运行,把它转为后台程序,并降低优先级。可执行以下命令行:

    $ nice -n sh./T1&

其中,sh./T1& 表示在后台(用命令行末尾的 & 表示)执行任务——调用 shell 命令来解释并执行当前目录下的 T1 程序。

4. nohup 命令

nohup 命令允许用户运行在挂起(阻塞)或者从系统注销以后又希望继续运行的命令。对于大型的正文处理命令、非常大的文件排序以及大型程序的重新编译等大作业来说,nohup 命令非常有用。通常,可以在一个后台作业上用该命令。

1) 一般格式

nohup 命令 [参数] …

2) 说明

nohup 命令将忽略挂起信号对命令的影响而继续运行指定的命令(它可以带参数)。例如:

```
$ nohup  sh  nroffbook&
```

其中，nroffbook 是一个 shell 脚本文件，它对一本书的手稿进行正文处理。当输入这条命令后，你可以立即从系统中注销，而上面的正文处理工作将在你不在场的情况下继续进行。但是，如果没有使用这条命令就注销的话，这个处理过程就会被取消。

另外，按照默认，执行 nohup 命令的输出将送到文件 nohup.out 中。

5. wait 命令

父进程创建子进程的目的往往是让子进程替自己完成某项工作。因此，父进程创建子进程之后，通常要等待子进程运行终止。wait 命令的功能就是等待指定的进程，并返回其终止状态。

1) 一般格式

wait [n]

2) 说明

wait 命令等待由 n 指定的进程，n 可以是进程的 ID 或者作业描述符。如果给出的 n 是作业描述符，那么，就等待与该作业相关的所有进程；如果没有给出 n 值，那么就等待所有当前活动的进程，并返回状态码 0。如果不存在 n 所对应的进程或作业，则返回状态码 127；否则，就返回所等待的最后一个进程或作业的终止状态。

4.4 其他常用命令

4.4.1 磁盘使用情况统计

UNIX/Linux 将文件和目录存放在文件系统中，文件系统是操作系统用于明确磁盘或分区上的文件的方法和数据结构，即定义了物理设备的属性。Linux 文件系统的大小是有限制的，文件不能跨越不同的文件系统，其大小也不能超过文件系统的容量。利用 df 和 du 命令可以查询磁盘空间的使用情况。

1. df 命令

命令 df 可以报告文件系统中未用磁盘空间的情况。

1) 一般格式

df   [选项]…   [FILE]…

2) 说明

df 命令可以显示系统中所有文件系统或者某一特定文件系统(指定文件 FILE 驻留在上面)的属性，包括文件系统的名称、类型、大小、指定文件使用的空间大小、I 节点的信息等。如果没有给出文件名，则显示当前所有已安装文件系统可用空间的信息。按照默认，磁盘盘块以 1KB 为单位。

3) 常用选项

-a,--all　　　　　显示所有文件系统(分区)的信息,包括大小为 0 块(即不占磁盘)的文件系统。

-i,--inodes　　　　显示文件 I 节点的使用情况,而不是占用盘块的情况。

-t,--type=TYPE　 仅显示类型为 TYPE 的文件系统的使用情况。

4) 示例

```
$ df
文件系统              1K-块      己用       可用      己用% 挂载点
/dev/hda8         10221479    4178298    5515448    44%  /
/dev/shm            257616          0     257616     0%  /dev/shm
/dev/hda1         10239416    2565424    7673992    26%  /mnt/hda1
/dev/hda5         20472816     956080   19516736     5%  /mnt/hda5
/dev/hda6         25587024      98640   25488384     1%  /mnt/hda6
/dev/hda7         10231392         32   10231360     1%  /mnt/hda7
$
```

由上可见,不带选项时,将列出已安装文件系统磁盘的利用情况,包括文件系统名、文件系统大小(以 1KB 为一块)、已用盘块数、空闲(可用)盘块数、已用块占用百分比和文件系统的挂载点(安装点)。

如果使用-a 选项,则把不占用磁盘空间的文件系统也列出来。

```
$ df -a
文件系统              1K-块      己用       可用      己用% 挂载点
/dev/hda8         10221479    4178202    5515544    44%  /
/dev/proc               0          0          0      -   /proc
/dev/sys                0          0          0      -   /sys
/dev/devpts             0          0          0      -   /dev/pts
/dev/shm           257616          0     257616     0%  /dev/shm
/dev/hda1        10239416    2565424    7673992    26%  /mnt/hda1
/dev/hda5        20472816     956080   19516736     5%  /mnt/hda5
/dev/hda6        25587024      98640   25488384     1%  /mnt/hda6
/dev/hda7        10231392         32   10231360     1%  /mnt/hda7
none                    0          0          0      -   /proc/sys/fs/binfmt_misc
gvfs-fuse-daemon        0          0          0      -   /home/mengqc/.gvfs
$
```

2. du 命令

命令 du 统计出每个目录占用磁盘空间的情况。该命令可以逐级进入每一个子目录并显示该目录的磁盘利用情况。

1) 一般格式

du　[选项]…　[目录名]…

2) 说明

du 命令可以汇总出指定目录以及其下每个子目录的磁盘利用情况,它能递归地统计每个子目录的情况。如果不带参数,则默认显示当前目录下的信息。

3) 常用选项

-a,--all　　　　　同时显示出目录和其中文件的磁盘利用情况。

-s,--summarize　　只显示指定目录使用磁盘的总体情况。

4）示例

```
$ pwd
/home/mengqc/dir1
$ du
8        ./Desktop/mydocument
44       ./Desktop
76       ./q12/w12
80       ./q12
4        ./dd1
340      .
$ du -s
340      .
$ du -s /home/mengqc
14928    /home/mengqc
```

4.4.2 文件压缩和解压缩

为了数据的安全，用户经常需要把计算机系统中的数据进行备份，例如保存在磁带或光盘上。由于文件变得越来越大，特别是多媒体文件，如音频、视频文件，如果直接保存数据会占用很大空间，所以常常将备份文件压缩，以便节省存储空间。另外，通过网络传输压缩过的文件时也可以减少传输时间。当以后需要利用这些文件中的数据时，必须先将它们解压缩，恢复成原来的样子。

1. gzip 命令

gzip 命令用来对文件进行压缩和解压缩。

1）一般格式

gzip　[选项][**name**…]

2）说明

其中，name 表示压缩（解压缩）文件名。gzip 用 Lempel-Ziv 编码（LZ77）减少命名文件的大小。通常，源代码和英文之类的文本能压缩 60%～70%。被压缩文件的扩展名是 .gz，并且保持原有的存取权限、访问与修改时间。如果不指定文件，或者文件名为"-"，则将标准输入压缩为标准输出。gzip 命令只压缩普通文件，特别是，它忽略符号链接文件。

如果所在文件系统对文件名长度有限制，gzip 命令将只留下文件名中以句点分开的各部分的前 3 个字符，截掉其余字符。例如，如果文件名限制为 14 个字符，则 meng.msdos.exe 被压缩后的文件名为 men.msd.exe.gz。如果所在系统对文件名长度不加限制，则文件名保持原样。

压缩文件可以用 gzip　-d 恢复成原始形式。

3）常用选项

-c,--stdout,--to-stdout　　　　　将输出写到标准输出上，并保留原有文件。
-d,--decompress,--uncompress　　将被压缩的文件进行解压缩。
-l,--list　　　　　　　　　　　　对每个压缩文件，列出以下字段：
　　　compressed size：压缩文件的大小
　　　uncompressed size：未压缩文件的大小

ratio：压缩比（未知时为 0.0%）

uncompressed_name：未压缩文件的名字

-r　　递归地查找指定目录并压缩其中的所有文件或者是解压缩。

-t　　测试，即检查压缩文件的完整性。

-v　　对每个压缩文件和解压缩文件，显示其文件名和压缩比。

-num　用指定的数字 num 调整压缩速度，其中－1 或--fast 表示最快的压缩方法（低压缩比），－9 或--best 表示最慢的压缩方法（高压缩比）。系统默认值为－6。

4）示例

（1）把/home/mengqc/dir1 目录下的每个文件都压缩成.gz 文件：

```
$ cd /home/mengqc/dir1
$ gzip *
gzip: dd1 is a directory -- ignored
gzip: Desktop is a directory -- ignored
gzip: new1 has 1 other link  -- unchanged
gzip: q12 is a directory -- ignored
$ ls
a.out.gz      exam13.gz     exam7.gz      meng2.c.gz    qq1.gz       tt1.gz
case-exam.gz  exam15-1.gz   exam9.gz      meng2.o.gz    t1.gz        前言.txt.gz
cock.c.gz     exam15.gz     f-echo.gz     mfile.gz      t2.gz        我的文件1.txt.gz
dbme.c.gz     exam17.gz     hello.c.gz    m_h10.gz      text1.gz
dbme.gz       exam1.gz      leapyear.gz   new1          tmp1.c.gz
dd1           exam2.gz      meng12.gz     new2.gz       tmp1.gz
Desktop       exam3.gz      meng1.c.gz    newfile.gz    tmp2.c.gz
exam11.gz     exam4.gz      meng1.o.gz    q12           tmp3.c.gz
```

（2）把上面压缩的文件进行解压缩，并列出详细的信息：

$ gzip -dv *

（3）详细列出上面每个压缩文件的信息，但是不执行解压缩：

$ gzip -l *

（4）将/home/mengqc/dir1 目录下的文件进行快速压缩，并显示其压缩比：

$ cd /home/mengqc/dir1
$ gzip -v --fast *

2. unzip 命令

unzip 命令对 ZIP 格式的压缩文件进行解压缩。这种格式的压缩文件带有后缀.zip。

1）一般格式

unzip　[选项]　<u>被压缩文件名</u>

2）说明

用 unzip 命令可以列出、测试和抽取 ZIP 格式的压缩文件（通常是在 MS Windows 下利用压缩工具 winzip 压缩的文件）。这样，在 Linux 环境下就可以用 unzip 命令对它们解压缩。如果没有任何选项，则把指定的 ZIP 格式的所有文件都解压缩到当前目录（及其子目录）中。

被压缩的文件名是 ZIP 文件的路径名，其中只有文件名可以是通配符（如 *、?、[…]），而整个路径不能是通配符。参数中可以给出多个文件名，彼此用空格分开。

3）常用选项

-x 文件列表　　解压缩文件，但对文件列表中所指定的文件并不解压缩。

-v　　　　　　如果没有给出压缩文件名，则只显示有关 unzip 的诊断信息，如该工具的发行日期、版本、特殊编译选项等；如果其后带有压缩文件名，且没有其他选项，则列出压缩文件的有关信息，但不解压缩。

-t　　　　　　检查压缩文件的完整性。

-d 目录　　　　把压缩文件解压缩后放到指定的目录中。

-z　　　　　　只显示压缩文件的注释。

-n　　　　　　不覆盖已经存在的文件。

-o　　　　　　允许覆盖已经存在的文件。

-j　　　　　　废除压缩文件原来的目录结构，将所有文件解压缩之后放到同一目录之下。

4）示例

（1）将压缩文件 chapter1.zip 在当前目录下解压缩：

```
$ unzip  chapter1.zip
```

（2）显示有关压缩文件的信息，但不解压缩：

```
$ unzip  -v chapter1.zip
```

思考题

1. 什么是多道程序设计？程序并发执行有什么新特征？
2. 什么是进程？它有哪些基本特征？
3. 进程有哪几种基本状态？在什么情况下发生各个可能的状态转换？
4. 为了找出当前用户运行的所有进程的信息，可以使用下述哪个命令？
   A. ls -a   B. ls -l   C. ps -a   D. ps -u
5. 下述命令的功能各是什么？
   A. ps   B. ps -l   C. ps -el   D. ps ru
6. kill 命令是如何终止一个进程的？
7. 如果你发现有一个简单的程序很长时间也执行不完，那么你会采取什么措施？
8. 将 pwd 命令的联机手册页存放在一个文件（设名为 pwd_1）中，然后压缩该文件，并查看压缩信息。

第 5 章 文本编辑

在第 2 章中使用 Linux 系统提供的众多命令对文件进行了各种操作,如显示文件内容、复制文件、删除文件,等等。那么,如何建立自己的文件呢?例如,编写 C 程序源文件。

其实,无论是一般文本文件、数据文件、数据库文件,还是程序源文件,对它们的建立和修改都要利用编辑器。在 Windows 系统中利用 Word 工具可以方便地编辑文本文件,而在 UNIX/Linux 系统上最受程序员喜爱的文本编辑器是 vi。

UNIX/Linux 系统中有多个编辑器,按功能它们分为两类:行编辑器(如 ed,ex,edit)和屏幕编辑器(如 vi)。vi 是 visual interface 的简称,它汇集了行编辑和全屏幕编辑的特点,成为 UNIX/Linux 系统中最常用的编辑器,几乎每个 UNIX/Linux 系统都提供了 vi。

在 Linux 系统中,还提供了 vim(Vi IMproved)编辑器,它是 vi 的增强版本,与 vi 向上兼容。它支持多个窗口和缓冲、语法高亮显示、命令行编辑、联机帮助等功能。通常在 Linux 中用到的 vi 实际上是 vim。

本章介绍如何使用 vi 建立、编辑、显示及加工处理文本文件。

5.1 进入和退出 vi

只有进入 vi 编辑器之后才可以使用 vi 的命令;完成文本编辑以后,应退出 vi,回到 shell 命令状态下。

5.1.1 进入 vi

在系统提示符(设为 $)下输入命令 vi 和想要编辑(建立)的文件名,便可进入 vi。例如:

```
$ vi  example.c
```

如果 example.c 是一个新文件,在每一行开头都有一个"~"符号,表示空行,在最底行显示 example.c[新文件]的信息,光标停在屏幕的左上角。如图 5.1 所示(注意:字符上带字符底纹的表示光标所在位置,下同)。

如果指定的文件已在系统中存在,那么输入上述形式的命令后,则在屏幕上显示出该文件的内容,光标停在左上角。在屏幕的最底行显示出一行信息,包括正在编辑的文件名、行数和字符个数,该行称做 vi 的状态行。

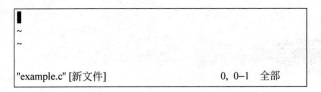

图 5.1　编辑（建立）新文件

5.1.2　退出 vi

当编辑完文件、准备返回到 shell 状态时，要执行退出 vi 的命令。在 vi 的命令方式下有几种方法可以退出 vi 编辑器：

（1）:wq　把编辑缓冲区的内容写到你编辑的文件中，退出编辑器，回到 shell 下。
（其操作过程是，先输入冒号":"，再输入命令 wq。以下命令操作相同。）

（2）:ZZ　（大写字母 ZZ）仅当做过修改时才将缓冲区内容写到文件上。

（3）:x　与:ZZ 相同。

（4）:q!　强行退出 vi。感叹号(!)告诉 vi，无条件退出，丢弃缓冲区内容。

应该强调一下，当利用 vi 编辑器编辑文本时，你所输入或修改的内容都存放在编辑缓冲区中，并没有存放在磁盘的文件中。如果你没有使用写盘命令而直接退出 vi，那么，编辑缓冲区中的内容就被丢弃了，你在此之前所做的编辑工作也就白费了。所以，在你退出 vi 时，应想清楚是否需要保存所编辑的内容，然后再执行合适的退出命令。

5.2　vi 的工作方式

vi 编辑器有三种工作方式：命令方式、插入方式和 ex 转义方式。通过相应的命令或操作，在这三种工作方式之间可以进行转换，如图 5.2 所示。

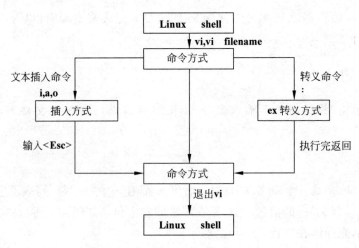

图 5.2　vi 编辑器三种工作方式

1. 命令方式

当输入命令 vi 进入编辑器时,就处于 vi 的命令方式。此时,从键盘上输入的任何字符都被当做编辑命令来解释,例如 a(append) 表示附加命令,i(insert) 表示插入命令,x 表示删除字符命令等。如果输入的字符不是 vi 的合法命令,则机器发出"报警声",光标不移动。

另外,在命令方式下输入的表示命令的字符并不在屏幕上显示出来,例如输入 i,屏幕上并无什么变化,但通过执行 i 命令,编辑器的工作方式却发生变化——由命令方式变为插入方式。

2. 插入方式

通过输入 vi 的插入命令(i)、附加命令(a)、打开命令(o)、替换命令(s)、修改命令(c)或取代命令(r)可以从命令方式进入插入方式。在插入方式下,从键盘上输入的所有字符都被插入到正在编辑的缓冲区中,被当做该文件的正文。所以,进入插入方式后输入的可见字符都在屏幕上显示出来,而编辑命令不再起作用,仅作为普通字母出现。

由插入方式回到命令方式的办法是按 Esc 键(通常在键盘的左上角)。如果已在命令方式下,那么按 Esc 键就会发出"嘟嘟"声。为了确保你想执行的 vi 命令是在命令方式下输入的,不妨多按几下 Esc 键,听到嘟声后再输入命令。

3. ex 转义方式

vi 和 ex 编辑器功能是相同的,二者主要区别是用户界面。在 vi 中,命令通常是单个键击,例如 a,x,R 等。而在 ex 中,命令是以 Enter 键结束的正文行。vi 有一个专门的"转义"命令,可访问很多面向行的 ex 命令。为使用 ex 转义方式,可输入一个冒号(:)。冒号作为 ex 命令提示符出现在状态行(通常在屏幕最下一行)。按中断键(通常是 Del)可终止正在执行的命令。多数文件管理命令都在 ex 转义方式下执行的(如读取文件,把编辑缓冲区的内容写到文件中)。例如:

:1,$ s/I/i/g (按 Enter 键)

其功能是:从文件第 1 行至文件末尾所有的大写 I 字母都替换成小写字母 i。

转义命令执行后,自动回到命令方式。

5.3 文本输入命令

如果你想新建一个文件,或者想对已存文件进行添加或者要做较多的修改,那么你就要在插入方式下输入新的文本。文本插入命令总是把你带入插入方式。以下命令是纯粹的插入命令,使用时不会删除文本。

1. 插入命令

插入命令有两个:i(小写字母)和 I(大写字母)。

i 在该命令之后输入的内容都插在光标位置之前,光标后的文本相应向右移动。如输入<Enter>,就插入新的一行或者换行。

I 在光标所在行的行首插入新增文本,行首是该行的第一个非空白字符。当输入 I 命令时,光标就移到行首。例如,原来屏幕显示为:

```
/* this is an example */
int main ()
{
  a , b = 10 ;          (光标在等号 = 上)
  printf ("%d\n", a = b * 2);
}
~
~
...
```

输入 I 命令后,显示为:

```
/* this is an example */
int main ()
{
  a, b = 10;           (光标移到该行的首字符 a 上)
  printf ("%d\n", a = b * 2);
}
~
```

接着输入 int 和一个空格,显示为:

```
/* this is an example */
int main ()
{
  int a , b = 10;      (光标仍在该行的字符 a 上)
  printf ("%d\n", a = b * 2);
}
~
~
```

2. 附加命令

附加命令有两个:a(小写字母)和 A(大写字母)。

a 在该命令之后输入的字符都插到光标之后,光标可在一行的任何位置。a 和 A 是把文本添加到行尾的唯一方法。

A 在光标所在行的行尾添加文本。当输入命令 A 后,光标自动移到该行的行尾。

例如,原来屏幕显示为:

```
/ * this is an example * /
int main ()
{
    int a;              (光标在该行的字符 a 上)
    printf ("%d \ n", a = b * 2);
}
~
~
```

输入命令 a 和字符串",b=10"后,显示为:

```
/ * this is an example * /
int main ()
{
    int a,b = 10;       (光标停在该行的分号字符;上)
    printf ("%d \ n", a = b * 2);
}
~
~
```

3. 打开命令

打开命令有两个:o(小写字母)和 O(大写字母)。

o　在光标所在行的下面新开辟一行,随后输入的文本就插入在这一行上。

O　在光标所在行的上面新开辟一行,随后输入的文本就插入在这一行上。

在新行被打开之后,光标停在新行的行首,等待输入文本。例如,原来屏幕显示为:

```
/ * this is an example * /
int main()         (光标位于字母 m 的位置)
    printf (" OK ! ");
}
~
~
```

输入命令 o(小写字母)后,显示为:

```
/ * this is an example * /
int main()
                   (光标位于该行开头)
    printf (" OK ! ");
}
~
~
```

然后输入"{ int a,b=10;"显示为:

```
/* this is an example */
int main()
{   int a,b = 10;       (光标位于该行末尾)
    printf (" OK ! ");
}
~
~
```

4. 插入方式下光标移动

在键盘的右下方有 4 个方向键,利用它们可以在插入方式下移动光标。每按一次上、下方向键,光标相应移动一行;每按一次左、右方向键,光标在当前行上相应移动一个字符位置。当光标位于行首(或行尾)时,按左向键(或右向键),系统会发出嘟嘟声。同样,当光标位于首行(或末行)时,按上向键(或下向键),系统也会发出嘟嘟声。

利用 Backspace(退格键)可将光标从当前行上回退一个字符,并且删除光标之前的一个字符。例如,屏幕显示的正文行(刚插入的)是:

```
int main(int argc,char ** argv)        (光标位于该行行尾)
```

连续输入三次 Backspace 后,显示为:

```
int main(int argc,char ** a)
```

5.4 光标移动命令

在命令方式下有很多命令可以在一个文件中移动光标位置。通常,除 4 个方向键外,还有 h、j、k、l 四个命令,以及按键 Space、Backspace、Ctrl+N 和 Ctrl+P 可以移动光标。

1. 向右(向前)移动一个字符

可以使用命令(键)l(小写字母)、Space、右向键将光标向右移动一个字符。

它们都可把光标向右移动一个字符。如果在相应命令的前面加上一个数字 n,那么,就把光标向右移动 n 个字符。例如:6l,则向右移 6 个字符;2+Space,则向右移 2 个字符。

但是,应注意:使用组合命令<数字>l 和<数字>右向键时,光标移动不能超过当前行的末尾,即,如果当前光标位置至行尾只有 6 个字符,那么 25l 也只能移到行尾。而<数字>+Space 组合命令则可以向下跨行移动光标。

2. 向左(向后)移动一个字符

可以使用命令(键)h(小写字母)、Backspace、左向键将光标向左移动一个字符。

如果在相应命令的前面加上一个数字 n,那么就把光标向左移动 n 个字符。例如,4h,则向左移动 4 个字符。但是,应注意:使用组合命令<数字>h 和<数字>左向键时,光标移动不能超过当前行的行首,即,如果当前光标位置至行首只有4个字符,那么10h也只能移到该行行首。而<数字>+Backspace组合命令则可以向上跨行移动光标。

3. 移到下一行

可以使用命令(键)+、Enter将光标移到下一行的开头。如果在相应命令的前面先输入一个数字n,那么光标就向下移n行。例如,3+,则向下移3行,光标位于行首。2+Enter,则向下移2行。

命令(键)j、Ctrl+N和下向键分别将光标向下移一行,但是光标所在列不变。若下一行比当前光标所在位置还短,则下移到行尾。如果在它们前面先输入一个数字n,那么光标就向下移n行。例如,6j(或6+Ctrl+N或6↓)向下移6行,而列数相同。

4. 移到上一行

可以使用命令(键)-、k(小写字母)、Ctrl+P、上向键将光标上移一行。"-"命令把光标移到上行行首,而其余三个命令(键)把光标移到上一行的同一列上。可以在这些命令之前先输入一个数字n,则光标就上移n行。例如,4-,则光标上移4行,位于行首。6k,则光标上移6行,列数不变。

以上四组基本移动光标的命令及其功能如图5.3所示。

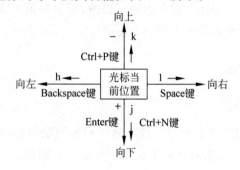

图 5.3 基本移动光标命令示意图

5. 移至行首

可以使用命令(键)^和0(数字0)将光标移到当前行的开头。

二者有些差别:命令0总是将光标移到当前行的第一个字符,不管它是否为空白符;而命令^将光标移到当前行的第一个非空白符(非制表符或非空格符)。例如,有如下文本行:

```
int main()
{
    printf("Hello!\n");    (光标位于字母e上)
}
```

输入^命令,光标移至字母p。而随后输入0命令,光标左移至该行的第一列上,因为p的左边有若干空格。

6.移至行尾

可以使用命令(键)$将光标移至当前行的行尾,停在最后一个字符上。如果在它前面先输入一个数字,例如6$,则光标移到当前行下面5行的行尾。

7.移至指定行

可以使用命令(键)[行号]G(大写字母)将光标移至由行号所指定的行的开头。例如,输入3G,则光标移至第3行的开头。如果没有给出行号,则光标移至该文件最后一行的开头。

8.移至指定列

可以使用命令(键)[列号]|(竖杠)将光标移至当前行指定的列上。如果没有指定列号,则移至当前行的第一列上。例如,9|,则移至第9列上。

5.5 文本修改命令

在命令方式下可使用有关命令对文本进行修改,用另外的文本取代当前文本。这意味着某些文本必须被删除。而删除的东西还可复原。

5.5.1 文本删除

1.删除字符

可以使用命令 x、X 删除文本中的字符。命令 x(小写字母)删除光标所在的字符。如果前面给出一个数值,例如,5x,则由光标所在字符开始向右删除 5 个字符。这是删除少量字符的快捷方法。

命令 X(大写字母)删除光标前面的那个字符。如果前面给出数值,例如,8X,则由光标之前的那个字符开始、向左删除 8 个字符。

2.删除文本对象

可以使用命令 dd、D、d"光标移动命令组合"来删除文本对象。其中,命令 dd 删除光标所在的整行。命令 D 从光标位置开始删除到行尾。而字母 d 与光标移动命令组合而成的命令删除从光标位置开始至光标移动命令限定的位置之间的所有字符。向前(即向右)删除,会删除光标所在字符;而向后(即向左)删除并不包括光标所在字符。如果光标移动命令涉及多行,则删除操作从当前行开始至光标移动所限定的行为止。例如:

  d0 从光标位置(不包括光标位)删至行首。
  d3l 从光标位置(包括光标位)向右删 3 个字符。
  d$ 从光标位置(包括光标位)删至行尾。与 D 相同。
  d5G 将光标所在行至第 5 行都删除。

5.5.2 复原命令

复原命令 u(undo)是很有用的命令,它的作用是取消刚执行过的命令。例如,屏幕显示为:

```
# include <stdio.h>
int main()
{
  printf(" OK! ");
  printf("\n");
}
```

输入 d5G 后,显示为:

```
# include <stdio.h>
}
```

接着输入 u,显示为:

```
# include <stdio.h>
int main()
{
  printf(" OK! ");
  printf("\n");
}
```

表明:刚刚被 d5G 命令删除的 4 行正文又被恢复了。

复原命令有两种形式:u 和 U。它们都能取消刚才执行的插入或删除命令的效果,恢复到原来的情况。但二者在功能上又有所区别:小写 u 命令的功能是:如果插入后用 u 命令,就删除刚插入的正文;如果删除文本后使用它,就又恢复刚删除的正文。所有修改文本的命令都视为插入。而大写 U 命令则把当前行恢复成它被编辑之前的状态,不管你把光标移到该行后对它编辑了多少次。

5.5.3 重复命令

重复命令.(圆点)重复实现刚才的插入命令或删除命令。例如,屏幕显示为:

```
# include  < stdio.h >
int main()
{
}
```

输入 o 命令,并插入一行正文"printf();",按 Esc 后,显示为:

```
# include  < stdio.h >
int main()
{
    printf ();
}
```

连续输入两个"."命令,显示为:

```
# include  < stdio.h >
int main()
{
    printf ();
    printf ();
    printf ();
}
```

输入一个 dd,再输入"."命令,显示为:

```
# include  < stdio.h >
int main()
{
    printf ();
    printf ();
```

使用重复命令时应注意,它是在命令方式下起作用的。另外,它仅重复最新一次使用的插入命令或删除命令,而不能重复更早执行的命令。重复命令的执行与光标位置有关。例如,在第 1 行中插入字符串 abcd,回到命令方式下,然后将光标移至第 4 行的某一列,输入 . 命令后,则在该位置再一次插入 abcd,光标停在字母 d 上。

5.5.4 修改命令

命令 c、C 和 cc 的功能是修改文本对象,即用新输入的文本代替老的文本。它们等价于用删除命令删除老的文本,然后利用 i 命令插入新的文本。注意,输入修改命令后,就进入到插入方式。所以,输入新文本后,还要按 Esc 键,才能回到命令方式。

1. 命令 c

命令 c(小写字母)的一般使用方式是:c 后面紧随光标移动命令(用来限定删除文本的范围),之后是新输入的文本,最后按 Esc 键。

例如,原来屏幕显示是:

/ * thare are a C program * /　　(光标位于字母 a 上)

输入 c^ 后,屏幕显示为:

a C program * /

接着输入"/ * this is ",按 Esc 键,显示为:

/ * this is a C program * /

表明:此操作是用后面输入的字符串"/ * this is "代替了字符 a(不含)至行首的字符串"/ * thare are "。由此可见,c 命令中修改文本的范围是由当前光标位置和光标移动命令二者共同限定的。

2. 命令 C

命令 C(大写字母)可以修改从光标位置到该行末尾的文本。它使用的一般方式是:C 后面紧接新输入的文本,最后按 Esc 键。它等价于 c $。例如,屏幕显示为:

/ * this are a example * /

输入 C,显示为:

/ * this

接着输入字符串"is a program * /",然后按 Esc 键,显示为:

/ * this is a program * /

这表明,原文本中的" are a example * / "被" is a program * / "所代替。

注意,C 命令除了可修改光标所在行的内容外,还可修改指定行数的文本内容。例如,3C,就把光标所在字符至本行行尾(不是整行)的字符和下面两个整行的内容都删除,由随后输入的文本内容代替。

3. 命令 cc

命令 cc 删除光标所在行整行(不是行的一部分),用随后输入的字符串替代。其余作用与 C 命令相同。例如,屏幕显示为:

/ * this are test * /
int main()

输入 cc 后,显示为:

```
int main()
```

接着输入字符串"/* this is a program */",并按 Esc 键,显示为:

```
/* this is a program */
int main ()
```

cc 命令前可加上一个数字,表示要从当前行算起一共修改(删除)多少行。例如,5cc 表示先删除光标所在行及其下面 4 行,然后以新输入的文本代替。如果给定的行数太多,例如 999cc,超过光标所在行至文件末尾的总行数(例如仅为 5),则只是把光标所在行至文件末尾的这些行删除,然后等待输入新的文本内容。

5.5.5 取代命令

取代命令有两个:r 和 R。

1. 命令 r

命令 r 用随后输入的单个字符取代光标所在的字符。例如,屏幕显示为:

```
/* this as a program */        (光标在字母 a)
```

输入命令:ri,则显示为:

```
/* this is a program */
```

表明:字母 i 替代了原来光标所在的字符 a。

如果在 r 前面给出一个数字,例如 3,则从光标位置开始向右共有 3 个字符被新输入的字符替代。例如,屏幕显示为:

```
/* this is abcd */
```

输入:3rA,显示为:

```
/* this is AAAd */
```

2. 命令 R

命令 R 用随后输入的文本取代光标所在字符及其右面的若干字符,每输入一个字符就替代原有的一个字符。如新输入字符数超过原有对应字符数,则多出部分就附加在后面。例如,屏幕显示为:

```
/* this as a program */
main()
```

输入 R,接着输入 is a good example program */,按 Esc 键,显示为:

```
/* this is a good example program */
main()
```

如果在 R 命令之前给出一个数字,例如 5,则新输入的正文重复出现 5 次,依次覆盖当前行中光标及其后面的字符序列,而未被覆盖的内容仍保留下来。例如,屏幕显示为:

/* this is a good example program */
main()

输入 5RAB,然后按 Esc 键,显示为:

/* this is ABABABABA Bmple program */
main()

如果新输入的正文占多行,那么,也只有光标所在行的对应字符被覆盖,而其余各行的内容保留不变。例如,屏幕显示为:

/* this is program */
int main()

输入 R,接着依次输入:program <Enter> is good <Enter> and nice */,按 Esc 键,显示为:

/* this program
is good
and nice */
int main()

5.5.6 替换命令

替换命令有两个:s 和 S。

1. 命令 s

命令 s(小写字母)用随后输入的正文替换光标所在的字符。其一般使用方式是:输入 s,随后输入替换正文,然后按 Esc 键。例如,屏幕显示为:

/* this is A example C program */
int main()

输入 s 后,显示变为:

/* this is A xample C program */
int main()

光标所在的 e 被删除。然后输入:good,并按 Esc 键,显示为:

/* this is A goodxample C program */
int main()

如果只用一个新字符替换光标所在的字符,则命令 s 与 r 功能类似,如 sL 与 rL 的作用都是将光标所在的字符变为 L。但二者也有区别:r 命令仅完成置换,而 s 命令在完成置换同时,工作模式从命令方式转为插入方式。因此,使用命令 s 时,最后一定要按 Esc 键。

如果在 s 前面给出一个数字,例如 5,则光标所在字符以及其后的 4 个字符(共 5 个字符)被新输入的字符序列替换。

2. 命令 S

命令 S(大写字母)用新输入的正文替换整个当前一行。例如,屏幕显示为:

/* this is a program */
int a ;
int main()

输入 S 后,光标所在行成为空行,光标停在行的开头。接着输入:

include < stdio. h > < Enter > # include < math. h > < Esc >

显示为:

/* this is a program */
include < stdio. h >
include < math. h >
int main()

可见执行 S 命令时,先删除当前行的内容,然后进入插入方式;输入完正文后,要用 Esc 键回到命令方式。因此,S 命令的一般使用方式是:输入 S,随后输入替换正文,最后是按 Esc 键。

如果在 S 之前给出一个数字,例如 3,则表示有 3 行(包括当前行及其下面的 2 行)要被新输入的正文替换。

5.6 字符串检索

编辑文本时,往往要根据给定的模式检索字符、词或者字符串。字符串检索既可以向前检索,也可以向后检索。

向前检索命令的基本格式是:

/模式< Enter >

在斜线之后给出要查找的模式(字符或字符串),然后按 Enter 键。系统在该文件中从光标所在行开始向前查找给定模式,并对所有与模式匹配的对象做上标记(高亮显示)。如果不存在与给定模式相匹配的字符串,则在状态行显示:Pattern not found(模式未找到)。

向后检索命令的基本格式是:

?模式< Enter >

这种形式的命令其功能与前一种相似,只是检索方向相反。

思考题

1. 进入和退出 vi 的方法有哪些？
2. vi 编辑器的工作方式有哪些？相互间如何转换？
3. 建立一个文本文件，如会议通知。
   (1) 建立文件 notes，并统计其大小。
   (2) 重新编辑文件 notes，加上一个适当的标题。
   (3) 修改 notes 中开会的时间和地点。
   (4) 删除文件中第 3 行，然后予以恢复。
4. 建立一个文本文件，将光标移至第 5 行，分别利用 c，C 和 cc 命令进行修改。
5. 在 vi 之下，把光标上、下、左、右移动的方式有哪些？
6. 解释下述 vi 命令有什么功能：

20G 18| x 10cc 3rk 5s 7S /this ?abc?-5

7. 如果希望进入 vi 后光标位于文件中的第 10 行上，应输入什么命令？
8. 不管文件中的某一行被编辑了多少次，总能把它恢复成被编辑之前的样子，应使用什么命令？
9. 要将编辑文件中所有的字符串 s1 全部用字符串 s2 替换，包括在一行中多次出现的字符串，应使用的命令格式是什么？

第6章 C程序编译工具

UNIX/Linux 系统提供了丰富的应用程序和实用工具,如文本处理工具、软件开发工具、大量的公用程序、方便的图形用户界面、高效的电子邮件、强大的网络通信系统,以及系统维护工具和对数据库的广泛支持。所以,UNIX/Linux 系统是具有广泛用途且性能良好的应用环境。

本章介绍 Linux 系统下常用的软件开发工具——C 和 C++语言编译系统、gdb 调试工具。

6.1 gcc 编译系统

UNIX/Linux 系统支持众多程序设计语言,而 C 语言是其宿主语言。所以,在 UNIX/Linux 环境下,C 语言最好用,也用得最多。C++是扩展的 C 语言,它在 C 语言的基础上成功地实现了面向对象程序设计的思想,提供了从 C 语言转换到更高级程序设计的理想途径。

目前 Linux 平台上最常用的 C 语言编译系统是 gcc(GNU Compiler Collection),它是 GNU 项目中符合 ANSI C 标准的编译系统,能够编译用 C、C++和 Objective C 等语言编写的程序。

6.1.1 文件名后缀

如 2.4.1 节所述,很多操作系统支持的文件名都由两部分构成:文件名和后缀(扩展名),二者间用圆点分开。同样,Linux 系统也用后缀来区分不同类型的文件。在 gcc 命令行上可以使用有不同后缀的文件。表 6.1 列出了与 C 编译有关的常用的文件名后缀及其表示的文件类型。

表 6.1 与 C 编译有关的常用文件名后缀及其表示的文件类型

文件名后缀	文件类型	文件名后缀	文件类型
.c	C 源文件	.s	汇编程序文件
.i	预处理后的 C 源文件	.S	必须预处理的汇编程序文件

续表

文件名后缀	文件类型	文件名后缀	文件类型
.ii	预处理后的 C++ 源文件	.o	目标文件
.C .cc .cp .cpp .c++ .cxx	C++ 源文件	.a	静态链接库
.h	C 或 C++ 头文件	.so	动态链接库

6.1.2 C 语言编译过程

一个完整的 C 语言程序可以存放在多个文件中,包括 C 语言源文件、头文件及库文件。头文件不能单独进行编译,它必须随 C 语言源文件一起进行编译。

gcc 编译程序时,其编译过程可以分为 4 个阶段,包括预处理(preprocessing)、编译(compiling)、汇编(assembling)和连接(linking),并且始终按照这个顺序执行。图 6.1 给出了 gcc 命令的工作过程。

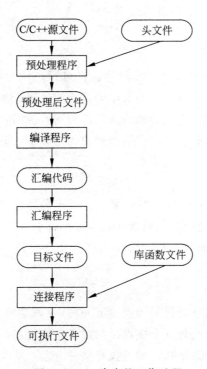

图 6.1 gcc 命令的工作过程

1. 预处理阶段

预处理是常规编译之前对 C 源文件预先进行的处理工作,故称为预处理。预处理程序(preprocessor)读取 C 语言源文件,对其中以"#"开头的指令(伪指令)和特殊符号进行处理。伪指令主要包括文件包含、宏定义和条件编译指令。

(1) 在 C 程序中,文件包含有两种形式:

```
#include <文件名>
#include "文件名"
```

对于前者,预处理程序会在/usr/include 目录下寻找指定的文件,并用该文件替代这个指令行;对于后者,预处理程序首先在当前工作目录中寻找指定的文件,找不到时再到标准目录(即/usr/include)中去查找,并用该文件替代这个指令行。

(2) 在 C 程序开头,往往有很多宏定义,例如:

```
#define  EOF  -1
#define  MAX  100
```

预处理程序对 C 程序中所有宏名进行宏替换。在该例中,就把程序中所有宏名 EOF 换成-1,把所有 MAX 换成 100。对带参数的宏也会作参数的替换。

利用#undef 可取消前面定义过的宏,当以后出现该串时将不再被替换。

(3) 预处理程序对条件编译指令(如#ifdef,#ifndef,#else,#elif,#endif 等)将根据有关的条件,把某些代码滤掉,使之不进行编译。

2. 编译阶段

编译程序(compiler)对预处理之后的输出文件进行词法分析和语法分析,试图找出所有不符合语法规则的部分,并根据问题的大小做出不同处理:给出错误消息并终止编译,或者给出警告,然后继续。在确定各成分都符合语法规则后,将其"翻译"为功能等价的中间代码表示或者汇编代码。这种翻译比较机械,得到的代码效率也不很高。

3. 汇编过程

汇编过程是汇编程序(assembler)把汇编语言代码翻译成目标机器代码的过程。目标文件由机器码构成。通常它至少有代码段和数据段两部分。前者包含程序的指令,后者存放程序中用到的各种全局的或静态的数据。

4. 连接阶段

连接程序(linker)要解决外部符号访问地址问题,也就是将一个文件中引用的符号(如变量或函数调用)与该符号在另外一个文件中的定义连接起来,从而使有关的目标文件连成一个整体,最终成为可被操作系统执行的可执行文件。

连接模式分为静态连接和动态连接。静态连接是在编译时把函数的代码从其所在的静态链接库(通常以.a 结尾)或归档库文件中复制到可执行文件中,从而在程序执行之前它已被连成一个完整的代码。在该程序执行时,不会发生外部函数的符号访问问题。动态连接是将函数的代码放在动态链接库(通常以.so 结尾)或共享对象的某个目标文件中,在最终的可执行文件中只是记录下共享对象的名字及其他少量相关信息。在执行该文件时,如涉及函数外部访问,才把函数代码从动态链接库中找出,连入可执行文件中。在默认情况下,gcc 在连接时优先使用动态链接库,只有当动态链接库不存在时,才考虑使用静态链接库。

6.1.3 gcc 命令行选项

在 Linux 系统中，C/C++ 程序编译命令是 gcc，例如：

$ gcc f1.c f2.c （针对 C 语言源程序）

执行完成后，生成默认的可执行文件 a.out。

gcc 功能很强，编译选项繁多。按照选项作用所对应的编译阶段，可将 gcc 的选项分为四组：预处理选项、编译选项、优化选项和连接选项。

gcc 程序把选项和文件名都作为操作对象，很多选项都是多字符的。所以，多个单字符的选项不能像 Linux 常规命令那样组合在一起使用，例如，选项-dr 就不同于-d -r。

选项和其他参数可以混在一起使用，并且在多数情况下，与它们出现的先后顺序无关。当然，在有些情况下，如相同类型的若干选项一起使用时，就要考虑它们的顺序。例如，-L 选项（连接搜索）多次使用时，目录搜索的顺序就按指定的先后次序进行。

1. 预处理选项

通常把 C 语言预处理程序称为 cpp，它是宏处理程序。在使用 gcc 编译 C 源文件时，C 编译程序会自动调用 cpp，先行进行处理。预处理阶段常用的选项及其功能见表 6.2。

表 6.2 几个预处理常用选项

选 项 格 式	功　　能
-C	在预处理后的输出中保留源文件中的注释
-D name	预定义一个宏 name，而且其值为 1
-D name=definition	预定义一个宏 name，并指定其值为 definition 所指定的值。其作用等价于在源文件中使用宏定义指令：#define name definition。但-D 选项比宏定义指令的优先级高，它可以覆盖源文件中的定义
-U name	取消先前对 name 的任何定义，不管是内置的，还是由-D 选项提供的
-I dir	指定搜索头文件的路径 dir。先在指定的路径中搜索要包含的头文件，若找不到，则在标准路径(/usr/include, /usr/lib 及当前工作目录)上搜索
-E	只对指定的源文件进行预处理，不做编译，生成的结果送到标准输出

2. 编译程序选项

gcc 编译程序所用的选项很多，表 6.3 列出了其常用选项及其作用。

表 6.3 gcc 编译程序常用选项及其作用

选 项 格 式	功　　能
-c	只生成目标文件，不进行连接。用于对源文件的分别编译
-S	只进行编译，不进行汇编，生成汇编代码文件格式，其名与源文件相同，但扩展名为.s
-o file	将输出放在文件 file 中。如果未使用该选项，则可执行文件放在 a.out 中
-g	指示编译程序在目标代码中加入供调试程序 gdb 使用的附加信息
-v	在标准出错输出上显示编译阶段所执行的命令，即编译驱动程序及预处理程序的版本号

【例 6.1】 展示 gcc 编译程序选项的作用。有一个 C 程序由两个文件 mfile.c 和 sq.c 组成。直接用不带选项的 gcc 去编译其中任一文件,都会出现编译问题,指出所访问的相关函数没有定义。对此,必须采用有关的选项。

```
$ cat mfile.c
#include <stdio.h>
int main(void)
{
        int i;
        scanf("%d",&i);
        square(i);
        return 0;
}
$ cat sq.c
#include <stdio.h>
int square(int x)
{
        printf("The square=%d\n",x*x);
        return x*x;
}
$ gcc mfile.c
/tmp/cc855zpg.o: In function `main':
mfile.c:(.text+0x2b): undefined reference to `square'
collect2: ld 返回 1
$
```

这个错误表明,文件 mfile.c 中函数 main 调用了函数 square,但在该文件中未定义 square。所以,不带选项就直接编译 mfile.c 是不行的。为此,使用选项-c,分别编译 mfile.c 和 sq.c 文件;然后统一编译,生成的可执行代码放在 meng1 文件中。最后执行 meng1。

```
$ gcc -c mfile.c
$ gcc -c sq.c
$ gcc mfile.o sq.o -o meng1
$ meng1
bash: meng1: command not found
$
```

为什么不能执行 meng1 呢?这是由于 shell 在自己的命令搜索列表中没有找到该文件。meng1 是在当前工作目录中,要执行它,必须指明具体位置。

```
$ ./meng1
16
The square=256
$
```

3. 优化程序选项

优化处理是编译系统中比较复杂的部分,既涉及编译技术本身,又与机器硬件环境有关。优化分为对中间代码的优化和针对目标代码生成的优化。前者与具体计算机无关,后者则与机器的硬件结构密切相关。经过优化得到的汇编代码,其效率能达到最佳。

gcc 提供的代码优化功能非常强大,通过编译选项-On(O 为大写字母)来设置优化级别,控制代码生成。其中,n 是 0~3 的一个整数,代表优化级别:0 级最低,3 级最高。

4. 连接程序选项

当编译程序将目标文件连成一个可执行文件时,用于连接的选项才起作用。表 6.4 给出连接程序常用的选项及其功能。

表 6.4 连接程序常用的选项及其功能

选项格式	功 能
object-file-name	不以专用后缀结尾的文件名就认为是目标文件名或库名。连接程序可以根据文件内容来区分目标文件和库
-c -S -E	如果使用其中任何一个选项,那么都不运行连接程序,而且目标文件名不应该用做参数
-llibrary	连接时搜索由 library 命名的库。连接程序按照命令行上给定的顺序搜索和处理库及目标文件。实际的库名是 liblibrary.a
-static	在支持动态连接的系统中,它强制使用静态链接库,而阻止连接动态库;而在其他系统中不起作用
-Ldir	把指定的目录 dir 加到连接程序搜索库文件的路径表中,即在搜索-l 后面列举的库文件时,首先到 dir 下搜索,找不到再到标准位置下搜索
-Bprefix	该选项规定在什么地方查找可执行文件、库文件、包含文件和编译程序本身数据文件
-o file	指定连接程序最后生成的可执行文件名称为 file,不是默认的 a.out

Linux 下库文件的命名有一个约定,所有的库名都以 lib 开头。因此,在-l 选项所指定的文件名前自动地插入 lib。并且约定,以.a(归档,archive)结尾的库是静态库,以.so(共享目标,shared object)结尾的库是动态库。Linux 的库很多,有数百个。如在 C 语言程序中常用的库文件有 libc.so(标准 C 语言函数库)、libm.so(数学运算函数库)等。

静态库是目标文件的集合。每个函数或一组相关函数被存储在一个目标文件中。这些目标文件被收集到静态库里,以后在 gcc 命令行中指定-l 等选项时,让连接程序进行搜索。在静态连接模式下,就到指定的静态库里进行搜索。

生成静态库的方法实际上可分为两步。

(1) 将各函数的源文件编译成目标文件。例如:

$ gcc -c f1.c f2.c f3.c -o game.o

由此可得到各源文件的目标文件 game.o。

(2) 使用 ar 工具将目标文件收集起来,放到一个归档文件中。例如:

$ ar -rcs $HOME/lib/libgame.a game.o

它创建静态库 libgame.a,库的内容由列出的目标文件组成。注意,对库的命名要遵循 libx.a 的原则,其中,x 是指定的库名。如本例中,x 就表示 game。

生成静态库以后,就可在编译 C 语言源文件时指明对它进行搜索、连接,例如:

$ gcc f1.c f2.c f3.c -o mygame -static -L$HOME/lib -lgame

这里,-static 表示使用静态库,-L 选项指示连接程序在 $HOME/lib 目录下去搜索有关的库文件,-lgame 选项指示在 libgame.a 文件中去搜索源文件中对外部库函数的引用。最后生成的可执行文件名为 mygame。

生成静态库虽然比较简单,但其效率不很高,需占用较多的磁盘空间和内存。利用动态连接可克服上述缺点。进行动态连接的核心问题是生成动态链接库(共享库)。

除上面给出的基本选项之外,gcc 还有大量的针对各种情况的选项。如有必要,读者可以用 man gcc 命令列出它的文档,了解更详细的说明信息。

6.2 gdb 程序调试工具

程序编写出来之后，仅仅是完成了软件开发的一部分工作，一般都应对程序进行检查，发现和改正其中存在的各种问题和错误。程序中的错误按其性质可分为三种。

(1) 编译错误，即语法错误。这是在编译阶段发生的错误，主要是程序代码中有不符合所用编程语言语法规则的错误，如括号不成对、缺少分号等。需要把这种错误全部排除后，才能进入运行阶段。

(2) 运行错误。这种错误在编译时发现不了，只在运行时才显现出来。如对负数开平方、除数为 0、循环终止条件永远不能达到等，这种错误常会引起无限循环或死机。

(3) 逻辑错误。这种错误即使在运行时也不显示出来，程序能正常运行，但结果不对。这类错误往往是编程前对求解的问题理解不正确或算法不正确引起的，它们很难查找。

编译或运行时，计算机会对前两种错误给出提示或不正常表象，迫使程序员进行修改，但对逻辑错误，计算机并不提示，全靠程序员仔细检查，并予以排除。

查找程序中的错误，诊断其准确位置，并予以改正，这就是程序调试。程序调试分为人工查错与机器调试。人工查错是由程序员直接对源代码进行仔细检查，以及采用人工模拟机器执行程序的方法来查错。人工查错只能找出直观的、易于察觉的错误，对于复杂一点的程序，就必须上机调试。程序调试的目的是在调试工具的帮助下，通过上机运行程序，找出其错误，并进行修改。

gdb 是 GNU 开发组织发布的一个功能强大的，对用 C、C++ 和 Modula-2 语言编写的程序进行调试的工具。gdb 主要帮助用户在调试程序时完成四方面的工作：

(1) 启动程序，按用户的要求影响程序的运行行为。
(2) 使运行程序在指定条件处停止。
(3) 当程序停止时，检查它出现了什么问题。
(4) 动态改变程序的执行环境，这样就可以纠正一个错误的影响，然后再纠正其他错误。

6.2.1 启动 gdb 和查看内部命令

大家在运行编译过的程序时，可能会遇到程序执行忽然中止的情况，并且在屏幕上显示 ××××-core dumped 消息（××××表示出错原因），然后显示提示符。此时，系统认为相应进程的执行出现了异常，如段越界、浮点运算溢出或除数为 0 等。对此可以用 gdb 来检查 core 文件。也可能程序自身运行无异常，但发现输出结果不对，此时，也需要用 gdb 跟踪该程序的执行过程，检查有关变量值的变化情况。

为了发挥 gdb 的全部功能，需要在编译源程序时使用-g 选项，以便在目标代码中加入调试用的各种信息，如程序中的变量名、函数名及其在源程序中的行号等。所用编译命令的格式如下：

```
$ gcc  -g  prog.c  -o  prog    (针对C语言源程序 prog.c)
```

$ gcc -g program.cpp -o program   （针对 C++源程序 program.cpp）

在此基础上，可以使用 gdb 对运行失败的程序进行调试。启动 gdb 的常用方法有两种。

（1）以一个可执行程序作为 gdb 的参数。例如：

$ gdb prgm

这里，prgm 是要调试的可执行文件名。

（2）同时以可执行程序和 core 文件作为 gdb 的参数。例如：

$ gdb prgm core

其中，core 文件是直接运行 prgm 程序造成 core dumped（内存信息转储）后产生的文件。

启动 gdb 后就显示其提示符：(gdb)，并等待用户输入相应的内部命令，如图 6.2 所示。

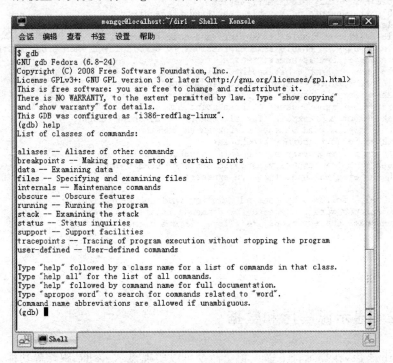

图 6.2 gdb 界面

若输入的文件名格式错误或文件不存在，则给出错误消息并等待下面的命令。用户可以利用命令 quit 终止其执行，退出 gdb 环境。

这些命令往往都有各自的若干子命令，如命令 status 下面有 info、macro 和 show 3 个子命令，而 show 下面又有包括 show paths、show listsize 在内的 70 多个子命令。利用 help 命令可以逐级查看相关命令的信息；利用 help class 命令可以列出指定类 class 中所包含的全部命令及其功能。图 6.3 给出了 breakpoints 类中的命令。也可以直接用 help command 方式来查看指定命令 command 的帮助信息，如 help show paths。

```
(gdb) help breakpoints
Making program stop at certain points.

List of commands:

awatch -- Set a watchpoint for an expression
break -- Set breakpoint at specified line or function
catch -- Set catchpoints to catch events
clear -- Clear breakpoint at specified line or function
commands -- Set commands to be executed when a breakpoint is hit
condition -- Specify breakpoint number N to break only if COND is true
delete -- Delete some breakpoints or auto-display expressions
delete breakpoints -- Delete some breakpoints or auto-display expressions
delete checkpoint -- Delete a fork/checkpoint (experimental)
delete display -- Cancel some expressions to be displayed when program stops
delete mem -- Delete memory region
delete tracepoints -- Delete specified tracepoints
disable -- Disable some breakpoints
disable breakpoints -- Disable some breakpoints
disable display -- Disable some expressions to be displayed when program stops
disable mem -- Disable memory region
disable tracepoints -- Disable specified tracepoints
enable -- Enable some breakpoints
enable delete -- Enable breakpoints and delete when hit
enable display -- Enable some expressions to be displayed when program stops
enable mem -- Enable memory region
enable once -- Enable breakpoints for one hit
enable tracepoints -- Enable specified tracepoints
hbreak -- Set a hardware assisted breakpoint
ignore -- Set ignore-count of breakpoint number N to COUNT
rbreak -- Set a breakpoint for all functions matching REGEXP
rwatch -- Set a read watchpoint for an expression
tbreak -- Set a temporary breakpoint
tcatch -- Set temporary catchpoints to catch events
thbreak -- Set a temporary hardware assisted breakpoint
watch -- Set a watchpoint for an expression

Type "help" followed by command name for full documentation.
Type "apropos word" to search for commands related to "word".
Command name abbreviations are allowed if unambiguous.
(gdb)
```

图 6.3 breakpoints 类中的命令

6.2.2 显示源程序和数据

进入 gdb 之后，在提示符下输入相应命令可以实现显示、诊断、跟踪等功能。

1. 显示和搜索源程序

gdb 可以显示所调试的源程序或者其特定部分，在被调试的源程序中进行上下文搜索，还可以设定搜索路径。

（1）显示源文件。利用 list 命令可以显示源文件中指定的函数或代码行。表 6.5 列出其各种形式及功能。

表 6.5　list 命令及功能

格　式	功　能
list	没有参数，显示当前行之后或周围的 10 多行
list -	显示当前行之前的 10 行
list [file:] num	显示源文件 file 中给定行号 num 周围的 10 行。如果缺少 file，则默认为当前文件。例如，list 100
list start , end	显示从行号 start 至 end 之间的代码行。例如，list 20,38
list [file:]function	显示源文件 file 中指定函数 function 的代码行。如果缺少 file，则默认为当前文件。例如，list meng1.c:square

在默认情况下，list 显示当前行的上、下 5 行，共 10 行。也可以利用 set listsize 命令重新设置一次显示源程序的行数：

```
set listsize  linenum
```

其中，linenum 是新指定的默认行数。用 show listsize 命令可以列出 gdb 默认显示的源代码行数：

```
show  listsize
```

(2) 模式搜索。gdb 提供在源代码中搜索给定模式的命令，见表 6.6。

表 6.6　搜索给定模式的命令

格　式	功　能
forward-search regexp	从列出的最后一行开始向前搜索给定的模式 regexp（即正则表达式，一个字符串的匹配模式）。例如，forward-search i= *
search regexp	同上
reverse-search regexp	从列出的最后一行开始向后搜索给定的模式 regexp（即正则表达式，一个字符串的匹配模式）。例如，reverse-search i=??

2. 查看运行时数据

(1) print 命令。当被调试的程序停止时，可以用 print 命令（简写为 p）或同义命令 inspect 来查看当前程序中运行的数据。print 命令的一般使用格式是（[ ]表示可选，下同）：

```
print[/fmt]  exp
```

其中，exp 是符合所用编程语言语法规则的表达式。例如，所调试程序是用 C 语言编写的，那么 exp 应是 C 语言合法的表达式。fmt 是表示输出格式的字母。例如：

```
print i (或 p  i)         (显示当前变量 i 的值)
print i*j  (或 p i*j)     (将根据程序当前运行的实际情况显示出 i*j 的值)
```

(2) gdb 所支持的运算符。gdb 所支持的针对表达式的运算符有下面几个：

① 用 & 运算符取出变量在内存中的地址，如：

```
print  &i              (显示变量 i 的存放地址)
print  &array[i]       (显示数组 array 第 i 个元素的地址)
```

② {type}adrexp 表示一个数据类型为 type、存放地址为 adrexp 的数据。
③ @是一个与数组有关的双目运算符,使用形式如:

```
print  array@10       (表示打印从 array(数组名,即数组的基地址)开始的 10 个值)
print  array[3]@5     (表示打印从 array 第三个元素开始的 5 个数组元素的数值)
```

注意,gdb 发现 array 是数组的基地址,就按照内存地址的方式显示它及后面的 9 个值。内存地址习惯上以十六进制数表示。而 array[3]是数组的第 3 个元素,就以十进制数形式显示它及后面的 4 个元素的值。

④ file::var (或者 function::var) 表示文件 file(或者函数 function)中变量 var 的值。例如:

```
print  inner::i       (表示打印函数 inner 中变量 i 的当前值)
```

(3) 输出格式。在 print /fmt exp 命令中,"/"之后的 fmt 是表示输出格式的字母,它由表示格式的字母和表示数据长度的字母组成,见表 6.7。

表 6.7 gdb 输出格式

	字 母	作 用	字 母	作 用
表示格式的字母	o	八进制格式	f	浮点数格式
	x	十六进制格式	a	地址格式
	d	十进制格式	i	指令格式
	u	无符号十进制格式	c	字符格式
	t	二进制格式	s	字符串格式
表示长度的字母	b	一个字节长度	h	半个字长度
	w	一个整字长度	g	8 个字节长度

6.2.3 改变和显示目录或路径

gdb 提供了让用户指定、显示、修改源文件搜索路径或目录的命令,以便对程序进行调试。

(1) directory 命令。该命令可以将给定目录 dir 添加到源文件搜索路径的开头,并且忽略先前保存的有关源文件和代码行位置的信息。其一般格式是:

```
directory[dir]或者 dir[dir]
```

其中,dir 表示指定的目录。它可以是环境变量 $cwd(表示当前工作目录)或者 $cdir(表示把源文件编译成目标代码的目录)。如果不带参数,则默认把搜索路径重置为 $cdir:$cwd,从而清除用户所有自定义的源文件搜索路径信息。

(2) cd 命令。cd 命令将调试程序和被调试程序的工作目录置为指定的目录 dir。其使用格式为:

```
cd  dir
```

(3) path 命令。利用 path 命令可以将一个或多个目录添加到目标文件搜索路径的开头。其使用格式是:

```
path    dirs
```

在路径中可以用 $cwd 来表示当前工作目录，它等价于 shell 变量 $PATH。目录表中各个目录以冒号（:）分开。gdb 搜索这些目录，以便找到连接好的可执行文件和所需的分别编译的目标文件。

(4) pwd 命令。该命令用来显示工作目录。

(5) show directories 命令。该命令显示定义的源文件搜索路径。

(6) show paths 命令。该命令显示当前查找目标文件的搜索路径。

6.2.4 控制程序的执行

在程序调试过程中，往往有必要暂停程序的运行。进入 gdb 以后，可以在源程序的某些行上设置断点（breakpoint），然后程序根据用户输入的 gdb 命令开始执行程序。程序执行到设置断点的行就暂停，gdb 报告程序暂停处的断点，用来显示函数调用的踪迹和变量的值。如果用户认为程序运行至此是正确的，就可以删除某些断点，或根据需要另外设置一些断点，程序又能从被暂停的地方继续向下执行。需要说明的是，断点应设置在可执行的行上，不应是变量定义之类的语句。

1. 设置断点

如果编译源程序时正确地使用了 -g 选项，那么就可以在任何函数的任意行中设置断点。在 gdb 中用 break 命令（其缩写形式为 b）设置断点，其方法有以下几种。

- break linenum   （在当前文件指定行 linenum 处设置断点，停在该行开头）
- break linenum if condition   （在当前文件指定行 linenum 处设置断点，但仅在条件表达式 condition 成立时才停止程序执行）
- break function   （在当前文件函数 function 的入口处设置断点）
- break file:linenum   （在源文件 file 的 linenum 行上设置断点）
- break file:function   （在源文件 file 的函数 function 的入口处设置断点）
- break *address   （运行程序在指定的内存地址 address 处停止）
- break   （不带任何参数，则表示在下一条指令处停止）

2. 显示断点

可以使用以下命令显示程序中设置了哪些断点：

```
info breakpoints[num]
info break[num]
```

其中，[num]表示断点号码。该命令会列出当前所有断点的清单，包括类型——断点（breakpoint）或者观察点（watchpoint），处置方式——保留（keep）、删除（del）或者停用（dis）等信息。

3. 删除断点

在 gdb 中，如果已定义的断点不再使用了，就可以用 delete 命令（其简写形式为 d）删除它们。其使用格式是：

```
delete [bkptnums]
```

其中，bkptnums 是断点号码。如果要删除多个断点，则各个号码间用空格分开。如果 delete 命令后面不带参数，则删除所有的断点。

4. 运行程序

设置断点之后，就可以使用 run 命令（简写是 r）运行程序了。run 命令的格式如下：

```
run [args]
```

其中，args 是传给被调试程序的命令行参数。这条命令就如同在 shell 提示符下执行可执行程序那样。args 可以包含"*"、"[…]"等通配符，它们被 shell 扩展。在命令行上可以使用输入/输出重定向符。

如果 run 命令后没有指定实参，gdb 将使用最近一次执行调试程序时给它提供的实参（指利用 run 命令或 set args 命令）。为了消除先前指定参数的影响，或者运行不带参数的程序，可先使用命令 set args，不带实参。

5. 程序的单步跟踪和连续执行

（1）单步跟踪。设置断点之后，可以让程序一步一步地向下执行，从而用户可以仔细地检测程序的运行情况。实行单步跟踪的命令是 step 和 next，其格式是：

```
step [N]
```

其中，参数 N 表示每步执行的语句行数。如果没有参数，则执行一条语句。如果遇到函数调用，并且该函数编译时有调试信息，则会进入该函数内执行，每次仍然执行一条语句。

另一条命令 next 的格式是：

```
next [N]
```

它与 step 命令的功能类似，但是当遇到函数调用时，则执行整个函数，即该函数调用被当做一条指令对待。使用 step 或 next 命令时，如果 gdb 遇到一个未用-g 选项进行编译的函数，则程序会继续向下执行，直至到达采用-g 选项编译的函数为止。

一行代码可能由若干条机器指令完成。如果要一条一条地执行机器指令，可以使用 stepi（缩写为 si）或 nexti（缩写为 ni）命令。

注意，gdb 能记住最后一个被执行的命令。因此，可以简单地按 Enter 键来重复执行最后的命令，从而减少键盘输入。这对大多数 gdb 命令都有效。

（2）连续执行。利用 continue、c 或 fg 命令（它们有同样的功能）可以使 gdb 程序从当前行开始，把被调试的程序连续执行到下一个断点处，或者到达程序结束。在命令中还可以给出一个数字参数，如 continue N 表示忽略其后的 N−1 个断点，直至第 N 个断点出现。

6. 函数调用

gdb 能够强制调用程序中用户定义的任何函数。这个特性对测试不同实参的各种函数

和调用用户定义的函数来显示结构化数据都很有用。为了执行函数或过程,可采用如下形式的命令:

call　expr

其中,expr 是所用编程语言的函数调用表达式,包括函数名和实参。对于 C 语言来说,其格式就是 FunctionName(arg1,arg2…)。如果该函数调用不是 void 类型,则执行的结果被显示出来,并保存在历史数据中。

在调试过程中,可以使用 return 命令强行从正在执行的函数中退出,返回到调用该函数的地方,而控制权仍在调试程序的掌控中。其使用格式是:

return　[expr]

如果带有参数 expr,则返回表达式 expr 的值。

还可以使用 finish 命令退出函数,但它并不立即退出,而是继续运行,直至当前函数返回。

6.2.5　其他常用命令

1. 执行 shell 命令

在 gdb 环境中,可以执行 Linux 的 shell 命令,其格式是:

shell　command-string

其中,command-string 表示 Linux 的命令行。此形式的命令使 gdb 临时转去执行给定的 shell 命令。shell 命令执行后,控制又回到 gdb 程序。如果没有参数,则运行一个下一级的 shell。

例如:

```
(gdb) shell date
2016 年 03 月 31 日 星期四 16:47:56  CST
(gdb)
```

2. 修改变量值

在利用 gdb 调试程序时,用户可以根据自己的调试思路动态地更改当前被调试程序的运行线路或者其变量的值。修改被调试程序的变量值的方法很简单,例如:

`(gdb) print x = 10`

这样就把变量 x 的值改为 10。被调试程序就以 x 的新值继续向下运行。应注意,给变量新设的值应与该变量的类型相符。

也可以利用 set variable 命令为变量重新赋值,例如:

`(gdb) set variable x = 10`

3. 跳转执行

通常,被调试程序是顺序执行的。然而,利用 jump 命令可以让程序执行跳转到指定的代码行。其使用格式是：

```
jump linenum        （参数 linenum 表示下一条语句的行号）
jump *addr          （参数 addr 表示下一条代码行的内存地址）
```

6.2.6 应用示例

下面这个程序很简单，其源代码如图 6.4 所示。在主函数 main 中调用函数 index_m，由其计算两个数组元素的值。然而，这个程序是有问题的。大家仔细看一下程序代码就会找出问题所在。我们还是利用 gdb 进行程序调试，展示其一般使用情况。

```
$ cat dbme.c
#include <stdio.h>
#include <stdlib.h>

#define BIGNUM 20
void index_m(int ary[],float fary[]);
int main()
{
        int intary[10];
        float fltary[10];
        index_m(intary,fltary);
        return 0;
}

void index_m(int ary[],float fary[])
{
        int i;
        float f=3.14;
        for(i=0;i<BIGNUM;++i){
                ary[i]=i;
                fary[i]=i*f;
        }
}
```

图 6.4 示例程序源代码

下面编译、运行、调试这个程序。

（1）使用带 -g 选项的 gcc 命令对该程序进行编译，然后运行：

```
$ gcc -g dbme.c -o dbme
$ ./dbme
段错误
$
```

可以看到，该程序顺利地通过编译，没有显示任何警告信息。然而在运行该程序时却出现了错误——段错误。是什么地方出了问题？下面就进行调试。

（2）用程序名 dbme 作为参数启动 gdb。在完成 gdb 初始化后，屏幕出现类似图 6.5 所示的内容。

（3）在 gdb 环境下使用 run 命令运行该程序，如图 6.6 所示。

这个简短的输出信息表明，gdb 在收到信号 SIGSEGV 后停止运行，发生了段错误。段错误出现的位置是在 dbme.c 文件的 main 函数中第 12 行附近。

（4）为了了解代码中可能出错的行，使用 list 命令显示第 1 行至第 25 行的内容（其实该程序只有 22 行）：

```
$ gdb dbme
GNU gdb Fedora (6.8-24)
Copyright (C) 2008 Free Software Foundation, Inc.
License GPLv3+: GNU GPL version 3 or later <http://gnu.org/licenses/gpl.html>
This is free software: you are free to change and redistribute it.
There is NO WARRANTY, to the extent permitted by law.  Type "show copying"
and "show warranty" for details.
This GDB was configured as "i386-redflag-linux"...
(gdb)
```

图 6.5　启动 gdb

```
(gdb) run
Starting program: /home/mengqc/dir1/dbme

Program received signal SIGSEGV, Segmentation fault.
0x08048374 in main () at dbme.c:12
12      }
(gdb)
```

图 6.6　运行程序

(gdb) list 1,25

该命令将该程序的前 22 行加上行号显示出来。可以看出，源程序的第 12 行是 main 函数的结尾，看不出对于调试该程序更有用的信息。

（5）设置断点，让程序在文件 dbme.c 的第 21 行停止执行，然后运行该程序，如图 6.7 所示。

```
(gdb) break 21
Breakpoint 1 at 0x80483b7: file dbme.c, line 21.
(gdb) r
The program being debugged has been started already.
Start it from the beginning? (y or n) y
Starting program: /home/mengqc/dir1/dbme

Breakpoint 1, index_m (ary=0xbffff31c, fary=0xbffff2f4) at dbme.c:22
22      }
(gdb)
```

图 6.7　设置断点并运行程序

（6）利用 print 命令可以打印出任何合法表达式的值。由于诊断结果是"段错误"，所以，先查看两个数组的内存空间分配情况，如图 6.8 所示。

```
(gdb) p &ary[0]
$1 = (int *) 0xbffff31c
(gdb) p &fary[0]
$2 = (float *) 0xbffff2f4
(gdb) p ary[0]@10
$3 = {1106981684, 1107962102, 1108785234, 1109608366, 1110431499, 1111254631,
  1112077763, 1112900895, 1113724027, 1114547160}
(gdb) p fary[0]@10
$4 = {0, 3.1400001, 6.28000021, 9.42000008, 12.5600004, 15.7000008,
  18.8400002, 21.9800014, 25.1200008, 28.2600002}
(gdb)
```

图 6.8　使用 print 命令查看数组空间分配情况

从图 6.8 的结果中可以看出：为两个数组分配的内存空间是 fary 的基址小于 ary 的基址，即 fary 在 ary 之前。然后，查看数组 ary 和 fary 中前面 10 个元素的值是否正确，会发现

fary 中开头 10 个元素的值是正确的,而 ary 元素的值从头一个开始就不对。(在我们的机器上,int 和 float 型数据均占用四个字节的空间。)

(7) 再查看数组 fary 元素地址的情况,如图 6.9 所示。

```
(gdb) p ary
$5 = (int *) 0xbfff31c
(gdb) p fary
$6 = (float *) 0xbfff2f4
(gdb) p &fary[11]
$7 = (float *) 0xbfff320
(gdb) p &fary[10]
$8 = (float *) 0xbfff31c
(gdb)
```

图 6.9 显示数组元素的地址

从图 6.9 显示的信息可以看出:数组元素 fary[10] 的地址与 ary 的基地址相同,表明二者冲突了。就是说,数组 fary 覆盖了 ary 的部分空间。

检查一下源程序中有关数组大小的设定,就发现在函数 main 中定义的两个数组的大小都是 10,而在函数 index_m 中的 for 循环语句中,循环条件是"i<BIGNUM",BIGNUM 是宏名,其扩展值是 20。问题找到了:该 for 语句执行时,数组元素的地址超出了定义的范围,造成段错误。另外,由于对 fary 数组元素的赋值在 ary 数组元素赋值之后,形成对同一地址的两次赋值,后者覆盖了前者,从而出现第(6)步的情况。

再查看 ary 数组后面 10 个元素的数值,如图 6.10 所示。

```
(gdb) p ary[10]@10
$10 = {10, 11, 12, 13, 14, 15, 16, 17, 18, 19}
(gdb)
```

图 6.10 ary 数组的后 10 个元素值

可以看出,ary 后 10 个元素的值是正确的。表明:fary 数组的空间没有把 ary 数组全部覆盖掉,只是覆盖了 ary 数组前面 10 个元素的空间。

把源程序中 BIGNUM 的宏扩展值改为 10,重新编译、运行,并检查结果,会发现都正确了。

这个示例主要是展示 gdb 的使用。实际调试过程会相当复杂,需要经常使用,善于总结,不断积累经验,才能熟练解决各种复杂问题。

思考题

1. gcc 编译过程一般分为哪几个阶段?各阶段的主要工作是什么?
2. 对 C 语言程序进行编译时,针对以下情况应使用的编译命令行是什么?
(1) 只生成目标文件,不进行连接。
(2) 在预处理后的输出中保留源文件中的注释。
(3) 将输出写到 file 指定的文件中。
(4) 指示编译程序在目标代码中加入供调试程序 gdb 使用的附加信息。

(5) 连接时搜索由 library 命名的库。

3. 通常,程序中的错误按性质分为哪三种?

4. gdb 主要帮助用户在调试程序时完成哪些工作?

5. 调试下面的程序:

```c
/* badprog.c 错误地访问内存 */
#include <stdio.h>
#include <stdlib.h>

int main(int argc, char **argv)
{
    char *p;
    int i;
    p = malloc(30);
    strcpy(p,"not 30 bytes");
    printf("p=<%s>\n",p);
    if(argc == 2){
        if(strcmp(argv[1], "-b") == 0)
            p[50] = 'a';
        else if(strcmp(argv[1], "-f") == 0){
            free(p);
            p[0] = 'b';
        }
    }
    /* free(p); */
    return 0;
}
```

6. 调试下面的程序:

```c
/* callstk.c 有 3 个函数调用深度的调用链 */
#include <stdio.h>
#include <stdlib.h>

int make_key(void);
int get_key_num(void);
int number(void);

int main(void)
{
    int ret = make_key();
    printf("make_key returns %d\n",ret);
    exit(EXIT_SUCCESS);
}

int make_key(void)
{
    int ret = get_key_num();
    return ret;
}
```

```c
int get_key_num(void)
{
    int ret = number();
    return ret;
}

int number(void)
{
    return 10;
}
```

第 7 章 shell 程序设计

shell 是 UNIX/Linux 系统中一个重要的层次,它是用户与系统交互作用的界面。在前几章介绍 Linux 命令时,shell 都作为命令解释程序出现,这是 shell 最常见的使用方式。

其实,shell 还是一种高级编程语言,它有变量、关键字,有各种控制语句(如 if、case、while、for 等),支持函数模块,有自己的语法结构。利用 shell 程序设计语言可以编写出功能很强、代码简单的程序。特别是它把相关的 Linux 命令有机地组合在一起,可大大提高编程的效率。充分利用 Linux 系统的开放性能,能够设计出适合自己要求的命令。

本章内容包括 Linux shell 概述、shell 变量、位置参数、特殊符号、各种控制语句、函数等 shell 编程知识。

7.1 shell 概述

shell 的概念最初是在 UNIX 操作系统中形成和得到广泛应用的。UNIX 的 shell 有很多种类,Linux 系统继承了 UNIX 系统中 shell 的全部功能,并有进一步发展。现在 Linux 系统上默认使用的 shell 是 bash。

7.1.1 shell 的特点和类型

1. shell 的特点

shell 具有如下突出特点。

(1) 把已有命令进行适当组合,构成新的命令,而且组合方式很简单。

(2) 提供了文件名扩展字符(通配符,如 *、?、[ ]),使得用单一的字符串可以匹配多个文件名,省去输入一长串文件名的麻烦。

(3) 可以直接使用 shell 的内置命令,而无须创建新的进程,如 shell 中提供的 cd、echo、exit、pwd、kill 等命令。为防止因某些 shell 不支持这类命令而出现麻烦,许多命令都提供了对应的二进制代码,从而也可以在新进程中运行。

(4) 允许灵活地使用数据流,提供通配符、输入/输出重定向、管道线等机制,方便了模式匹配、I/O 处理和数据传输。

(5) 由结构化的程序模块组成,支持顺序流程控制、条件控制、循环控制等。

(6) shell 提供了在后台(&)执行命令的能力。

(7) shell 提供了可配置的环境,允许创建和修改命令、命令提示符和其他的系统行为。

(8) shell 提供了高级的命令语言,让你能创建从简单到复杂的程序,这些 shell 程序称为 shell 脚本。利用 shell 脚本,可把用户编写的可执行程序与 UNIX 命令结合在一起,当做新的命令使用,从而便于用户开发新的命令。

还可以从其他角度总结出 shell 的更多特点。

2. 常用 shell 类型

Linux 系统提供多种不同的 shell 以供选择。常用的有 Bourne shell(简称 sh)、C shell(简称 csh)、Korn shell(简称 ksh)和 Bourne Again shell(简称 bash)。

(1) Bourne shell 是 AT&T Bell 实验室的 Steven Bourne 为 AT&T 的 UNIX 开发的,它是 UNIX 的默认 shell,也是其他 shell 的开发基础。Bourne shell 在编程方面相当优秀,但在处理与用户的交互方面不如其他几种 shell。

(2) C shell 是加州大学伯克利分校的 Bill Joy 为 BSD UNIX 开发的,与 sh 不同,它的语法与 C 语言很相似。它提供了 Bourne shell 所不具备的用户交互特征,如命令补全、命令别名、历史命令替换等。但是,C shell 与 Bourne shell 并不兼容。

(3) Korn shell 是 AT&T Bell 实验室的 David Korn 开发的,它集合了 C shell 和 Bourne shell 的优点,并且与 Bourne shell 向下完全兼容。Korn shell 的效率很高,其命令交互界面和编程交互界面都很友好。

(4) Bourne Again shell(即 bash)是自由软件基金会(GNU)开发的一个 shell,它是 Linux 系统中默认的 shell。bash 不但与 Bourne shell 兼容,还继承了 C shell、Korn shell 等的优点。

7.1.2 shell 脚本的建立和执行

1. 建立 shell 脚本

shell 程序可以存放在文件中,这种被 shell 解释执行的命令文件称为 shell 脚本 (shell script)。shell 脚本可以包含任意从键盘输入的 Linux 命令。

建立 shell 脚本的步骤同建立普通文本文件的方式相同,利用编辑器(如 vi)进行程序录入和编辑加工。例如,要建立一个名为 ex1 的 shell 脚本,可在提示符(以"$"表示,下同)后输入命令:

```
$ vi  ex1
```

进入 vi 的插入方式后,就可输入程序行。完成编辑之后,将编辑缓冲区的内容写入文件中,返回到 shell 命令状态。

2. 执行 shell 脚本的方式

执行 shell 脚本的常用方式基本上有两种。

(1) 以脚本名作为参数。其一般形式是:

```
$ bash  脚本名  [参数]
```

例如：

```
$ bash ex2 /home/mengqc /home/zhangsan
```

如果以当前 shell(以·表示)执行一个 shell 脚本，则可以使用如下简便形式：

```
$ · 脚本名 [参数]
```

（2）将 shell 脚本的权限设置为可执行，然后在提示符下直接执行它。

通常，用户是不能直接执行由正文编辑器(如 vi)建立的 shell 脚本的，因为直接编辑生成的脚本文件没有"执行"权限。如果要把 shell 脚本直接当做命令执行，就需要利用命令 chmod 将它设置为有"执行"权限。例如：

```
$ chmod a+x ex2
```

就把 shell 脚本 ex2 设置为对所有用户都有"执行"权限。然后，将该脚本所在的目录添加到命令搜索路径(PATH)中。例如：

```
$ PATH=$PATH:·
```

就把当前工作目录(以"·"表示)添加到命令搜索路径中。这样，在提示符后输入脚本名 ex2 就可直接执行该文件：

```
$ ex2
```

另外，如果没有把脚本所在目录添加到 PATH 中的话，也可以利用路径名方式，如：

```
$ ·/ex2
```

表示执行当前工作目录下的 ex2 文件(注意，下面的示例都默认采用这种方式处理)。

3．shell 程序示例

【例 7.1】 由四条简单命令组成的 shell 程序(文件名为 exam1)。

```
$ cat exam1
echo "my working directory is :"
pwd
echo "today is :"
date
```

执行这个 shell 程序时，依次执行其中各条命令。下面是执行情况：

```
$ chmod a+x exam1
$ ./exam1
my working directory is :
/home/mengqc/dir1
today is :
2016年 04月 01日 星期五 09:01:51 CST
$
```

【例 7.2】 带有控制结构的 shell 程序(文件名为 exam2)。

```
#!/bin/bash
# If no arguments, then listing the current directory.
# Otherwise, listing each subdirectory.
```

```
if test $# = 0
then ls .
else
    for i
    do
        ls -l $i | grep '^d'
    done
fi
```

程序第一行是"#!/bin/bash",它表示下面的脚本是用bash编写的,必须调用bash程序对它解释执行。

程序的第二、第三行以"#"开头,表示这是注释行。注释行可用来说明程序的功能、结构、算法和变量的作用等,增加程序的可读性。在执行时,shell将忽略注释行。

本程序由if语句构成,其中else部分是for循环语句。本程序的功能是:检测位置参数个数($#)是否等于0(注意:在"="前后有空格!),若等于0,则列出当前目录本身(.)的内容;否则,对于每个位置参数,显示其所包含的子目录。

7.2 shell变量和算术运算

shell有两类变量:环境变量和临时变量。环境变量是永久性变量,其值不会随shell脚本执行结束而消失;而临时变量是在shell程序内部定义的,其使用范围仅限于定义它的程序,出了本程序就不能再用它,而且当程序执行完毕,它的值也就不存在了。

bash中的变量可以进行算术运算,并且遵循C语言中算术表达式的运算规则。

7.2.1 简单shell变量

shell程序中一般利用变量存放字符串。shell变量很简单,可以在使用时"边定义、边赋值"。

1. 简单的变量定义和赋值

在程序中需要使用变量时,你就可以随时定义变量并为它赋值。其一般形式是:

变量名 = 字符串

例如:

```
myfile = /home/mengqc/ff/m1.c
```

请注意,在赋值号"="的两边没有空格,否则执行时会引起错误。利用赋值语句可以对变量重新赋值。另外,变量名是以字母或下画线开头的字母、数字和下画线序列,并且大小写字母意义不同。例如,dir与Dir是不同的变量。而且,shell变量名的长度不受限制。

2. 引用变量值

在程序中引用变量值时,要在变量名前面加上一个"$"符号,表示进行变量值替换。

【例 7.3】 用 echo 命令显示变量值。

```
$ dir=/usr/meng/ff
$ echo $dir
/usr/meng/ff          (显示变量 dir 的值)
$ echo dir
dir                   (显示一般的字符串常量 dir)
$ echo $Dir
                      (显示一个空串)
$
```

如果一个变量未被明确赋值,则其值也是一个空串,如本例中的变量 Dir。

如果在赋给变量的值中含有空格、制表符或换行符,那么,就应该用双引号把这个字符串括起来。例如"names = "ZhangSan LiSi WangWu""引用 $names 时就是所赋予的整个字符串。如果没有用双引号括起来,那么该赋值将出现错误。

```
$ names="ZhangSan LiSi WangWu"
$ echo $names
ZhangSan LiSi WangWu
$ Names=ZhangSan LiSi WangWu
bash: LiSi: command not found
$ echo $Names

$
```

一个变量的值可以作为某个长字符串中的一部分。如果它在长字符串的末尾,就可以利用直接引用形式。例如:

```
$ s="ing the file"
$ echo read$s and writ$s
reading the file and writing the file
```

如果变量值必须出现在长字符串的开头或者中间,为了使变量名与其后的字符区分开,避免 shell 把它与其他字符混在一起视为一个新变量,则应该用花括号将该变量名括起来。例如:

```
$ dir=/usr/meng
$ cat ${dir}qc/m1.c
```

将把文件 /usr/mengqc/m1.c 显示出来。如果不用{ }把 dir 括起来,即成为下面的形式:

```
$ cat $dirqc/m1.c
```

系统就会给出错误信息,因为它认为 dirqc 是一个新变量,在前面未对它显式赋值,其值为空串,所以无法找到 m1.c 文件。

从这个示例也可看出,利用 shell 变量可为长字符串提供简写形式。例如:

```
$ dir1=/usr/meng/ff/prog
$ ls  $dir1
```

则把目录 /usr/meng/ff/prog 的内容列出来。

```
$ cat  $dir1/exam.c
```

会把上述目录中的 exam.c 文件显示出来。

7.2.2 数组

bash 还提供了一维数组，并且没有限定数组的大小。与 C 语言类似，利用下标存取数组中的元素，数组元素的下标由 0 开始编号。下标可以是整数或算术表达式，其值应大于或等于 0。用户可以使用赋值语句对数组变量赋值。对数组元素赋值的一般形式是：

数组名[下标]=值

例如：

```
$ city[0]=Beijing
$ city[1]=Shanghai
$ city[2]=Tianjin
```

也可以用 declare 命令显式声明一个数组，一般形式是：

declare -a 数组名

读取数组元素值的一般格式是：

${数组名[下标]}

例如：

```
$ echo ${city[0]}
```

数组的各个元素可以逐个赋值，也可以统一进行初始化。数组初始化的一般形式是：

数组名=(值1 值2 … 值n)

其中，各个值之间以空格分开。例如：

```
$ A=(this is an example of shell script)
$ echo ${A[0]} ${A[2]} ${A[3]} ${A[6]}
this an example script
$ echo ${A[8]}
                    (A[8]超出了数组 A 的范围，所以它的值是空串)
$
```

若没有给出数组元素的下标，则数组名表示下标为 0 的数组元素，如 city 就等价于 city[0]。

使用 * 或 @ 作为下标，则表示数组中所有元素。例如：

```
$ week=( Sun Mon Tue Wed Thu Fri Sat)
$ echo ${week[*]}
Sun Mon Tue Wed Thu Fri Sat
$
```

如果对数组元素重新赋值，则新值就取代了原值。

利用命令 unset 可以取消一个数组的定义。例如，unset week[4]就取消 week 数组中第 4 个元素的定义。unset week 或者 unset week[*]、unset week[@]就取消整个数组的定义。

7.2.3 位置参数

1. 位置参数

运行 Linux 命令或 shell 脚本时可以带有实参。相应地，在 shell 脚本中应有变量。执行 shell 程序时，用实参来替代这些变量。这类变量的名称很特别，分别是 0,1,2,…。因为它们与命令行上具体位置的实参相对应：命令名（脚本名）对应变量 0，第一个实参对应变量 1，第二个实参对应变量 2，……，所以这类变量称为位置变量。如果位置变量名大于 9，那么，必须用一对花括号把它们括起来，如 {10}、{11}。命令行实参与脚本中位置变量的对应关系如下所示。

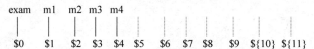

这种变量不能用赋值语句直接赋值，只能通过命令行上对应位置的实参传值。引用它们的方式依次是 $0、$1、$2、…、$9、${10}、${11} 等。其中，$0 始终表示命令名或 shell 脚本名。所以，$0 不能是空串，而其他位置变量的值可以为空串。在这里，$0、$1、$2、$3 和 $4 分别是 exam、m1、m2、m3、m4，而 $5～${11} 都为空。由于在 shell 脚本中位置变量通常是通过诸如 $0、$1、$2 等形式进行引用，故本书就将这种形式的引用称为位置参数。

2. shift 命令

如果在脚本中使用的位置参数不超过 9 个，那么只用 $1～$9 即可。如果实际给定的命令行参数多于 9 个，还想使用 $1～$9 来引用，那么就需要用 shift 命令移动位置参数。每执行一次 shift 命令，就把命令行上的实参向左移一位，即相当于位置参数向右移动一个位置。例如，

命令行：	ex7	A	B	C	D	E	F
原位置参数：	$0	$1	$2	$3	$4	$5	$6
移位后位置参数：	$0		$1	$2	$3	$4	$5

shift 命令不能将 $0 移走，即 $0 的值不会发生变化。shift 命令可以带有一个整数作为参数，例如，shift 3 的功能是每次把位置参数右移 3 位。如果未带参数，则默认值为 1。

【例 7.4】 使用 shift 命令移动位置参数。

```
$ cat exam3
#!/bin/bash
# exam3: shell script to demonstrate the shift command
echo $0 $1 $2 $3 $4 $5 $6 $7 $8 $9
shift
echo $0 $1 $2 $3 $4 $5 $6 $7 $8 $9
shft  4
echo $0 $1 $2 $3 $4 $5 $6 $7 $8 $9
# end
$ exam3 A B C D E F G H I J K
exam3 A B C D E F G H I
exam3 B C D E F G H I J
exam3 F G H I J K
$
```

从这个示例中可以看出，利用 shift 命令可以将后面的实参移到前面来，从而得以处理。

3. 用 set 命令为位置参数赋值

在 shell 程序中可以利用 set 命令为位置参数赋值或重新赋值。例如：

```
set  m1.c  m2.c  m3.c
```

就把字符串 m1.c 赋给 $1，m2.c 赋给 $2，m3.c 赋给 $3。但 $0 不能用 set 命令赋值，它的值总是命令名。

【例 7.5】 用 set 设置位置参数值。

```
$ cat meng1.c
#include <stdio.h>
main()
{
    int r;
    printf("Enter an integer,please!\\n");
    scanf("%d",&r);
    square(r);
    return 0;
}
$ cat meng2.c
#include <stdio.h>
int square(int x)
{
    printf("The square = %d\\n",x*x);
    return (x*x);
}
$ cat exam4
#!/bin/bash
# exam4: shell script to combine files and count lines
# using command set to set positional parameters
set  meng1.c  meng2.c
cat  $1  $2  $3 | wc  -l
# end
$ exam4
16
$
```

在脚本文件 exam4 中，set 命令行上提供了两个实参，即 meng1.c 和 meng2.c。所以，在随后的 cat 命令行上 $1 和 $2 的值分别为 meng1.c 和 meng2.c，而 $3 的值是空串。cat 命令列出这两个文件的内容，通过管道线(|)传给命令 wc，由它统计出共有多少行。

7.2.4 预先定义的特殊变量

在 shell 中，预先定义了几个有特殊含义的 shell 变量，它们的值只能由 shell 根据实际情况进行赋值，而不能通过用户重新设置。下面给出这些特殊变量的表示形式及意义。

(1) $\#$——除脚本名外命令行上参数的个数。例如,输入如下命令行:

exam3　A　B　C　D

则此时$\#$的值为4。

(2) $?$——上一条前台命令执行后的返回值(也称"退出码")。它是一个十进制数。多数shell命令执行成功时,则返回值为0;如果执行失败,则返回非0值。

(3) $$——当前进程的进程号。每个进程都有唯一的进程号(即PID)。

(4) $!——上一个后台命令对应的进程号。

(5) $*——在命令行上实际给出的所有实参。如输入下面的命令行:

exam3　A　B　C　D　E　F　G　H　I　J　K

则$*就是:A　B　C　D　E　F　G　H　I　J　K

而"$*"就等价于"$1　$2　$3…",即"A　B　C　D　E　F　G　H　I　J　K"。

(6) $@——与$*基本功能相同,即表示在命令行中给出的所有实参。但"$@"与"$*"的不同在于,"$@"就等价于:"$1" "$2"…,在上面情况下,就是"A" "B" "C"…"K"。

7.2.5　环境变量

在用户注册过程(会话建立过程)中系统需要做的一件事就是建立用户环境。所有的Linux进程都有各自独立且不同于程序本身的环境。Linux环境(也称为shell环境)由许多变量及其值组成,它们决定了用户环境的外观。常用的环境变量有以下几种。

(1) HOME:用户主目录的全路径名。在一般情况下,如果用户注册名为myname,则HOME的值是/home/myname。

(2) LOGNAME:即用户注册名,由Linux自动设置。

(3) PWD:当前工作目录的路径。它指出目前在Linux文件系统中处在什么位置。它是由Linux自动设置的。可以通过下列命令获得当前路径:

echo　$PWD

或更简单地使用pwd命令。

(4) PATH:shell查找命令的路径(目录)列表,各个目录用冒号(:)隔开。其中,空目录表示当前目录。空目录名可以用两个并排的冒号,或者开头的冒号或者结尾的冒号表示。PATH的默认值与系统有关。

用户可以设置PATH。例如,要把当前目录加到PATH变量中,可以输入命令行:

$ PATH = $PATH:$PWD

(5) PS1:shell的主提示符。如前所述,你可以设置PS1的值,例如:

$ PS1 = " $LOGNAME > "

将主提示符改成"用户注册名"后面跟随一个">"和一个空格。

(6) SHELL:当前使用的shell。通常它的值是/bin/bash。

(7) TERM:终端类型。

(8) MAIL：系统信箱的路径。通常,若注册名为 pb,则 MAIL 的值是/var/spool/mail/pb。

环境变量一般都用大写字母表示。可以用 env 命令列出当前环境下的所有环境变量及其值,也可用 echo 命令查看任何一个环境变量的值,例如：

$ echo $HOME

当更改了环境变量的值以后,往往利用 export 命令将这些变量输出,使它们成为公用量。例如：

$ export   HOME   PATH   PS1

7.2.6 算术运算

1. let 命令

bash 中执行整数算术运算的命令是 let,其语法格式为：

let   arg …

其中,arg 是单独的算术表达式。这里的算术表达式使用 C 语言中表达式的语法、优先级和结合性。所有整型运算符都得到支持,此外还提供了方幂运算符"**"。

在算术表达式中可以直接使用 shell 变量,前面不要带"$"符号。算术表达式按长整数进行求值,并且不检查溢出。当然,用 0 作除数将产生错误。

let 命令的替代表示形式是：

((算术表达式))

例如,let "j=i*6+2"等价于((j=i*6+2))。

如果表达式的值是非 0,那么返回的状态值是 0；否则,返回的状态值是 1。

2. 运算符及其优先级和结合性

表 7.1 列出了在算术表达式中可用的运算符及其优先级和结合性。

表 7.1 bash 中的算术运算符

优 先 级	运 算 符	结 合 性	功 能
1	id++	←	变量id 后缀加
	id--	←	变量id 后缀减
2	++id	←	变量id 前缀加
	--id	←	变量id 前缀减
3	-	←	取表达式的负值
	+	←	取表达式的正值
4	!	←	逻辑非
	~	←	按位取反
5	**	→	方幂

续表

优先级	运算符	结合性	功　能
6	*	→	乘
	/	→	除
	%	→	取模
7	+	→	加
	-	→	减
8	<<	→	左移若干二进制位
	>>	→	右移若干二进制位
9	>	→	大于
	>=	→	大于或等于
	<	→	小于
	<=	→	小于或等于
10	==	→	相等
	!=	→	不相等
11	&	→	按位与
12	^	→	按位异或
13	|	→	按位或
14	&&	→	逻辑与
15	||	→	逻辑或
16	?:	←	条件计算
17	=	←	赋值
	+= -=	←	运算且赋值
	*= /=		
	%= &=		
	^= |=		
	>>= <<=		
18	,	→	从左到右顺序计算，如 expr1,expr2

表 7.1 中运算符优先级是由高到低排列的，即 1 级最高，18 级最低。同级运算符在同一个表达式中出现时，其执行顺序由结合性表示：→表示从左至右，←表示从右至左。

算术表达式中可以使用圆括号，用来改变运算符的操作顺序，即在运算时要先计算括号内的表达式。

当表达式中有 shell 的特殊字符时，必须用双引号将其括起来。例如，let "val=a|b"。如果不括起来，shell 会把命令行 let val=a|b 中的"|"看成管道，将其左右两边看成不同的命令，因而无法正确执行。

凡是用 let 命令的地方都可用((算术表达式))取代，但其中只能包含一个算术表达式，并且只有使用$((算术表达式))形式才能返回表达式的值。这种形式的算术扩展中，算术表达式就好像括在双引号中，并按相同方式予以处理。例如：

```
$ echo "((12*9))"
((12*9))
$ echo "$((12*9))"
```

当 let 命令计算表达式的值时,若最后结果不为 0,则 let 命令的返回值为 0(表示"真");否则,返回值为 1(表示"假")。这样,let 命令可用于 if 语句的条件测试。

【例 7.6】 用户输入 3 个表示电阻值的整数,然后计算并输出它们的串联值和并联值。

```
$ cat exam7
#!/bin/bash
echo "Input 3 integers."
read a b c
let "rs=a+b+c"
let "rp=(a*b*c)/(a*b+a*c+b*c)"
echo "The series value is $rs"
echo "The parallel value is $rp"
$ ./exam7
Input 3 integers.
15 20 30
The series value is 65
The parallel value is 6
```

注意,bash 中求值只是算术运算,不同于 C 语言中的浮点或双精度运算。

7.3 输入/输出及重定向命令

7.3.1 输入/输出命令

1. read 命令

可以利用 read 命令从键盘上读取数据,然后赋给指定的变量。

1) 一般格式

read [-u <u>fd</u>] [-n <u>nchars</u>] [name1 name2 …]

2) 说明

利用 read 命令可以交互式地为变量赋值。输入数据时,数据间以空格或制表符作为分隔符。如果没有选项,它就从标准输入上读取一行数据,并将其中各数据依次赋给变量 <u>name1</u>、<u>name2</u> 等。

如果变量个数与输入数据个数相同,则一一对应赋值。例如:

```
$ read x y z
Today is Monday
$ echo $z $x $y
Monday Today is
```

如果变量个数少于输入数据个数,则从左至右对应赋值,最后剩余的所有数据都赋予最后那个变量。例如:

```
$ read n1 n2 n3
First Second Third 1234 abcd(按 Enter 键)
$ echo $n3
Third 1234 abcd
$ echo $n2 $n1
Second First
```

如果变量个数多于输入数据个数,则依次对应赋值,而没有数据与之对应的变量取空串。例如:

```
$ read  n1  n2  n3
1  2(用户输入,然后按 Enter 键)
$ echo  $n3

$ echo  $n1  $n2
1  2
```

3) 常用选项

-u　　fd　　　　从文件描述字 fd 所指定的文件中输入数据。
-n　　nchars　　只读取 nchars 个字符后就返回,而不等待整行输入完。

4) 示例

【例 7.7】 判断给定的某一年是否是闰年。大家知道,如果某年号能被 4 整除而不能被 100 整除,或者能被 400 整除,那么它就是闰年;否则是平年。

```
$ cat  leapyear
#!/bin/bash
#determing if a year is a leap year
echo  "Input a year number"                            #提示输入一个年号
read  year                                             #读取输入的年号
let  "leap=year%4==0&&year%100!=0||year%400==0"        #计算给定年号是闰年吗
if [ $leap -eq 0 ]                                     #若 leap 等于 0,则不是闰年
then  echo  " $year is not a leap year. "              #输出不是闰年信息
else  echo  " $year is a leap year. "                  #否则,输出闰年信息
fi
$ leapyear
Input a year number
2008                                                   (用户输入一个年份)
2008 is a leap year.                                   (显示运行结果)
$ leapyear
Input a year number
2010                                                   (用户再输入一个年份)
2010 is not a leap year.                               (显示运行结果)
```

2. echo 命令

在前面的例子中已多次使用过 echo 命令,它显示其后的变量值或者直接显示它后面的字符串。各参数间以空格隔开,以换行符终止。如果数据间需要保留多个空格,则要用双引号把它们整个括起来,以便 shell 能正确解释它们。

1) 一般格式

echo [-neE] [arg …]

2) 选项

-n　　　　在参数被显示后,光标不换行。
-e　　　　后面的参数中可以有转义字符,用于输出控制或显示出无法显示的字符。

-E 使后面的转义字符失去作用,即使在系统中它们被默认解释。

可以使用的转义字符及其作用如下:

\a 响铃报警。

\b 退一个字符位置。

\c 它出现在参数的最后位置。在它之前的参数被显示后,光标不换行,新的输出信息接在该行的后面。例如:

```
$ echo -e "Enter the file name ->\c"
Enter the file name ->$
```

这种形式与带"-n"选项的命令行功能相同:

```
$ echo -n "Enter the file name ->"
Enter the file name ->$
```

\e 转义字符。

\f 换页。

\n 显示换行。

\r 回车。

\t 水平制表符。

\v 垂直制表符。

\\ 显示出反斜线本身。

\0 nnn 其中nnn 是 0～3 个八进制数字,它表示一个 8 位字符。

\nnn 其中nnn 是 1～3 个八进制数字,它表示一个 8 位字符。

\xHH 其中HH 是一个由 1 位或 2 位十六进制数字组成的数,它表示一个 8 位字符。

echo 命令是脚本执行时与用户交互的一种方式,可以给出提示信息,显示执行结果,报告执行状态等。

7.3.2 输入/输出重定向

执行 shell 命令时,系统通常会自动打开三个标准文件,即标准输入文件(stdin),通常对应终端键盘;标准输出文件(stdout)和标准出错输出文件(stderr),二者都对应终端屏幕。因而,用户可以利用键盘输入数据,在屏幕上显示计算结果及各种信息。此外,在 shell 中,这三个文件都可以通过重定向符进行重新定向。

1. 输入重定向符

输入重定向的一般形式是:

命令<文件名

输入重定向符"<"的作用是让命令(或可执行程序)从指定文件中取得输入数据。例如:

```
$ score < file1
```

其中 score 是一个可执行程序，file1 是存放 score 所需数据的文件。执行 score 时，直接从 file1 中读取相应数据，而不必交互式地从键盘上录入。

2. 输出重定向符

输出重定向的一般形式是：

命令>文件名

输出重定向符"＞"的作用是把命令（或可执行程序）执行的结果输出到指定的文件。这样，该命令的输出就不在屏幕上显示，而是写入指定文件中。例如：

```
$ who > abc
```

把命令 who 的执行结果输出到 abc 文件中。以后执行命令 cat abc，就可以看到 who 的输出信息。这样，命令的执行结果就可以长期保存下来。

应注意，输出重定向会冲掉文件的原有内容，只有最新内容保留在该文件中。另外，如果定向的目标文件并不存在，那么就建立一个新文件。

3. 输出附加定向符

输出附加定向的一般形式是：

命令>>文件名

输出附加定向符"＞＞"的作用是把命令（或可执行程序）的输出附加到指定文件的后面，而该文件原有内容不被破坏。例如：

```
$ date >> file2
```

把 date 的输出附加到文件 file2 的结尾处。以后利用 cat 命令就可看到文件 file2 的全部信息，包括原有内容和新添内容。

7.4 shell 特殊字符和命令语法

shell 语法中规定一些字符有特殊用法和含义，如通配符、引号、注释、操作顺序、成组命令等。在 2.4.1 节中介绍过，常用的通配符有三个，即：＊、?、[ ]。它们常用于模式匹配，如文件名匹配、路径名搜索、字符串查找等。

7.4.1 引号

在 shell 中引号分为三种：双引号、单引号和倒引号。

1. 双引号

由双引号括起来的字符（除 $、倒引号 ` 和转义字符\外）均作为普通字符对待，而这三个字符仍保留其特殊功能，即："$"表示取变量值；倒引号表示命令替换；而"\"是否作为转义字符还取决于其后的字符必须是下面 5 个字符之一，即 $、`、"、\ 或换行符。当"\"作为转义字符时,以上这 5 个字符就被当做普通字符对待。

【例 7.8】 双引号的作用。在双引号括起来的字符串中既有普通字符,也有特殊字符,如 $、*、\、? 等。利用 echo 命令显示它们的作用。

```
$ cat    exam9
echo   "current   directory   is `pwd`"          #倒引号表示命令替换
echo   "home   directory   is   $HOME"           #以 HOME 的值代替 $HOME
echo   "file*.?"                                 #其中的字符都作为普通字符出现
echo   "directory  '$HOME'"                      #单引号仍作为普通字符出现
$ exam9
current   directory   is   /home/mengqc/dir1
home   directory   is   /home/mengqc
file*.?
directory   '/home/mengqc'
```

如果\之后是上述 5 个字符之一(如 $),则\就是转义字符,把相应的特殊字符($)变成普通字符。例如:

```
echo "Filename is No\$*"
```

执行后显示:Filename is No$*。

如果想在字符串中使用反斜线本身,则必须采用(\\)的形式,其中第一个反斜线作为转义符,从而把第二个反斜线变为普通字符。

另外,未用引号括起来的反斜线和换行符组合(\换行符)作为续行符使用。如果把它们放在一行的行尾,那么这一行就和下面一行被视为同一行。可用于表示长的输入行。

2. 单引号

由单引号括起来的所有字符都作为普通字符出现。例如:

```
$ str='echo "directory is $HOME"'
$ echo $str
echo "directory is $HOME"
```

由于使用了单引号,就把字符串 echo "directory is $HOME" 整体赋给变量 str,其中命令名 echo 及 $HOME 都被视为普通字符,不作替换。

应注意,在单引号括起来的字符串中,反斜线也成为普通字符,失去转义符功能。

3. 倒引号

用倒引号括起来的字符串被 shell 解释为命令行,在执行时,shell 会先执行该命令行,并以执行结果取代用倒引号括起的部分。另外,可以将一个命令的执行结果赋给变量,即命令替换。它有两种形式:

一种是使用倒引号引用命令,其一般形式是:

变量名 = `命令表`

例如:

```
$ dir = `pwd`           将当前工作目录的全路径名存放到变量 dir 中
```

另一种形式是：

变量名 = $(命令表)

这样，上式的等价形式是：

```
$ dir = $(pwd)
```

又如：

```
$ users = `who | wc -l`
$ echo The number of users is $users
The number of users is 3
```

可以看出，进行命令置换时，倒引号中可以是单条命令，也可以是多个命令的组合，如管道线等。另外，倒引号还可以嵌套使用。但应注意，嵌套使用时内层的倒引号必须用反斜线 (\) 将其转义。例如：

```
$ Nuser = `echo The number of users is \`who | wc -l\``
$ echo $Nuser
The number of users is 3
```

如果内层倒引号不用其转义形式，而直接以原型出现在该字符串中，成为以下形式：

```
$ Nuser1 = `echo The number of users is `who | wc -l``
```

按 Enter 键后，将出现：

```
0
```

接着输入：

```
$ echo $Nuser1
```

显示一个空行。这表明它没有按我们想象的情况执行。

7.4.2 注释、管道线和后台命令

1. 注释

如例 7.2 所示，shell 程序中以 "#" 开头的正文行表示注释。与 C 语言中注释的功能相似，shell 程序中的注释用来说明程序的功能、结构、算法和变量的作用等，增加程序的可读性。在执行时，注释行将被忽略。

如果 shell 脚本中第一行是以 "#!" 开头，则 "#!" 后面所跟的字符串就是所使用 shell 的绝对路径名。例如，对于 bash 脚本，第一行通常是：

```
#!/bin/bash
```

这一行说明该脚本是用 Bourne Again shell 编写的，应该调用相应的解释程序予以执行。

2. 管道线

在 UNIX/Linux 系统中，管道线是由竖杠（|）隔开的若干个命令组成的序列。例如：

```
$ ls -l  $HOME | wc -l
```

执行时,前一个命令的输出正好是下一个命令的输入。就是说,ls -l ＄HOME 以长列表的格式输出用户主目录的内容,传给命令 wc -l,统计出它有多少行,并在屏幕上显示。例如,显示结果为 99,就表示用户主目录中有 99 个文件。

一个管道线中可以包括多条命令,例如:

```
$ ls | grep  m?.c | wc -l
```

显示出当前目录中文件名是以 m 打头、后随一个字符的所有 C 文件的数目。

3. 后台命令

通常,在主提示符之后输入的命令都会立即得到执行。在执行过程中,用户和系统可以发生交互——用户输入数据,系统进行处理,并输出执行结果。这种工作方式就是前台方式。但是,有些任务的执行可能要花费较长的时间,如对较大的 C 程序进行编译。如果想一边做编译一边做别的事情,那么就把编译 C 程序放在后台运行,可以输入命令:

```
$ gcc  m1.c  m2.c  -o  prog&
$
```

即在一条命令的最后输入"&"符号,告诉 shell 在后台启动该程序。于是,shell 会马上显示主提示符,提醒你可以输入新的命令。

利用前后台进程轮流在 CPU 上执行,可以提高工作效率,并且充分利用系统资源。通常规定,后台进程的调度优先级都低于前台进程的优先级。因此,只要有可运行的前台进程,就调度前台进程运行。仅当 CPU 空闲时,才调度后台进程运行。

7.4.3 命令执行操作符

多条命令可以在一行中出现。它们可以顺序执行,也可能在相邻命令间存在逻辑关系,即逻辑"与"和逻辑"或"。

1. 顺序执行

如上所述,每条命令或管道线可单独占一行,按其出现顺序依次执行。也可将这些命令在一行中输入,此时,各条命令之间应以分号(;)隔开,例如:

```
$ pwd ;  who | wc  -l;  cd  /home/bin
```

在执行时,以分号隔开的各条命令从左到右依次执行,即前面命令执行成功与否并不影响其后命令的执行。它与写成多行的形式是等价的。

2. 逻辑与

逻辑与操作符"&&"可把两个命令联系在一起,其一般形式如下:

命令 1 && 命令 2

其功能是:先执行命令 1,如果成功才执行命令 2;否则,不执行命令 2。例如:

```
$ cp  ex1  ex10 && rm  ex1
```

如果成功地把文件 ex1 复制到文件 ex10 中,则把 ex1 删除。

应该注意,命令执行成功时其返回值为 0;若执行不成功,则返回非 0 值。

用 && 可以把多个命令联系起来,形如:cmd1 && cmd2 && … && cmdn

在这种形式的命令序列中,每个命令都按顺序执行,一旦有一个命令执行失败,则后续命令不再执行。因此,后一个命令是否得以执行取决于前一个命令执行成功与否。

3. 逻辑或

逻辑或操作符"‖"可把两个命令联系起来,其一般形式是:

命令 1 ‖ 命令 2

其功能是:先执行命令 1,如果不成功,则执行命令 2;否则,不执行命令 2。例如:

```
$ cat  abc ‖ pwd
```

如果不能将文件 abc 的内容列出来,则显示当前工作目录的路径。

同样,利用 ‖ 也可把多个命令联系起来。

7.4.4 复合命令

上面介绍的命令行形式基本是单一命令形式。在 shell 中还可以将若干命令组合在一起,使其在逻辑上被视为一条命令,这就是复合命令。构成复合命令的方式有多种,如用花括号{ }或圆括号( )将多个命令括起来的组合体,算术表达式,条件表达式,以及 for、case、if 语句等。本节介绍使用{ }和( )组合命令的方式。

1. { } 形式

以花括号括起来的全部命令可视为语法上的一条命令,出现在管道的一边。成组命令的执行顺序是根据命令出现的先后次序,由左至右执行。在管道线中,成组命令把各命令的执行结果汇集在一起,形成一个输出流,这个流作为该管道线中下一个命令的输入。如在下面的示例中,花括号中的 echo 和 who 命令的执行结果一起经"管道"传给命令 pr。

```
$ { echo "User Report for `date`.";who; }|pr

2016-04-01 09:27                                    Page 1

User Report for 2016年 04月 01日 星期五 09:27:36 CST.
mengqc   :0            2016-04-01 07:53
```

使用花括号时在格式上应注意,左括号"{"后面应有一个空格;右括号"}"之前应有一个分号(;)。

花括号也可以包含若干单独占一行的命令,例如:

```
{ echo  "Report  of  users  for  `date`."
echo
echo "There  are  `who | wc -l`  users  logged  in."
```

```
echo
who | sort ; } | pr
```

可见,花括号中的命令表必须用分号或者换行符终止。

2. ( ) 形式

成组命令也可以用圆括号括起来。例如:

```
(echo "Current directory is 'pwd'."
cd /home/mengqc ; ls -l ;
cp m1 em1 && rm m1
cat em1) | pr
```

如上所示,在用圆括号括起成组命令时,左括号后不必有空格,右括号之前也无须加上分号。

这种形式的成组命令的执行过程与用花括号括起来的形式相同。但是,二者存在重要区别:用花括号括起来的成组命令只是在本 shell 内执行命令表,不产生新的进程;而用圆括号括起来的成组命令是在新的子 shell 内执行,要建立新的子进程。因此,在圆括号内的命令不会改变父 shell 的变量值及工作目录等。例如:

```
$ a = "current value" ; export a      (export 是导出命令,详见 7.2.5 节)
$ echo $a
current value
$ ( a = "new value-1" ; echo $a )
new value-1(子 shell 内部 a 的值)
$ echo $a
current value(与前者不同,这是外部 a 的值)
$ { a = "new value-2" ; echo $a ; }
new value-2(a 的新值)
$ echo $a
new value-2(同一进程,a 的值也相同)
$ pwd
/home/mengqc/dir1
$ (cd /bin ; pwd )(在子 shell 中将工作目录改为/bin)
/bin
$ pwd
/home/mengqc/dir1(仍是原来的目录,不受上面命令影响)
${ cd /bin ; pwd ; }
/bin
$ pwd
/bin(同一进程,前后关联)
```

7.5 程序控制结构

shell 具有一般高级程序设计语言所具有的控制结构和其他的复杂功能,如 if 语句、case 语句、循环结构、函数等。其实在 shell 中,这些控制结构也称为"命令"。考虑到程序设计的习惯,才把它们称为语句。

7.5.1 if 语句

在前面的示例中已经用过 if 语句,它经常用在条件控制结构中,其一般格式为:

```
if 测试条件
then 命令 1
else 命令 2
fi
```

其中,if、then、else 和 fi 是关键字。另外,if 和 fi 必须成对出现。其执行过程是,先执行"测试条件",如果测试结果为真,则执行 then 之后的"命令 1";否则,执行 else 之后的"命令 2"。例如:

```
if test -f "$1"
then echo "$1 is an ordinary file."
else echo "$1 is not an ordinary file."
fi
```

在本例中,先执行 test 命令,测试 $1 是否是一个已存在的普通文件。如果是,则显示"xxx($1 的值) is an ordinary file.";否则,显示"xxx($1 的值) is not an ordinary file."。

if 语句中,else 部分可以默认。例如:

```
if test -f "$1"
then echo "$1 is an ordinary file."
fi
```

首先测试 $1 是否是已存在的普通文件:若是,则显示相应信息;否则,就退出 if 语句。

if 语句的 else 部分还可以是 else-if 结构,例如:

```
if test -f "$1"
then pr $1
else if test -d "$1"
     then ( cd $1 ; pr * )
     else echo "$1 is neither a file nor a directory."
     fi
fi
```

由于前面有 2 个 if,所以最后要有 2 个 fi。其功能是:如果 $1 的值是普通文件名,那么就打印该文件内容;如果是目录名,则把它作为工作目录,并打印其下属的所有文件;否则,显示出错信息。

其实,在这种结构中 else if 可以用关键字 elif 代替,并且省略最后一个 fi。如:

```
if test -f "$1"
then pr $1
elif test -d "$1"
then ( cd $1 ; pr * )
else echo "$1 is neither a file nor a directory."
fi
```

通常,if 的测试部分是利用 test 命令实现的。其实,条件测试可以利用一般命令执行成功与否来做判断。如果命令正常结束,则表示执行成功,其返回值为 0,条件测试为真;如果命令执行不成功,其返回值不等于 0,条件测试就为假。所以 if 语句的更一般形式是:

```
if 命令表 1
then 命令表 2
else 命令表 3
fi
```

其中,各命令表可以由一条或者多条命令组成。如果"命令表 1"是由多条命令组成,那么,测试条件是以其中最后一条命令是否执行成功为准。

7.5.2 条件测试

条件测试有以下三种常用形式。

(1) 用 test 命令,如上所示。

(2) 用一对方括号将测试条件括起来。这两种形式是完全等价的。例如,测试参数 $1 是否已存在的普通文件,可写为:test -f " $ 1 "。也完全可写成:[-f " $ 1 "]。在格式上应注意,最好用双引号将变量括起来。另外,在"["之后、"]"之前各应有一个空格。

(3) 是用[[条件表达式]]的形式。其中,条件表达式的形式与前面二者类似。

test 命令可以和多种运算符一起使用。这些运算符可以分为四类:文件测试运算符、字符串测试运算符、数值测试运算符和逻辑运算符。

1. 有关文件方面的测试

有关文件测试运算符的形式及其功能见表 7.2。

表 7.2 文件测试运算符的形式及其功能

参数		功能
-r	文件名	若文件存在并且是用户可读的,则测试条件为真
-w	文件名	若文件存在并且是用户可写的,则测试条件为真
-x	文件名	若文件存在并且是用户可执行的,则测试条件为真
-f	文件名	若文件存在并且是普通文件,则测试条件为真
-d	文件名	若文件存在并且是目录文件,则测试条件为真
-p	文件名	若文件存在并且是命名的 FIFO 文件,则测试条件为真
-b	文件名	若文件存在并且是块特殊文件,则测试条件为真
-c	文件名	若文件存在并且是字符特殊文件,则测试条件为真
-s	文件名	若文件存在并且文件的长度大于 0,则测试条件为真
-t	文件描述字	若文件被打开且其文件描述字是与终端设备相关的,则测试条件为真。默认的"文件描述字"是 1

2. 有关字符串方面的测试

表 7.3 列出了有关字符串运算符的形式及其功能。

表 7.3　字符串运算符的形式及其功能

参　数	功　　能
-z　s1	如果字符串 s1 的长度为 0,则测试条件为真
-n　s1	如果字符串 s1 的长度大于 0,则测试条件为真
s1	如果字符串 s1 不是空字符串,则测试条件为真
s1　=　s2	如果 s1 等于 s2,则测试条件为真。"="也可以用"=="代替。在"="前后应有空格
s1　!=　s2	如果 s1 不等于 s2,则测试条件为真
s1 < s2	如果按字典顺序 s1 在 s2 之前,则测试条件为真
s1 > s2	如果按字典顺序 s1 在 s2 之后,则测试条件为真

3. 有关数值方面的测试

表 7.4 列出了有关数值测试运算符的形式及其功能。

表 7.4　数值测试运算符的形式及其功能

参　数	功　　能
n1　-eq　n2	如果整数 n1 等于 n2,则测试条件为真
n1　-ne　n2	如果整数 n1 不等于 n2,则测试条件为真
n1　-lt　n2	如果 n1 小于 n2,则测试条件为真
n1　-le　n2	如果 n1 小于或等于 n2,则测试条件为真
n1　-gt　n2	如果 n1 大于 n2,则测试条件为真
n1　-ge　n2	如果 n1 大于或等于 n2,则测试条件为真

4. 逻辑运算符

利用逻辑运算符可以把几个测试条件组合起来,形成复合测试。逻辑运算符有三个。

! 表示逻辑非(NOT)。例如[! -r " $ 1"]或! test -r " $ 1",表示当位置参数 1 不是可读文件时才为"真"。

-a 表示逻辑与(AND)。例如[-f " $ myfile" -a -r " $ myfile"],表示当 myfile 的值是可读的普通文件时才为"真"。

-o 表示逻辑或(OR)。例如[" $ a" -ge 0 -o " $ b" -le 100],表示当 a 的值大于等于 0 或者 b 的值小于等于 100 时,条件都为"真"。

【例 7.9】 这个程序用来展示测试语句应用。

```
$ cat exam10
echo -n 'key in a number (1-10) : '      #提示输入 1～10 之间的一个数字,光标不换行
read a                                    #读取输入的数字
if [ "$a" -lt 1 -o "$a" -gt 10 ]          #如果该数小于 1 或者大于 10
then  echo  "Error Number."               #显示输入数字有错
    exit 2                                #退出,返回码为 2
elif [ ! "$a" -lt 5 ]                     #否则,若该数不小于 5
then  echo  "It's not less 5."            #显示不小于 5 的信息
else  echo  "It's less 5."                #否则,显示该数小于 5
fi                                        #结束 if 语句
```

```
        echo "accept key in value."        ＃显示接受了输入的值
```

7.5.3　while 语句

shell 中有三种用于循环的语句，即 while 语句、for 语句和 until 语句。
while 语句的一般形式是：

while 测试条件
do
　命令表
done

其执行过程是：先进行条件测试，如果结果为真，则进入循环体（do-done 之间部分），执行其中的命令，然后再做条件测试……直至测试条件为假时，才终止 while 语句的执行。例如：

```
while [ $1 ]
do
    if [ -f $1 ]
    then echo "display: $1 "
        cat $1
    else echo " $1 is not a file name."
    fi
    shift
done
```

其功能为：循环测试各位置参数是否为空；若不空，则当它为普通文件时，显示其内容；否则，显示它不是文件名的信息。每次循环只处理位置参数 $1，所以要利用 shift 命令把后续位置参数左移。

"测试条件"部分除使用 test 命令或等价的方括号外，还可以是一组命令。根据其最后一个命令的退出值决定是否进入循环体执行。

【例 7.10】　编写一个脚本，求费波纳奇（Fibonacci）数列的前 10 项及总和。
费波纳奇数列的形式为 1,1,2,3,5,8,…，其通项递推公式为：
$$u_n = u_{n-1} + u_{n-2}$$
其中 n 表示项数（$n \geqslant 3$），即从第 3 项起，每一项都是前面两项之和。

```
$ cat exam11
#!/bin/bash                    ＃说明本脚本是用 bash 编写的
a=1                            ＃变量 a 存放奇数项的值，初值为 1
b=1                            ＃变量 b 存放偶数项的值，初值为 1
echo -n -e " $a\t $b"          ＃显示 a 和 b 的值，中间用制表符空开．光标不换行
let "n = a + b"                ＃变量 n 存放 a 与 b 之和
count=4                        ＃变量 count 表示循环次数，初值为 4．为什么
while [ $count -gt 0 ]         ＃当 count 值大于 0 时，则进入循环体
do                             ＃下面是循环体
   let "a = a + b"             ＃计算前一项的值
   let "b = b + a"             ＃计算后续项的值
   echo -n -e "\t $a\t $b"     ＃显示刚计算出的这两项的值
```

```
        let "n + = a + b"              #计算总和
        let "count = count – 1"        #循环次数减 1
done                                    #循环体结束
echo                                    #输出空行
echo "The sum is $n"                    #显示总和
 $ exam11
1  1  2  3  5  8  13  21  34  55
The sum is 143
```

7.5.4　until 语句

until 语句的一般形式是：

```
until   测试条件
do
   命令表
done
```

它与 while 语句很相似，只是测试条件不同，即当测试条件为假时，才进入循环体，直至测试条件为真时终止循环。例如：

```
until [" $2" = " "]
do
     cp $1 $2
     shift 2
done
if[" $1" ! = " "]
then echo "bad argument！"
fi
```

表示如果第二个位置参数不为空，就将文件 1 复制给文件 2，然后将位置参数左移两个位置。接着重复上面过程，直至没有第二个位置参数为止。退出 until 循环后，测试第一个位置参数，如果不为空，则显示参数不对。

7.5.5　for 语句

for 语句是最常用的建立循环结构的语句。其使用方式主要有两种：一种是值表方式，另一种是算术表达式方式。

1．值表方式

其一般格式是：

```
for 变量 [ in 值表 ]
do
     命令表
done
```

其中，用方括号括起来的部分表示可选。例如：

```
for day in Monday Wednesday Friday Sunday
do
    echo $day
done
```

其执行过程是：循环变量 day 依次取值表中各字符串，即第一次将 Monday 赋给 day，然后进入循环体，执行其中的命令——显示出 Monday。第二次将 Wednesday 赋给 day，然后执行循环体中的命令，显示出 Wednesday。依次处理，当 day 把值表中各字符串都取过一次之后，下面 day 的值就变为空串，从而结束 for 循环。因此，值表中字符串的个数就决定了 for 循环执行的次数。在格式上，值表中各字符串之间以空格隔开。

值表可以是文件正则表达式，即含有通配符的文件名匹配模式。其一般格式为：

```
for 变量 in 文件正则表达式
do
    命令表
done
```

其执行过程是：变量的值依次取当前目录下（或给定目录下）与正则表达式相匹配的文件名，每取值一次，就进入循环体执行命令表，直至所有匹配的文件名取完为止，退出 for 循环。这样可对符合某种约束条件的所有文件都进行相应处理。例如：

```
for file in m*.c
do
    cat $file | pr
done
```

该语句将当前目录下所有以 m 打头的 C 程序文件都按分页格式显示出来。

值表还可以是全体位置参数，此时 for 语句的书写格式一般是：

```
for 变量 in $*              或者        for 变量
do                                      do
    命令表                                  命令表
done                                    done
```

在右边的格式中，省略了关键字 in 和位置参数 $*，但这两种形式是等价的。其执行过程是，变量依次取位置参数的值，然后执行循环体中的命令表，直至所有位置参数取完为止。

【例 7.11】 for 语句的使用：显示给定目录下指定文件的内容。

```
# display files under a given directory
#  $1 - the name of the directory
#  $2 - the name of files
dir=$1 ; shift                          # 第 1 个位置参数的值赋给 dir，然后移一位
if [ -d $dir ]                          # 如果 dir 的值是目录
then                                    # 则：
    cd $dir                             # 将工作目录改为 dir 表示的目录
    for name                            # 循环. name 依次取位置参数的值
    do                                  # 下面是循环体
        if [ -f $name ]                 # 如果该值是已存在的普通文件
```

```
          then cat $name                           #则显示该文件的内容
               echo "End of ${dir}/$name "        #显示相应文件结束
          else
               echo "Invalid file name : ${dir}/$name "   #否则,显示是非法文件名
          fi                                       #内层 if 语句结束
     done                                          #循环体结束
else
     echo "Bad directory name : $dir "             #否则(对应外层 if),显示不是合法目录名
fi                                                 #外层 if 语句结束
```

执行这个 shell 脚本时,如果第一个位置参数是合法的目录,那么就把后面给出的各个位置参数所对应的文件显示出来;若给出的文件名不正确,则显示出错信息。如果第一个位置参数不是合法的目录,则显示目录名不合法。

2. 算术表达式方式

其一般格式是:

```
for  ((e1;e2;e3))
do
     命令表
done
```

其中,e1、e2、e3 是算术表达式。它的执行过程与 C 语言中 for 语句相似,即:① 先按算术运算规则计算表达式 e1;② 接着计算 e2,如果 e2 值不为 0,则执行命令表中的命令,并且计算 e3;然后重复②,直至 e2 为 0,退出循环。

可以缺少 e1、e2、e3 中的任何一个,但彼此间的分号不能缺少。在此情况下,缺少的表达式的值就默认为 1。

整个 for 语句的返回值是命令表中最后一条命令执行后的返回值。如果任一算术表达式非法,那么该语句失败。

【例 7.12】 打印给定行数的 * 号。第一行打印 1 个,第二行打印 2 个,等等。行数由用户在命令行上输入。脚本如下:

```
$ cat exam13
#!/bin/bash
for ((i=1;i<=$1;i++))
do
    for ((j=1;j<=i;j++))
    do
        echo -n " * "
    done
    echo ""
done
echo "end! "
$ exam13 5
```

```
    *
   * *
  * * *
 * * * *
* * * * *
```
end!

7.5.6 case 语句

case 语句允许进行多重条件选择。其一般语法形式是：

```
case 字符串 in
模式字符串1)命令
          …
          命令;;
模式字符串2)命令
          …
          命令;;
  …
模式字符串n)命令
          …
          命令;;
esac
```

其执行过程是：用"字符串"的值依次与各模式字符串进行比较，如果发现同某一个匹配，那么就执行该模式字符串之后的各个命令，直至遇到两个分号为止。如果没有任何模式字符串与该字符串的值相符合，则不执行任何命令。

【例 7.13】 下面的程序展示 case 语句的使用。前面 4 句是提示信息：请你选择 1～3 之间的一个数，1 表示显示当前工作目录和日期，2 表示将当前目录改到主目录并予以显示，3 表示列出当前目录的内容和所处位置。然后，接收用户输入的值，利用 case 语句进行相应处理。

```
$ cat case-exam
echo "Please choise either 1,2 or 3"
echo "[1] print the current working directory"
echo "[2] change the current directory to HOME"
echo "[3] list the contents of the current directory"
read response
case $response in
1)pwd
  date;;
2)cd $HOME
  pwd;;
3)ls .
  echo "The current directory is `pwd`";;
esac
$ ./case-exam
Please choise either 1,2 or 3
[1] print the current working directory
[2] change the current directory to HOME
[3] list the contents of the current directory
1
/home/mengqc/dir1
2016年 04月 01日 星期五 09:50:18 CST
$ ./case-exam
Please choise either 1,2 or 3
[1] print the current working directory
[2] change the current directory to HOME
[3] list the contents of the current directory
2
/home/mengqc
$
```

在使用 case 语句时应注意以下几点。

（1）每个模式字符串后面可有一条或多条命令，其最后一条命令必须以两个分号（即;;）结束。

（2）模式字符串中可以使用通配符，如 file*、-[csq] 等。

（3）如果一个模式字符串中包含多个模式，那么各模式之间应以竖线（|）隔开，表示各模式是"或"的关系，如 time|date、dir|path 等。只要给定字符串与其中一个模式相匹配，就会执行其后的命令表。

（4）各模式字符串应是唯一的，不应重复出现。并且要合理安排它们的出现顺序。例如，不应将"*"作为头一个模式字符串，因为"*"可以与任何字符串匹配，它若第一个出现，就不会再检查其他模式了。

（5）case 语句以关键字 case 开头，以关键字 esac(是 case 倒过来写!)结束。

（6）case 的退出（返回）值是整个结构中最后执行的那个命令的退出值。若没有执行任何命令，则退出值为 0。

7.5.7 break、continue 和 exit 命令

1. break 命令

利用 break 命令可以从包含它的那个循环体中退出。其语法格式是：

break [n]

其中，n 表示要跳出几层循环。默认值是 1，表示只跳出一层循环。如果 n 为 2，则表示一次跳出 2 层循环。

【例 7.14】 中国古代数学家张丘建提出的"百鸡问题"：一只大公鸡值五个钱，一只母鸡值三个钱，三只小鸡值一个钱。现有一百个钱，要买一百只鸡，要求三种鸡都有。是否可以？只需要给出一个符合要求的解。

```
$ cat exam15
#!/bin/bash
for((x=0;x<=20;++x))
do
        for((y=0;y<34;++y))
        do
                ((z=100-x-y))
                ((v=(z%3==0)&&(5*x+3*y+z/3==100)))
                if ((v&&(x&&y&&z)))
                then
                        echo "cock=$x***hen=$y***chicken=$z"
                        echo "This is one of solutions."
                        break 2
                fi
        done
done
exit
$ ./exam15
cock=4***hen=18***chicken=78
This is one of solutions.
```

2. continue 命令

continue 命令跳过循环体中在它之后的语句，回到本层循环的开头，进行下一次循环。其语法格式是：

```
continue [ n ]
```

其中,n 表示从包含 continue 语句的最内层循环体向外跳到第几层循环。默认值为 1。循环层数是由内向外编号。

3. exit 命令

利用 exit 命令可以立即退出正在执行的 shell 脚本。其语法格式是：

```
exit [ n ]
```

其中,n 是设定的退出值(退出状态)。如果缺少 n,则退出值设为最后一个命令的执行状态。

7.6 shell 函数和内置命令

7.6.1 shell 函数

在 shell 脚本中可以定义并使用函数。其定义格式为：

```
[function] 函数名( )
{
    命令表
}
```

其中,关键字 function 可以默认。例如：

```
showfile( )
{
    if [ -d "$1" ]
    then cd "$1"
         cat m*.c | pr
    else echo "$1 is not a directory."
    fi
    echo "End of the function."
}
```

函数应先定义,后使用。所以,在 shell 脚本中,函数定义一般放在开头位置。调用函数时,直接用函数名,不带圆括号。shell 脚本与函数间的参数传递可利用位置参数和变量直接传递。变量的值可以由 shell 脚本传递给被调用的函数,而函数中所用的位置参数 $1、$2 等对应于函数调用语句中的实参。例如,

```
showfile  /home/mengqc
```

其中实参 /home/mengqc 就是函数 showfile 中 $1 的值。

【例 7.15】 展示函数的使用。首先定义一个函数 f-echo,它由 4 个 echo 语句组成,分别显示不同的信息;之后,对三个变量 a、b、c 分别赋值;然后,调用函数 f-echo,并提供四个参数;最后,显示出当天日期。

```
$ cat f-echo
#f-echo is a function name
#it echos the values of variables and arguments

function f-echo()
{
        echo "Let's begin now!"
        echo $a $b $c
        echo $1 $2 $3 $4
        echo "The end."
}

a="Working directory"
b="is"
c=$(pwd)

f-echo one world,one dream
echo "Today is `date`"
$ ./f-echo
Let's begin now!
Working directory is /home/mengqc/dir1
one world,one dream
The end.
Today is 2016年 04月 01日 星期五 10:04:15 CST
$
```

shell 中的函数把若干命令集合在一起，通过一个函数名加以调用。如果需要，还可被多次调用。执行函数并不创建新的进程，而是通过 shell 进程执行。

通常，函数中的最后一个命令执行之后，就退出被调函数。也可利用 return 命令立即退出函数，其语法格式是：

return [n]

其中，n 值是退出函数时的退出值（退出状态），即 $? 的值。当 n 值默认时，则退出值是最后一个命令执行后的退回值。

7.6.2　shell 内置命令

前面讲过，对于操作系统来说，最重要的系统程序就是命令解释程序。它的基本功能是接收用户输入的命令，然后予以解释并且执行。在 UNIX/Linux 系统中，通常将命令解释程序称做 shell（外壳）。shell 是终端用户与操作系统之间的一种界面。实现命令的常见方式有外置方式和内置方式两种。

（1）外置方式。系统的大多数命令都采用这种方式实现，即每条外置命令都对应专门的系统程序，通常以可执行文件的形式存放在盘上。在这种情况下，命令解释程序并不知道该命令怎么做。当终端进程接收一条命令后，就分析该命令是否正确。如果正确，利用系统调用创建一个子进程；当调度该子进程运行时，由子进程执行系统调用，把对应的可执行文件装入内存，然后执行。

外置命令是通过创建子进程，并在子进程的空间中执行的。所以，外置命令条数的增加不会使命令解释程序变得很大，而且也有利于用户动态扩充命令。

（2）内置方式。内置方式的命令解释程序本身就包含执行该命令的代码。如在 UNIX/Linux 系统中，有很多 shell 命令是内置命令，如 cd、pwd、echo 等。在每台激活的终端上，系统建立一个终端进程（如 sh），负责执行命令解释程序。内置命令在终端进程的地址空间内执行，并不创建新进程，即终端进程在接收到某个内置命令后，就跳转到自己的相应代码区,在那里设置参数并且执行相应的系统调用。

由于内置命令的代码包含在命令解释程序之中,所以,内置命令的条数不能很多。

前面介绍过的命令中,有些就是内置命令,包括:break [n],continue [n],cd,echo, exit [n],export,kill,let,pwd,read,return [n],shift [n],test,umask,wait 等。下面再简要介绍另外一些内置命令。

1. eval 命令

eval 命令的格式是:

eval [arg …]

它读取参数arg——通常是另外的命令行,进行相应的变量替换或命令替换,并把替换结果连成一个新的命令行,然后加以执行。

例如:

```
$ PIPE = "|"
$ eval date $PIPE wc - c
29
```

执行该命令时,先进行变量替换,将 $PIPE 换成"|",然后再执行 eval 后面的命令,从而得到上述结果。如果取消 eval,则会显示命令行有错。

2. exec 命令

exec 命令的常用格式是:

exec [命令 [args]]

如果指定了命令,它就取代本 shell 执行,并不创建新进程。后面的参数args 就是该命令的参数。在这个命令行中,允许有输入/输出重定向参数。

3. readonly 命令

readonly 命令的常用格式是:

readonly [name …]

它标记给定的name(变量名)是只读的,以后不能通过赋值语句改变其值。如果没有给出参数,则列出所有只读变量的清单。

4. type 命令

type 命令的常用格式是:

type name [name …]

其功能是,对于每一个name,如果作为命令名,它是一个什么命令。例如:

```
$ type cd echo who
cd is a shell builtin(表明是 shell 内部命令)
```

```
echo is a shell builtin
who is /usr/bin/who(who 命令的搜索路径)
```

7.7 shell 脚本调试

编写 shell 脚本通常应从小的脚本开始，逐步过渡到中等长度的程序，不断积累经验，以便实现编写大型程序。为此，通常采用自底向上的方法，即：先搞清楚要脚本做什么，然后将过程的连续阶段分解为独立的步骤，最后利用 shell 提示符，交互式地检查和调试每个独立的步骤。

shell 脚本编写完之后，可能无法工作，除脚本文件缺少"执行"权限外，其原因有两种可能：执行脚本的环境设置不对和脚本本身有错误。

7.7.1 解决环境设置问题

环境设置不对是指运行脚本的环境不是为这种脚本设置的，所以脚本无法运行。通常包括以下情况。

（1）不能直接在其他 shell 下运行 bash 脚本，如当前启动的是 C shell，就无法直接执行 bash 脚本。解决的办法是在脚本的第一行写上"♯！/bin/bash"，以使系统在 Bourne Again shell 下运行脚本。

（2）在 PATH 环境变量中没有包括"."（当前工作目录）。注意，PATH 可以识别不带后继字符的冒号，或是相邻的两个冒号，它们都作为"."的同义词。解决办法是对 PATH 进行设置：PATH＝＄PATH:.。

（3）脚本文件与已存在命令的名字相同。在为脚本命名之前应查看一下，系统中是否已经使用该名字。

7.7.2 解决脚本错误

编写的脚本本身会出现许多类型的错误，基本的错误类型有两种：语法错误和逻辑错误。语法错误是编写程序时违反了所用编程语言的规则而造成的。它是在写脚本时最容易犯的错误，也是最容易修改的一类错误。这类错误包括：格式不对，丢失和错放了命令分隔符，单词拼错，括号、引号不成对等。当出现语法错误时，bash 就不能解释代码，并且显示出错信息，表明脚本出了什么错误，以及其大约存在于哪一行。根据这些提示，可以编辑程序代码，排除其中的错误。

逻辑错误非常多且难以预料，通常是由于程序的逻辑关系存在问题，如本该用小于等于运算符却使用了小于运算符。对此类问题需要进行程序调试。程序员在调试程序上花的时间往往比首次写出代码花的时间还多。一个很有用的技巧是使用 set 命令打开-x 选项，或者在启动 shell 时使用-x 选项将 shell 设置成跟踪模式。

【例 7.16】 下面是实现一个整数相加的程序及在跟踪模式下运行的情况。

```
$ cat exam17
#!/bin/bash
#exam17--a program to sum a series of integers.

if [ $# -eq 0 ]
then
        echo "Usage:exam17 integer1 integer2 ..."
        exit 1
fi
sum=0
until [ $# -eq 0 ]
do
        ((sum +=$1))
        shift

done
echo $sum
$ bash -x exam17 2 3 4
+ '[' 3 -eq 0 ']'
+ sum=0
+ '[' 3 -eq 0 ']'
+ (( sum +=2 ))
+ shift
+ '[' 2 -eq 0 ']'
+ (( sum +=3 ))
+ shift
+ '[' 1 -eq 0 ']'
+ (( sum +=4 ))
+ shift
+ '[' 0 -eq 0 ']'
+ echo 9
9
```

另一个有用的技巧是在程序中经常使用 echo 或 print 命令，以显示脚本当前执行到什么地方。例如在改变变量值的前后打印它，在关键点显示信息以说明正在进行何种类型的操作，等等。如有必要，可将输出传送到一个记录文件中，以便对程序的行为进行仔细分析。

此外，在两次测试之间对脚本的修改最好不要多于一处，这样有利于查错改错。

思考题

1. 常用的 shell 有哪几种？Linux 系统中默认的 shell 是什么？
2. shell 的主要特点是什么？
3. 执行 shell 脚本的方式主要是什么？
4. 将主提示符改为你的主目录名，并予以输出。
5. 说明三种引号的作用有什么区别。
6. 利用变量赋值方式，将字符串 DOS file c:>\ $student\ * 显示出来。
7. 显示环境变量的设置情况，说明各自的意义。
8. 某班有 30 名同学。求出该班"Linux 系统"课程考试的平均分。采用数组初始化方式接收同学的成绩。
9. 分析下列 shell 脚本的功能：

```
count = $#
```

```
cmd = echo
while [ $count  - gt  0 ]
do
    cmd = " $cmd   \ $$count "
    ((count =  count - 1))
done
eval   $cmd
```

10. 编写一个 shell 脚本,它把第二个位置参数及其以后的各个参数指定的文件复制到第一个位置参数指定的目录中。

11. 编写一个 shell 脚本,显示当天日期,查找给定的某用户是否在系统中工作。如果在系统中,就发一个问候给他(她)。

12. 屏幕显示给定目录下的某些文件,由第一个参数指出文件所在的目录,其余参数是要显示的文件名。

13. 利用 for 循环将当前目录下的 .c 文件移到指定的目录下,并按文件大小排序,显示移动后指定目录的内容。

14. 编写一个脚本,利用数组形式求费波纳奇数列的前 20 项及总和。

15. 下面程序是解决例 7.14"百鸡问题"的一个脚本。运行后发现结果不对。使用-x 选项调试该程序(请不要对照例 7.14 的程序)。

```
#!/bin/bash
for((x=0;x<=20;++x))
do
        for((y=0;y<34;++y))
        do
                ((z=100-x-y))
                ((v=(z%3==0)&&(5*x+3*y+z/3==100)))
                if ((v&&(x&&y&&z)))
                then
                        echo "cock=$x***hen=$y***chicken=$z"
                        echo "This is one of solutions."
                        break
                fi
        done
        break
done
exit
```

第8章 安装Linux系统

要想使用 Linux 系统,首先要在计算机上安装好 Linux 系统。安装系统的工作可以由系统管理员完成,但是对个人用户来说,自己动手安装系统更有兴趣和意义。

系统安装方式分为图形安装方式和文本安装方式两种,其中图形安装方式最简单。Red Flag Linux Desktop 6.0 SP2(红旗 Linux 桌面版 6.0 SP2)的图形化安装界面采用全中文交互方式,具有友好的安装界面、简捷的安装配置步骤和个性化的安装风格,整个安装过程清晰明了。建议用户使用这种安装方式。

本章以红旗 Linux 桌面版 6.0 SP2 为例,介绍系统基本硬件需求、安装准备、多操作系统共存时磁盘分区划分、系统安装,以及登录/退出系统的过程。

8.1 基本硬件要求

在安装 Linux 之前,要保证系统至少满足所需的最小配置。不同的 Linux 版本所需的最小硬件配置是不同的。因此,在安装 Linux 系统之前应核清楚所用计算机的硬件配置是否满足基本需求。

红旗 Linux 桌面版 6.0 SP2 对系统的基本需求是:

(1) Intel Pentium 兼容 CPU,建议使用 P Ⅱ 以上的 CPU。
(2) 内存须为 256MB 以上,推荐使用 512MB 以上内存。
(3) 最少 3GB 自由空间,建议使用 6GB 以上的空间。
(4) 配置 CD-ROM 驱动器,最好是可以直接引导系统。
(5) 装有 VGA 兼容或者更高分辨率的显卡。
(6) 配有键盘、鼠标等。

8.2 安装前准备工作

在安装 Linux 系统之前,首先应该将计算机硬件安装好,根据硬件安装说明把各个连线接好,然后还需要进行一系列准备工作。比较重要的准备工作有:备份数据、硬件检查、准备硬盘分区等。可以根据系统的具体情况有选择地执行其中特定的步骤。

Linux 可以单独占用整个硬盘,也可以和 Windows XP、Windows 7 等操作系统共用一块硬盘。如果只想在计算机中安装 Linux 这一个操作系统,那么整个硬盘就全部用于

Linux,安装前的准备工作就很简单,只需做硬件检查。如果想使计算机中有多个操作系统共存,那么又分为两种情况:

① 如果在硬盘中还没有安装任何其他操作系统,则建议首先为各个操作系统分配适当的分区(尤其要记着为红旗 Linux 预留分区),然后安装 Windows XP 或 Windows7 等操作系统,之后再为安装红旗 Linux 进行准备工作(但不必准备硬盘分区)。

② 如果计算机上已经安装了 Windows XP 或 Windows 7 等操作系统,而且没有为 Linux 预留分区,则建议严格按照下面步骤进行准备工作。

1. 备份数据

在安装红旗 Linux 之前,最好将硬盘中的重要数据备份到其他硬盘、光盘或 U 盘上,从而避免在安装过程中发生意外时所造成的损失。通常要做备份的内容包括系统分区表、系统中的重要文件和数据等。

2. 收集硬件信息

为了使安装工作顺利进行,减少查证有关参数的等待时间,在正式安装红旗 Linux 之前,应该尽可能地收集所用计算机的硬件信息,包括硬盘信息、内存大小、网络配置信息及显示设备等信息。这些硬件设备信息可以从硬件设备手册或设备诊断工具中获取。

3. 准备 Linux 分区

由于红旗 Linux 有自己的文件系统(Linux/ext2/ext3),要单独占用自己的分区,所以,必须在硬盘上为红旗 Linux 保留一些空闲分区。

一块硬盘可以被划分为多个分区,分区之间是相互独立的,访问不同的分区就像访问不同的硬盘。硬盘分区有三种类型:主分区(primary partition)、扩展分区(extended partition)和逻辑分区(logical partition)。

如果只有一个硬盘,那么这个硬盘上肯定有一个主分区。以前 DOS 必须在主分区才能启动。建立主分区的主要用途是安装操作系统,另外如果有多个主分区,那么只有一个可以设置为活动分区(active),操作系统就是从这个分区启动的。

一个硬盘最多只能有四个主分区,为了克服这种限制,就设立了扩展(extended)分区。但是需要注意,扩展分区不能直接用来保存数据,其主要功能是在其中建立若干逻辑分区(事实上只能建立 20 多个)。逻辑分区并不是独立的分区,它是建立在扩展分区中的二级分区,而且在 DOS/Windows 下,这样的一个逻辑分区对应于一个逻辑驱动器(Logical Driver),我们平时说的 D 盘、E 盘等,一般指的就是这种逻辑驱动器。

一个硬盘最多只能划分为 4 个主分区,或者是 3 个主分区加上一个扩展分区,在扩展分区上可以划分出多个逻辑分区。红旗 Linux 既可以安装在主分区上,也可以安装在逻辑分区上。

为 Linux 分配的硬盘空间应足够大,不仅能满足安装 Linux 基本系统的需要,还要考虑到基本系统安装完成后安装一些软件工具包和开发包所需的空间。

请注意,Linux 分区工具在文件系统类型中没有提供扩展分区类型,即用户不能根据需要手工创建扩展分区。安装程序默认在创建三个主分区后,自动将所有剩余空间创建为扩展分区,按逻辑分区的结构建立新分区。因此用户在安装过程中无须考虑主分区、扩展分区和逻辑分区的问题。

如果在硬盘上已经给 Linux 预留了空闲分区,就可以跳过这一步;如果已经把整个硬盘空间都分给了 Windows XP 或 Windows7 等系统,那么就必须重新划分硬盘空间,为 Linux 创建分区。可以使用分区魔术师 PowerQuest PartitionMagic(简称 PQMagic)、FIPS(First Interactive Partition Splitter,它是红旗 Linux 光盘自带的)等分区工具在保留数据的同时安全地改变分区的大小,可以将一个 DOS/Windows 分区分成两个部分:一部分是 DOS/Windows 文件系统分区,另一部分是空闲分区,它是可以用于安装新操作系统的分区。

8.3 多系统共存时分区的划分

PQMagic 是一个磁盘分区工具,可以从网上下载。它可以在不损坏磁盘数据的情况下,任意改变硬盘的分区及各分区的文件系统。利用 PQMagic 划分分区的过程如下。

启动 Windows 操作系统(如 Windows XP 或者 Windows 7)。备份硬盘上的重要数据,创建好 Windows 引导盘,以防万一出现故障。并且关闭所有的应用程序,包括杀毒软件。然后,用鼠标双击 PQMagic 图标,出现如图 8.1 所示的窗口(注意:图中信息因具体计算机上硬盘的使用情况而异)。

图 8.1　PQMagic 8.0 主窗口

在"分区信息框"中详细列出各个分区的信息,包括分区名称、文件系统类型、容量、已使用空间大小、未使用空间大小、状态及主分区/逻辑分区标识。

为了在硬盘中给 Linux 系统开出一块"存身之地",要对盘上原有的分区重新进行划分。如果末尾的分区尚未使用,而且其容量可以满足安装 Linux 系统的需要,那么就简单地删除它:选中该分区,在左侧"分区操作"框中选取(单击)"删除分区"项。

如果末尾的分区已经使用,但是其空闲容量很大,那么就压缩它,空出大于安装 Linux 系统所需的磁盘空间(应大于 6GB)。

一般来说,手工完成一个任务有三个步骤:选择一个硬盘或分区,选择一个操作,最后将该修改应用到系统。

可以不选择硬盘,但要选择分区:用鼠标在"磁盘空间分布图"或"分区信息框"中单击要选取的分区,选中它。

选择一个操作的方法有 3 种:

① 在菜单栏中单击"分区"菜单项,然后从弹出的菜单中选取要执行的操作。

② 单击工具栏中相应操作的小图标按钮。

③ 在"磁盘空间分布图"或"分区信息框"中,右击所要修改的分区,然后从弹出的快捷菜单中选取相应的操作。

下面是压缩已有分区、为 Linux 分配空间的过程示例。

(1) 在"分区信息框"中选取一个要重新划分的分区,如 G:。因为在示例系统中该分区容量很大(约 18GB),而且未用空间很多,能够分出一部分供安装 Linux 系统之用。单击后,该分区项呈蓝色。

(2) 在左侧"分区操作"框中选取(单击)"调整/移动分区"项,出现一个如图 8.2 所示的对话框。

图 8.2 "调整容量/移动分区"对话框

(3) 修改 G 分区的容量:用鼠标指向图 8.2 所示的磁盘空间分布图右端,按住左键,出现表示分区边界的双向箭头,拖动该箭头向左移动至合适位置,如右端出现大小为 10GB 的未分配分区,放开左键。这个未分配分区就可用于安装 Linux 系统。单击"确定"按钮。

(4) 在 PQMagic 的主窗口中,单击左下方的"应用"按钮。在出现的"应用更改"对话框中,单击"是"按钮,出现"过程"对话框,系统开始执行一系列动作,如创建分区、调整大小、移动分区等,最后单击"确定"按钮。分区划分结果如图 8.3 所示。

关闭 PQMagic。然后,就可以在新得到的"未分配"分区上安装红旗 Linux 了。

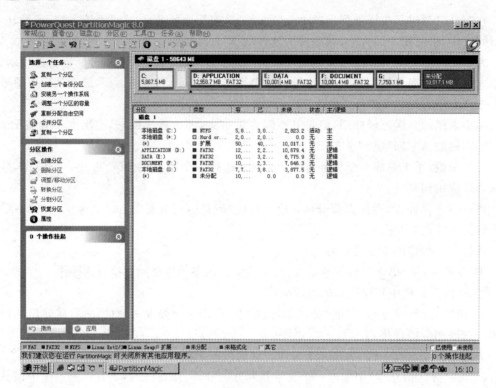

图 8.3　分区划分后结果

8.4　系统安装过程

8.4.1　启动安装程序

为了安装红旗 Linux 桌面版 6.0，需要进行安装程序的引导。通常，光盘引导方式是最方便的。为此，安装前应首先设置当前计算机的 BIOS 启动顺序，把 CD-ROM 作为第一个启动搜索选项，即保证引导搜索顺序为"光盘引导优先"。然后将安装光盘放入光驱中，系统将被自动引导。

成功引导后，将出现红旗 Linux 桌面版 6.0 的安装启动界面。屏幕显示提示信息和 boot：提示符，按 Enter 键或等待一段时间不采取任何操作就可以进入默认的图形安装界面。

当然，使用光盘引导时，也可以选择从硬盘或网络进行安装。

8.4.2　安装过程

默认情况下，安装红旗 Linux 桌面版 6.0 时将进入图形化安装界面。安装过程大致如下。

1．语言选择

首先出现的是语言选择界面。其中包括了简体中文、繁体中文、英文、葡萄牙文、西班牙文 5 种语言供用户选择。选择简体中文（默认）后，单击该界面右下角的 Next 按钮。

2. 许可协议

在屏幕上出现"红旗 Linux 软件许可协议书"界面，如图 8.4 所示。

图 8.4　许可协议界面

红旗 Linux 桌面版 6.0 提供统一的图形化安装界面风格，屏幕左侧列出了整个安装过程要经历的各个步骤，即开始安装、磁盘分区、安装配置、正在安装和安装结束。并且显示出当前所处的安装步骤（对应项被高亮显示）。屏幕右侧是对应安装步骤的配置和参数设置界面。

在屏幕的下面，有三个按钮："退出"表示可以在任一时间退出安装程序，重新启动计算机；"上一步"表示回到上一个安装界面；"下一步"表示已经确定了当前的选择，要进入下一个安装步骤。

仔细阅读"软件许可协议"中的内容，单击"接受"单选按钮，然后单击"下一步"按钮，进入下面的安装步骤。

如果选择"不接受"，那么就无法继续进行安装。如果想取消本次安装操作，可以单击屏幕底部的"退出"按钮，就安全地取消本次安装。

3. 选择安装类型

在随后出现的选择安装类型的图中示出两大项任务，即"安装 RedFlag"和"恢复 RedFlag 的引导程序"。默认的选项是"安装 RedFlag"，如图 8.5 所示。

从中选择"安装 RedFlag"，单击"下一步"按钮后，开始安装新系统。

4. 配置分区

系统会弹出"磁盘分区"的界面，如图 8.6 所示。选择安装分区及分区方式是安装 Linux 的关键步骤，因为如果操作失误将会有丢失硬盘数据的危险，所以应慎重选择。

图 8.5　选择安装类型的界面

图 8.6　配置磁盘分区

安装 Linux 系统时必须告诉安装程序要将系统安装在什么地方，即定义挂载点。这时，需要根据实际情况创建、修改或删除分区。

Linux 通过字母和数字的组合来标识硬盘分区。前两个字母表示分区所在设备的类型，如 hd 表示 IDE 硬盘，sd 表示 SCSI/SATA/USB 硬盘；第三个字母表示分区在哪个设备上，如 hda 表示第一块 IDE 硬盘，hdb 表示第二块 IDE 硬盘，sdc 表示第三块 SCSI 硬盘；最后的数字表示分区的次序，如数字 1~4 表示主分区或扩展分区，逻辑分区从 5 开始。如果没有对磁盘分区，则一律不加数字，表示整块磁盘。

一般情况下，安装红旗 Linux 需要两个分区，即一个根文件系统分区（类型为 ext3、ext2 或 reiserfs）和一个交换分区（类型为 swap），这种分区方案适用于大多数用户。

根分区（/）是根文件系统驻留的地方，它需要有足够的硬盘空间，红旗 Linux 桌面版 6.0 基本系统安装需要 3GB 空间，加上其他的需求空间，建议预留 6GB 以上。交换分区（swap）用来支持虚拟内存的交换空间。当没有足够的内存来处理系统数据时，就要使用交换分区的空间，交换分区的大小通常应为物理内存的 1～2 倍。

1) 选择分区方式

在"磁盘分区"框中有两个可选项："自动分区"和"用 Disk Druid 手工分区"。利用"自动分区"方式可以将所需的硬盘分区自动分配好，不需要用户干预，而且还可以在自动创建分区的基础上进行修改。它是一种非常方便的分区方式。而 Disk Druid 是一个手工分区工具，允许用户通过交互的方式自由地添加、编辑或删除分区，操作起来很直观。

2) 使用自动分区

在进入"自动分区"之后，还需要用户根据系统的具体情况选择硬盘上空间的使用方式。有三种可选方式：

- 删除系统内所有的 Linux 分区——删除所选硬盘上的所有 Linux 分区，包括这些分区上的所有数据。而硬盘上的其他分区（如 VFAT 分区）将不会受影响。
- 删除硬盘上的所有分区——删除所选硬盘驱动器上的所有分区，包括分区上的所有数据。
- 保存所有分区，只使用现有的空闲空间——如果所选硬盘上有足够的可用空闲空间，可以选择该选项，这将保留硬盘上当前已存在的分区和数据。

安装程序会根据硬盘空间的大小以及内存的大小自动分配好各分区的大小，自动分区只能划分出三个默认的分区，即/boot、/和交换分区。

3) 使用 Disk Druid 分区

使用 Disk Druid 手工分区可按用户需要灵活地进行分区。这是常用的分区方式。为此，选择使用 Disk Druid 方式，并单击"下一步"按钮。

在出现的界面中可以看到，系统当前的硬盘分区情况以树状的目录层次结构列出，最上一级是硬盘。如果系统中只有一个硬盘，那么只会出现一个树状目录结构。接下来是硬盘上各主分区和扩展分区的情况，最下一层是各逻辑分区的信息。

分区列表显示了系统中硬盘驱动器的详细信息，每一行代表一个硬盘分区，包括五个不同的域：分区——当前硬盘和硬盘分区的名称；大小——当前分配给这个分区的空间（以 MB 为单位）；类型——分区的文件系统类型；挂载点——分区在目录树中的加载位置、RAID 设备名等；格式化——是否要对当前的分区进行格式化。

分区列表底部的一排按钮用来控制 Druid Disk 分区工具的行为，其功能如下。

- 新建：在空闲分区上申请新分区，选择后出现一个对话框，按要求输入所需的项。
- 编辑：选中分区后单击该按钮，用来修改当前分区表中已创建好的分区的某些属性。
- 删除：用来删除所选的分区。
- 重设：取消所做的修改，将分区信息恢复到用户设置之前的布局。

从出现的界面中选取前面利用 PQMagic 新分配的空闲分区，然后单击"新建"按钮。出现创建新分区界面。

先创建交换分区。选中该空闲分区。选中的"文件系统类型"为 swap，不需要输入挂载点（该框变模糊），如图 8.7 所示。图中"指定空间大小"可以根据所用系统的实际情况来确定，其大小通常应为物理内存的 1～2 倍。例如，内存为 512MB，则输入该分区的可以为 512～1024 之间的值。注意，该数值以 MB 为单位，并且从 100MB 开始。

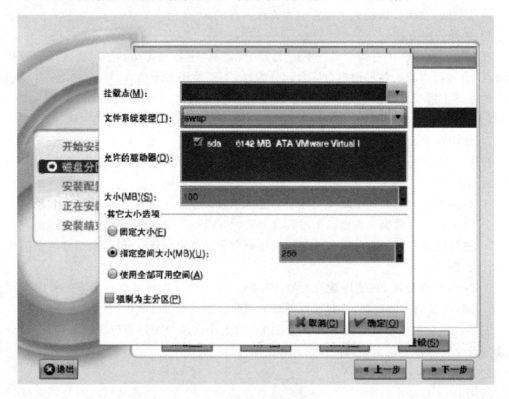

图 8.7　创建 swap 分区

单击"确定"按钮，再单击"下一步"按钮，屏幕上将显示新创建的分区，原"空闲"区已一分为二，一个是新建 swap 分区，另一个是剩余的容量变小的"空闲"分区。

接下来是创建根分区。单击"新建"按钮。从"文件系统类型"的下拉菜单中选择 ext3（默认的类型），在"挂载点："框中选中"/"，可直接用于创建根分区。在"大小"框中输入该分区的大小数据。该值可以根据所用系统的实际情况来确定：如前面留出的整个"空闲"分区的容量是 A，选定交换分区的大小是 B，那么根分区大小可选为 6GB 至（A—B）差值之间的任意一个值。也可以直接单击"使用全部可用空间"按钮，则全部剩余空间就都分配给根分区。

4）确认要格式化的分区

所有新建的分区都要被格式化。在界面中会列出前面新建的，并且要被格式化的分区。对于先前系统中已存在，并将要被格式化的分区，界面会出现告警信息，询问是否要格式化。

单击"格式化"按钮，系统就对列出的分区进行格式化。

5. 配置引导

接下来,系统出现如图 8.8 所示的引导程序设置界面。

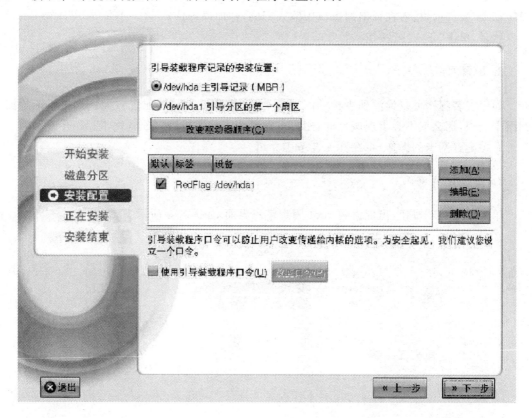

图 8.8　引导程序设置界面

GRUB(GRand Unified Bootloader)是红旗 Linux 桌面版 6.0 的引导装载程序,它支持红旗 Linux 桌面版 6.0 与多种操作系统共存,可以在多个系统共存时选择引导哪个系统,如 Linux,Solaris,OS/2,Windows XP/7/NT 等。

"引导装载程序记录的安装位置"有两个选项:一个是"主引导记录(MBR)",另一个是"引导分区的第一个扇区"。MBR 是系统中一个特别的区域,会自动被 BIOS 加载,是安装引导记录的默认位置。一般采用这个选项即可。如果系统已经使用其他启动管理器(如 System Commander,Boot Manager 等),则要把 GRUB 装在引导分区的第一个扇区中。这时需要设置从其他的启动管理器来启动 GRUB,然后再启动红旗 Linux 桌面版 6.0。

引导卷标是启动系统时,在菜单中显示的可引导操作系统的标识。在默认情况下,红旗 Linux 桌面版 6.0 的引导卷标为 RedFlag,Windows 的引导卷标为 Windows。当然,这些默认的引导卷标都是可以修改的。

在图 8.8 的中部 RedFlag 左边的小方块中打上"√",就表示 RedFlag 操作系统是以后启动系统时默认引导的操作系统。

引导程序密码提供了一种安全机制,用来防止其他可以进入系统的用户改变传递给内核的参数。为安全起见,建议设置引导程序密码以加强系统的安全性。选中"使用引导装载程序口令"复选框,接着在弹出的窗口中输入密码,并加以确认。

然后,单击"下一步"按钮。

6. 配置网络

如果安装程序可以检测到主机中网卡的类型,就会显示网络配置界面。如果不能检测到网卡类型,那么就不会出现该界面,用户可在系统安装完成后再配置网卡。

有关配置网卡的操作,将在 9.4.3 节中介绍。

7. 设置 root 密码

单击"下一步"按钮,出现设置 root 用户密码界面,如图 8.9 所示。

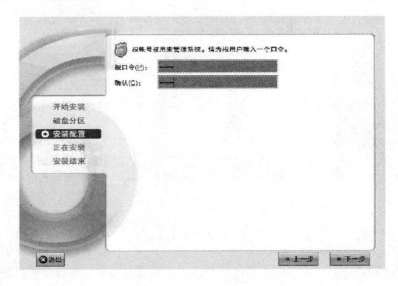

图 8.9　设定 root 密码

首先为 root(根)用户设置口令。在"根口令"栏中输入口令串。口令串至少必须包括 6 个字符,并且是区分大小写的。然后在"确认"栏中重复输入一遍。两次输入完全一致时,系统接受该口令作为 root 用户下次登录进入系统的密码。

应该注意,对 Linux 系统来说,root 用户是系统管理员,其口令是关系系统安全性的重要参数。root 用户具有对系统进行任意操作的特权,所以其口令必须严加保密。另外,选择口令时还应注意:字符数不应太少,最好 8 个以上,包括字母、数字以及其他符号;不要用姓名、别名、电话号码等易于被人猜到的字符串口令;养成定期更改密码的好习惯;不要当众输入密码或更改口令,免得被人看到;作为 root 用户,一定要把口令记好。

以后,系统管理员可以在使用系统的过程中,利用 passwd 命令或用户管理工具修改自己的密码。

8. 检查安装选项

必要的配置工作完毕,即开始正式安装之前,会进入如图 8.10 所示的安装确认界面。

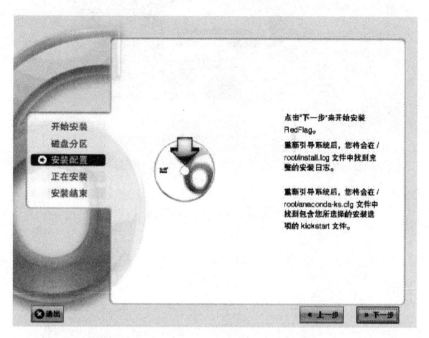

图 8.10　检查安装设置

当确认前面的安装选项设置无误后,就可以单击"下一步"按钮,正式开始格式化分区和安装系统软件包。注意,从此之后,用户就失去对安装过程的控制了。当然,在单击"下一步"按钮之前,你还有机会利用"上一步"按钮回到前面一步状态,重新对设定参数进行修改。

9. 安装系统

系统安装程序从光盘中读取需要安装的软件包信息,进行必要的准备工作,然后开始软件包的复制工作。安装过程中会出现多幅画面,其中的两幅画面如图 8.11、图 8.12 所示。该屏幕下方有一个不断向右增长的蓝柱和百分比,显示安装的总体进度。屏幕右侧是对系统的简单介绍,可以在安装的过程中通过它们来了解红旗 Linux 的系统特征。

安装红旗 Linux 桌面版 6.0 所需的时间由软件包数量、硬件速度等多个方面决定,大概需要十几到几十分钟不等。

图 8.11　安装过程显示(1)

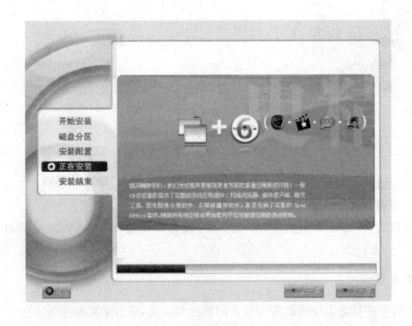

图 8.12　安装过程显示(2)

10．安装成功

　　引导软盘制作完成以后，红旗 Linux 安装将结束，屏幕上出现如图 8.13 所示的画面，表示红旗 Linux 桌面版 6.0 已安装成功。

图 8.13　安装成功

单击"退出"按钮,将弹出的光盘取走,然后单击"重新引导"按钮,重新启动系统。

8.5　登录和退出系统

8.5.1　登录

重新启动系统后,出现 GRUB 启动引导选择菜单。当计算机上还装有 Windows 操作系统时,一般显示如下:

Red Flag

系统顺利安装后或在系统正确配置的情况下引导进入,以图形登录方式引导系统。

Other

进入 Windows 或 DOS 操作系统。

用上下方向键选择将要启动的操作系统后,按 Enter 键。如果不进行任何操作,系统等待一段时间后会自行引导,进入默认的启动系统。

经过一小段时间后,屏幕上会出现登录窗口。只有被授权的用户才能够登录进入 Linux 系统。如果你是一个新用户,那么在第一次进入系统之前,应由系统管理员为你建立一个账户,它包括用户名、密码、用户主目录等信息。在系统中建立账户以后,就是一个被授权使用系统的用户了。

作为系统管理者,用户名是 root,在密码栏中输入相应的密码。单击"登录"按钮或按 Enter 键,系统核对用户名和密码无误后,将启动图形桌面环境。

请注意：输入的密码字符并不在屏幕上按原样显示出来，而是以"."代替，这是一种保密措施。

如果输入的用户名和密码都正确，系统进行一系列处理，最后会在屏幕上显示出用户主窗口，表示登录成功。

8.5.2 退出

当完成任务、想要关闭计算机时，可以单击屏幕左下角的"开始"按钮，从弹出的菜单中选择"关机"项，出现如图 8.14 所示的退出界面。从中可以选取"注销"、"关机"或"重启"，单击"关机"按钮后就会退出系统。注意，这三者是有区别的：注销是终止用户与系统的此次会话过程，退出后重新出现一个登录界面，并不关闭电源；关机是用户退出系统，然后系统执行关机程序，最后关闭电源；而重启是先关闭系统，然后再启动系统。

图 8.14　退出系统界面

应特别注意：不要在没有执行正常关机程序的情况下关闭电源，否则在下次启动时，可能会看到系统报告磁盘有错误。

思考题

1. 某用户想在一台老式台式机上安装红旗 Linux 桌面版 6.0，其计算机的内存大小是 256MB，硬盘空间是 128GB，是否可以？

2. 安装 Linux 系统之前,需要做哪几方面的准备工作?

3. 红旗 Linux 的主要安装过程是什么?

4. 一块硬盘上可以有几种类型的分区?各自可以有多少个?在它们上面能否安装 Linux 系统?

5. 使用 PQMagic 工具时,手工完成一项任务的主要步骤是什么?

6. 用户能否在安装过程中创建扩展分区?

7. 请说明下述命名的含义:/dev/hda3,/dev/sdb6。

8. 某用户计算机的主要配置是:Intel PⅢ,内存 512MB,硬盘空间 60GB。已经安装了 Windows 7,其中 C 盘大小为 10GB,D 盘大小为 15GB,E 盘为 20GB,其余盘空间空闲。请你为他设计:在安装红旗 Linux 桌面版 6.0 时,利用 Disk Druid 工具如何划分分区?

9. 在安装 Linux 系统过程中,用户没有配置主机的名字。那么,该系统的主机名是什么?

10. 在安装 Linux 系统过程中,为什么要为 root 用户指定密码?可以不指定吗?那样做有何问题?对此,应采取什么措施?

第 9 章 Linux桌面系统及其配置

图形环境为用户使用和管理计算机系统带来很多便利。大家一般都熟悉 Windows 系统的图形界面,其实,Linux 的图形系统也毫不逊色。当你花一点时间熟悉了它们的用法和特性后,就会感到很惬意。在 UNIX 类的操作系统中应用最广泛的基于窗口的用户图形界面是 X Window 系统,而在 Linux 系统上常用的桌面系统是 GNOME(GNU Network Object Model Environment)和 KDE(K Desktop Environment)环境。

本章介绍 Linux 图形环境,包括 X Window、KDE 和 GNOME 的概念与特点,并以红旗 Linux 桌面版 6.0 SP2 为例,介绍 KDE 桌面系统的组成、功能、配置和一般应用。

9.1 Linux 图形界面概述

现代操作系统几乎都为用户提供了图形界面,如 Windows 的视窗系统、UNIX/Linux 的 X Window 系统等。它们不属于操作系统的内核,在用户空间运行。用户利用鼠标、窗口、菜单、图标、滚动条等图形用户界面工具可以方便、直观、灵活地使用计算机,大大提高了工作效率。

图形用户界面可以让用户以多种方式与计算机交互作用:

(1) 通过形象化的图标浏览系统状况。

(2) 用鼠标单击方式直接操纵屏幕上的图标,从而发出控制命令。

(3) 提供与图形系统相关的视窗环境,使用户可以从多个视窗观察系统,能同时完成几个任务。

9.1.1 图形界面简介

无论是初学者还是有经验的用户,都可以使用图形用户界面。图形用户界面不仅可以提供不同风格的菜单,还可以根据个人的喜好,很容易地配置视图布局和活动。

1. 菜单

菜单是可以执行的任务清单。它最初是专为初学者或者那些只需要使用操作系统的一个功能子集的用户设计的。菜单为用户提供一些使用指导,从而方便用户的使用。菜单的主要特征如下。

(1) 菜单中列出可能发生的活动,用户从菜单中进行选择,就相当于发出特定的命令,而无须使用很多命令。

(2) 菜单通常采用多级结构,沿着菜单逐级打开,用户的选择范围逐步缩小,从而使选择变得容易。

(3) 为了加快访问速度,用户可以使用键盘及附加的小键盘和功能键来浏览菜单并进行选择。

(4) 菜单界面操作快捷,使用方便,但应用范围受到限制。

红旗 Linux 系统提供字符环境中文界面,所有菜单实现中文化,便于国内用户的学习和使用。

2. 图标

图标是表示程序、文件、数据或目录的小图形,这些图形为用户提供有关所表示目标的信息。

要激活一个图标,就双击它。依据图标,对应的活动可能是启动一个程序(如 Firefox),打开一个窗口,或者在一个窗口中显示一组附加图标。单击图标,就选择了它。

利用鼠标可以拖动图标。通过拖动一个图标放到另一个之上,可以执行各种任务,如把一个文件图标放到程序图标之上就可以启动那些程序。

对图标的操作还有重新构造图标、重新命名图标以及查看隐藏的图标等。

3. 窗口

窗口是在桌面系统上打开的工作区,用户可以观看和加工这些窗口中的信息。图 9.1 是红旗 Linux 的一个窗口示例。

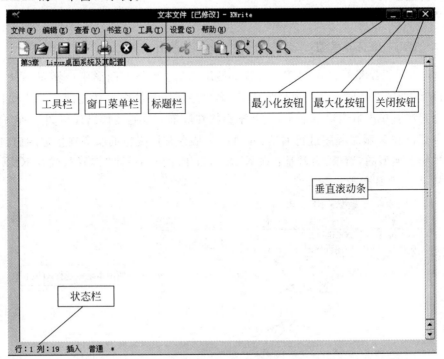

图 9.1 红旗 Linux 的窗口示例

窗口一般包括以下内容：
- 标题栏——在窗口的顶端，表示窗口的名称。
- 窗口菜单栏——在标题栏下面的一排菜单按钮，单击它就打开相应的菜单。
- 工具栏——在菜单栏下面的一排图标，表示对该窗口可以进行相应的操作。
- 状态栏——在窗口底部，指明窗口工作区中显示图标的数目以及隐藏图标的数目，或者给出桌面或目录的路径名。
- 最大化/最小化/关闭按钮——这 3 个按钮出现在窗口的右上角，分别用来将窗口最大化、最小化和关闭。
- 垂直滚动条——在窗口的右边，当窗口中包含的信息在一屏内显示不下时，就用鼠标指针指到滚动条上，轻轻拖动即可使显示内容缓缓移动。

9.1.2　X Window 系统

在 UNIX 类的操作系统中，应用最广泛的基于网络的图形界面是 X Window 系统；而在 Linux 系统上，常用的桌面系统是 GNOME 和 KDE。

X Window 是 UNIX 和所有类 UNIX（包括 Linux）操作系统的标准图形接口，有时也称为 Xwindows、Xwindow 或者 X。X Window 是 1984 年由麻省理工学院（MIT）计算机科学研究室开始开发的。由于它是在 W 窗口系统之后开发成功的，故称为 X 系统。X Window 系统可以在许多系统上运行。由于它和生产厂商无关，具有可移植性、对彩色处理的多样性，以及在网络上操作的透明性，使得 X 成为一个工业标准。版本 X11 是在 1987 年 9 月推出的。当前发布的 X 版本是 X11R6.8.2（第 11 版，第 6 次发布）。Linux 系统上使用的 XFree86 就是基于 X11R6 版本的。

X Window 的体系结构包括两个部分：客户-服务器模型和 X 协议。

1．X 的客户-服务器模型

X Window 系统最早是在 UNIX 系统上使用的基于网络的图形用户界面，采用了客户-服务器模型，如图 9.2 所示。在该模型中，X 客户是使用系统窗口功能的一些应用程序。X 客户程序无法直接影响窗口或显示，即并不直接在屏幕上绘制或操纵任何图形，它们只能通过套接字接口和 X 服务程序进行通信，并通过 X 服务程序提供的服务在指定的窗口中完成特定的操作。典型的"请求"通常是：在 XXX 窗口中输出字符串"你好"，或在 KDE 窗口中用红色从 A 点到 B 点画一条直线。

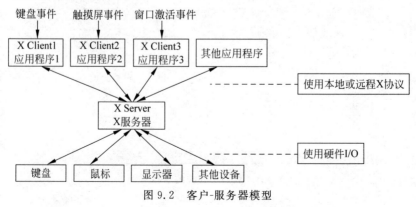

图 9.2　客户-服务器模型

X 服务器也称做显示管理器，是控制实际显示设备和输入设备的程序。它响应 X 客户程序的请求，直接与图形设备通信，负责打开和关闭窗口，控制字体和颜色等底层的具体操作。每一个显示设备只有一个唯一的 X 服务程序。

X 的服务程序向用户程序提供显示输出对象的能力，包括图形和字符。X 服务程序处于客户程序和硬件之间，从而屏蔽了具体硬件设备的特性，客户程序只需向服务程序发送显示请求，而由服务程序将显示的具体要求翻译并传给硬件设备，最后服务程序将显示事件的结果返回给用户程序。

用户可以通过以下方式使用 X 客户程序：系统提供（如时钟程序），第三方厂商提供和自己编写。

典型的 X 客户程序有以下两种。

(1) 窗口管理器：它是决定窗口外观的软件。它具有改变窗口的大小、位置、边框和装饰，将窗口缩成图标，重新安排窗口在堆栈中的位置和启动管理其他应用程序的方法等功能。Linux 支持多种窗口管理器，如 MWM(Motif 窗口管理器)、FVWM(用于 X11 的虚拟窗口管理器)、TWM(Tom 的窗口管理器)等。

(2) 桌面系统：它控制桌面图标和目录的出现位置、桌面和目录菜单的内容，以及控制在桌面图标、目录和菜单上进行鼠标操作所产生的效果。桌面系统实际上集成了窗口管理器和一系列工具，一般它包括面板（启动应用程序和显示状态）、桌面（放置数据和应用程序）、一组标准桌面工具和应用程序。目前 Linux 系统主要使用两种桌面环境，即 KDE 和 GNOME。

还有其他的 X 客户程序，如 xclock(指针式或数字式的时钟)，xclac(计算器，可模拟科学工程计算)等。

X Window 是事件驱动的。例如，当用户单击鼠标时，X 服务器检测到鼠标事件出现的位置，并把该事件发送给相应的客户程序。因此，X Window 在大部分时间里处于一种等待事件发生的状态。X 服务器可以处理所有的 I/O 资源，如鼠标输入、键盘输入以及屏幕显示等。当这些资源触发了事件，它就会根据需要把事件返回给相应的客户程序。图 9.2 中显示了用户事件、客户程序和 X 服务器之间的交互作用。

2. X 协议

X Window 系统是一个分布式的应用系统。为了增强跨平台的可移植性，X 的客户-服务器模型不是建立在特定的软硬件资源之上的，而是建立在 X 协议之上的。该协议是一个抽象的应用服务协议，不包括对底层硬件的访问和控制。它包括了终端的输入请求和对 X 服务程序发出的屏幕输出命令。X 协议是 X 服务程序和 X 客户程序进行通信的途径。X 客户程序通过它向 X 服务程序发送请求，而 X 服务程序通过它回送状态及一些其他信息。真正控制终端工作的是 X 服务程序。

此外，X 协议是建立在一些常用的传输协议之上的（包括 TCP/IP、IPX/SPX 和 DECnet 等）。通过这些协议，客户和服务器之间就可以方便地对话。

总之，可以说 X 是一个基于网络的图形引擎，它可以在与远端机连接、在其上运行应用的同时，在本地的图形终端上处理 I/O 操作。

从用户的角度看，X Window 是由两个不同的 X 部分组成的：应用程序接口和窗口管理器,其关系如图 9.3 所示。

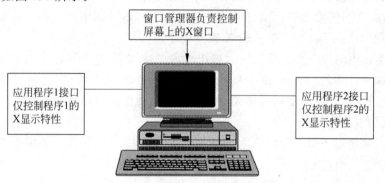

图 9.3　应用程序接口与窗口管理器的关系

其中,应用程序接口控制应用程序的窗口运行过程,以及在菜单、对话框中显示的内容;窗口管理器是独立的客户程序,其功能是控制窗口移动、改变大小、打开和关闭窗口等。

因为窗口管理器不属于应用程序的部分,所以可以进行变换。由于一台计算机上的所有应用程序都是在一个窗口管理器控制之下运行的,因此在任何特定的时刻,窗口的工作方式都是一样的。事实上,X 的窗口管理器和具体的 X 应用程序都是在 X 服务程序之外的客户程序。

3. 应用程序接口(API)

在 X Window 体系结构的最底层是称做 Xlib 的接口,客户程序和服务器之间通过该接口实施通信。虽然开发人员可以利用它来编写应用程序,但这样做费力费时。为了方便 X Window 编程,在 Xlib 之上提供了多层称做工具包(toolkit)的函数库,其中包括 Xlib API、X 工具包内部函数、Athena 窗口部件集、Motif 窗口部件集的任意组合以及两个高层的 API 函数库:GTK+和 Qt 图形用户界面库。图 9.4 示出 X Window 编程可用的 API。

图 9.4　X Window 编程可用的 API

9.2　KDE 桌面系统

桌面系统决定了使用系统时的"观感"。目前,Linux 系统主要采用的两种桌面系统环境是:KDE 和 GNOME。这两种环境各有特色,可以根据自己的喜好选择使用。如红旗 Linux 在安装时可以选择 KDE 工作站环境或 GNOME 工作站环境。

9.2.1　GNOME 和 KDE 概述

1. GNOME

GNOME 是 GNU 网络对象模型环境(GNU Network Object Model Environment)的缩写,它是 GNU 项目的一部分,是完全开放源代码的自由软件。GNOME 是个用户友好的环境，它除了有出色的图形环境功能外，还提供了编程接口，允许开发人员按照自己的爱好和需要来设置窗口管理器。就是说，GNOME 与窗口管理器是相互独立的。应该注意，窗口管理器和桌面环境是两个不同的概念，对于同一个桌面环境（如 GNOME）可以使用不同的窗口管理器（如 twm、fvwm、Enlightenment 等）。

在 Red Hat Linux 系统中已经将 GNOME 作为默认的桌面管理器。在该系统中使用 startx 命令就可以启动 X Window 服务器和 GNOME。其实，如果用户在安装 Red Hat Linux 时选择图形化登录界面，则系统初启时就同时启动它们，并提供图形化登录提示，而无须使用 startx 命令。

GNOME 中菜单的功能与 Windows 菜单功能相同，而且使用方法也一样。但是 Linux 与 Windows 使用的文件系统是完全不同的，因此，二者在菜单设置方面存在较大差别。

GNOME 面板中包括以下内容：主系统菜单按钮、常用应用程序的快捷按钮（如文件管理器、X 终端仿真程序等）、一些小程序（如日期与时间显示、虚拟桌面分页工具等），以及应用程序显示最小化按钮等。

GNOME 还提供了很多功能强大的软件，包括文本处理、图形编辑、Web 浏览、多媒体工具等。利用上述主菜单可运行这些程序，也可以在终端仿真窗口中输入相应的命令来启动。

对 GNOME 桌面系统的特性和应用不再详述，读者有意的话，可从网上查看相应资源。

2．KDE

KDE 桌面系统是 1996 年 10 月推出的，随后得到了迅速发展。在 2008 年 11 月发布 KDE 4.1.3 版和 4.2 Beta 1 版。红旗 Linux 桌面版 6.0 采用稳定的 KDE 3.5.10 版作为标准桌面环境。KDE 桌面系统主要有以下特点。

（1）通过图形用户界面可以完全实现对环境的配置。

（2）桌面上提供了一个更安全的删除文件用的垃圾箱。

（3）通过鼠标安装其他文件系统，如 CD-ROM。

（4）用菜单控制终端窗口的滚动、字体、颜色和尺寸大小。

（5）实现网络透明存取。KDE 提供的文件管理程序 KFM 也可以作为 WWW 浏览器，可以像查看自己硬盘上的文件那样查看 FTP 站点的内容，可以打开和存储远程文件。

（6）完全支持鼠标的拖放操作（Drag-and-Drop）。可以通过把文件图标拖到相应的文本处理程序窗口中来浏览内容；如果是远程文件，会自动下载。

（7）提供帮助文件浏览器（Help View），不但可以浏览传统的用户手册，还可以浏览标准的 HTML 文档。

（8）提供了自己的一套应用程序和上下文相关的帮助文档。

（9）提供的会话管理程序（Session Manager）可以记录 KDE 桌面系统的使用情况，保证下次进入时的环境和上次离开时一致。

9.2.2　KDE 桌面系统

图 9.5 是红旗 Linux 桌面版 6.0 的一个典型的 KDE 桌面界面。屏幕的中央部分被称为桌面，其中可放置许多图标，如"我的文档"、"我的电脑"、Firefox、"回收站"等，桌面也是

用户完成大部分工作的区域。位于屏幕底部的长条称为面板,利用它可以启动应用程序或在已启动的程序间进行切换,用户也可以自己添加其他程序图标。

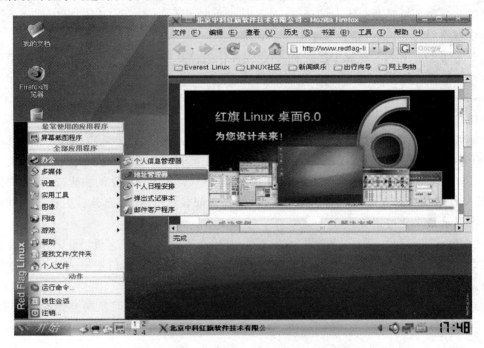

图 9.5　典型的 KDE 桌面界面

1. KDE 桌面组件

KDE 采用 Kwm(K Window Manager)作为窗口管理器。实际上,KDE 可以支持几乎所有的窗口管理器,但只有在 Kwm 下才能最大限度地体现它的性能和特色。Kwm 决定了 KDE 桌面的外观和风格。

KDE 桌面环境由面板和桌面两部分组成。

1) 面板

屏幕底部是面板(如图 9.6 所示),也称做 K 面板。你可以从这里启动应用程序和在桌面上切换。它虽然看上去像 Windows XP/7 的任务栏,但配置更灵活,功能更强。面板包括了"开始"菜单按钮、虚拟桌面管理器、经常使用的应用程序与桌面小程序图标,以及显示当前运行应用程序的任务条。

图 9.6　KDE 面板

将鼠标悬停在某个图标上待几秒钟,会看到一个黄色的弹出提示框,内容是对这个图标作用的描述。

面板上有多个按钮,其名称和功能如表 9.1 所示。

表 9.1 面板按钮及其功能

名 称	功 能
"开始"菜单按钮	相当于 Windows 中的"开始"按钮,单击会弹出级联的系统主菜单
显示桌面按钮	单击该按钮可使当前桌面上所有窗口最小化,从而能非常方便地访问桌面图标
系统终端按钮	这是命令行工具。单击该按钮会弹出 shell 命令窗口
Kontact 按钮	单击此按钮启动 kontact 个人信息管理程序
虚拟桌面管理器	系统默认只启用 1 个桌面。利用虚拟桌面可以将工作拓展到多个桌面上,而不必把许多应用程序挤在一个桌面上。对不同的桌面可以进行不同的定制。虚拟桌面最多可达 20 个(默认是 4 个)
系统声音按钮	显示和调节系统声音音量
网络连接状态按钮	查看网络状态及参数
输入法图标按钮	单击可弹出输入法菜单,从中选择要使用的输入法。其中包括英文输入 En 和系统默认提供的中文输入法——五笔字型、紫光拼音、郑码、智能 ABC 和全拼输入法
时钟按钮	显示当前时间,可以根据需要定制显示的样式。如果需要更改时间,则可以在时间 14:33 上右击并选择"调整日期和时间"菜单,在此菜单里即可进行日期调整
任务条按钮	通常出现在面板中央,显示正在运行的程序或打开的文档。单击任务条上的某一项,可以拉开或复原被最小化的程序。可以通过在对应项上单击鼠标右键对其运行窗口进行最大化、最小化或关闭等操作 用户可以根据自己的需要定制任务条的显示风格和行为方式

2) 桌面

屏幕中间的部分是 KDE 桌面,它是用户的工作区域。上面放置了一些常用的应用程序和文件的图标,可以在上面双击来运行相应程序或打开文件;也可以拖动它们,改变其位置;或者添加/删除桌面图标。

表 9.2 给出了红旗 Linux 桌面版 6.0 默认提供的桌面图标及其功能。

表 9.2 常用桌面图标及其功能

名 称	功 能
我的文档	其中含有用户经常使用和收藏的文档、音乐和图片
我的电脑	双击可以看到它的内容,包括光驱、Windows 系统分区、可以连接的网络驱动器、控制面板、用户主目录等
网络配置	用于进行网卡配置
回收站	暂时存储已删除文件的地方
Firefox 浏览器	启动新型的 Mozilla Firefox 浏览器

3) 鼠标

鼠标是图形界面下的基本输入设备。人们通常用右手操作鼠标,称为右手鼠标。Linux 系统支持三键鼠标。三键鼠标从左到右分别为左键、中键和右键。在 KDE 桌面系统下,使用鼠标按键有以下三种方式。

(1) 单击:按下并释放一个鼠标按键。如果在图标上单击鼠标左键,则选中该图标。单击鼠标右键,将打开快捷菜单。

(2) 双击:很快地连续两次单击一个鼠标按键。双击左键通常将打开并执行该应用程序。

(3) 拖动:指定一个目标,按住鼠标左键并移动鼠标,然后在新位置上释放按键,从而把目标放在新位置上。

除非特别说明,否则总是使用鼠标左键进行操作。

在红旗 Linux 系统中,用户根据使用习惯,可以对鼠标进行配置,包括常规(设置鼠标为左手或右手习惯,单击或双击打开文件或目录以及鼠标指针的视觉效果)、高级(设置鼠标在屏幕上的移动速度快慢等动作属性)、鼠标导航(设置用数字键盘移动鼠标时的动作属性)和配置(系统将显示计算机中鼠标接口类型的检测结果,如串口、PS/2 或 USB 接口;是否三键鼠标,鼠标是否带滚轮等)。

2. 使用菜单

要从菜单条中打开一个菜单,就单击该菜单条,然后单击菜单上的一项,就选择了该项。有些技巧可帮助你预料在选择一个菜单项时会出现什么情况:

- 菜单项后跟一个三角形(▶)——表示该菜单后还包含有子菜单。
- 菜单项后跟省略号(…)——表示选择后会出现对话框,需要做进一步设置,如在对话框中输入文件名。
- 菜单项显示模糊——表示该菜单项所对应的操作当前不可进行。

KDE 桌面系统提供的菜单类型主要有系统主菜单、控制菜单、窗口菜单和快捷菜单。

(1) 系统主菜单。它是分级显示的,是打开应用程序最方便的入口。单击面板上的"开始"菜单按钮或使用 Alt+F1 快捷键就可以调出系统主菜单,如图 9.7 所示。

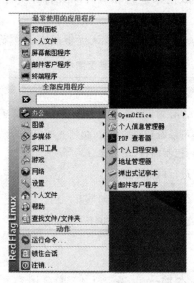

图 9.7 系统主菜单

系统主菜单中各菜单项的名称及其功能在表9.3中列出。

表9.3 系统主菜单中各菜单项名称及其功能

名 称	基 本 功 能
注销	出现关机对话框，提示用户如何结束操作
锁住会话	用户暂时离开计算机时可以锁住会话
运行命令	输入命令名或路径名，启动应用程序或打开目录
个人文件	打开资源管理器，定位到当前用户主目录
查找文件/文件夹	查找系统中的文件或文件夹
帮助	启动KDE帮助中心
游戏	显示本机所有可以启动的游戏
网络	显示所有关于网络配置方面的应用程序
图像	显示本机中各种关于图形、图像应用程序的清单
实用工具	显示本机中用户可以启动的实用工具清单
设置	启动控制面板和其他一些系统组件配置工具
多媒体	显示本机中关于多媒体播放的所有应用程序清单
办公	显示用户可以启用的关于办公应用程序的清单

（2）控制菜单。几乎所有窗口都提供如图9.8所示的控制菜单，用来执行移动、最大/最小化窗口、配置窗口行为以及关闭窗口等操作，对应的快捷键是Alt+F3。

（3）窗口菜单。使用过Windows的用户对窗口菜单是很熟悉的，此类菜单项用来反映该应用程序的功能和可以完成的操作，常见的菜单项有"位置"、"编辑"、"查看"、"转到"、"书签"、"工具"、"设置"、"帮助"等几种，每个菜单中又包括许多子菜单项。

（4）快捷菜单。对一些经常性的操作可以使用快捷菜单。在红旗Linux系统中，在桌面背景任意位置按鼠标右键就调出系统快捷菜单。通过它可以完成如建立新文件夹、运行命令、整理桌面外观等常用任务，如图9.9所示。

图9.8 控制菜单

图9.9 系统快捷菜单

另外，在图标上单击鼠标右键，可调出对应图标的快捷菜单。通过它可对相应的应用程序或文档进行操作。

9.2.3 窗口操作及快捷键

1. 窗口操作

在KDE桌面环境中，大部分操作都是在窗口中进行的，一个典型的窗口如图9.1所示。用户可以调整窗口的显示方式,这与 Windows 风格很相似。通常有下面几种。

(1) 要改变窗口的大小,可以将鼠标指针移到窗口的对应边角进行拖拉。

(2) 要将窗口最大化,可以双击窗口的标题条;而再次双击就将其还原。

(3) 拖动窗口的标题栏,可以移动窗口。

(4) 单击窗口的最小化按钮,可将窗口缩成图标;单击窗口的最大化按钮,可以将窗口布满整个桌面,而最大化图标变为还原图标,单击它可将窗口还原为原始尺寸。

(5) 单击窗口的关闭按钮或使用快捷键 Alt+F4 可以关闭窗口。

如果在桌面上有多个窗口,利用以下方式可以在不同窗口间切换。

(1) 如果可以看见所需要的窗口,则直接单击该窗口的标题栏就可以将其激活为当前窗口。

(2) 按 Alt+Tab 键,可以在多个窗口间循环切换。

(3) 通过单击任务条上的对应窗口图标,也可以激活窗口。

(4) 单击鼠标中键,打开窗口列表菜单,选择对应的窗口任务,就会激活相应的应用程序窗口。

2. KDE 中的快捷键

除了上述利用鼠标可以对窗口进行相应操作外,还可以通过按键盘上的快捷键方便地实现有关功能。表 9.4 列出 KDE 中的快捷键及其功能。

表 9.4 KDE 的快捷键及其功能

快 捷 键	功 能
Alt+Tab	在已启动的应用程序之间进行切换
Ctrl+Tab	在虚拟桌面之间进行切换
Alt+F1	弹出系统主菜单
Alt+F2	弹出运行命令窗口,执行输入的命令程序
Alt+F3	弹出当前正在操作窗口的控制菜单
Alt+F4	关闭当前工作窗口
Alt+F5	显示窗口列表
Ctrl+Alt+Fn	在不同的控制台之间切换
Ctrl+Alt+Backspace	强制退出 X 窗口
Alt+鼠标左键	任意移动程序窗口
Alt+鼠标右键	改变窗口大小

9.3 控制面板概述

利用"控制面板"可以方便有效地进行系统配置和管理方面的操作,即系统基本硬件设备的配置;查看系统信息,执行系统管理任务;定制具有用户个人特色的桌面环境;管理鼠标、键盘的定制等。

访问控制面板的方法有两种:

① 在系统主菜单中选择"系统"→"控制面板";

② 双击桌面上"我的电脑"图标,打开资源管理器,选择"控制面板"。

红旗 Linux 桌面版 6.0 的控制面板如图 9.10 所示。

图 9.10　控制面板界面

在控制面板中包括四个标签页,分别是"硬件配置"、"系统配置"、"观感配置"和"桌面设置"。单击标签页的名称,界面中将列出其中包含的配置项;双击项目图标就可以调出相应的配置工具。

1．硬件配置

如图 9.10 所示,"硬件配置"页中包括各种对计算机硬件(如声卡、显示、键盘、鼠标、网络、打印机等)配置管理的工具。表 9.5 列出了各硬件配置项的功能。

表 9.5　硬件配置项

名　称	功 能 说 明
声卡配置	自动检测和配置声卡
显示配置	配置系统的显示属性
键盘	设置键盘布局及其行为
键盘布局	提供选择不同国家语言的键盘输入布局
鼠标	配置鼠标动作及其使用习惯
网络配置	配置网卡和相关网络连接属性
打印机设置	打印机配置和管理工具

2. 系统配置

"系统配置"页包括多个软件配置管理的工具,如表 9.6 所示。

表 9.6 系统配置项

名 称	功 能 说 明
日期与时间	系统时间、日期、时区的设置
系统通知	打开、关闭或指定系统事件的声音
更改口令	更改当前用户的口令
快捷键	设置系统快捷键方案
混音器	系统音量设置
移动存储介质	各种移动存储介质配置和管理工具
日志查看器	对系统活动的详细审计
系统信息	查看系统信息
服务	设置系统的运行级别和对应的启动服务选项
任务管理器	管理计算机正在运行的任务
本地用户和组	管理本地用户和组
软件包管理器	管理计算机上安装的 RPM 包

3. 观感配置

"观感配置"页包括与桌面外观风格相关的配置项,如表 9.7 所示。

表 9.7 观感配置项

名 称	功 能 说 明
背景	改变背景设置
颜色	改变颜色设置
图标	选择图标主题和设置特殊效果
飞溅屏幕	设置飞溅屏幕主题管理器
窗口装饰	设置窗口装饰方案
登录主题	设置登录主题
屏幕保护程序	设置屏幕保护程序
风格	设置桌面的界面风格

4. 桌面设置

"桌面设置"页包括与桌面行为、排列有关的配置项,如表 9.8 所示。

表 9.8　桌面设置项

名　　称	功 能 说 明	名　　称	功 能 说 明
多个桌面	配置虚拟桌面的个数	窗口行为	配置窗口行为
行为	配置桌面行为	面板	配置面板的排列
任务条	配置面板的任务条		

配置工具中包括很多内容和选项,有些高级选项只有少数用户才会用到,大多数情况使用默认设置即可满足一般的使用要求。

9.4　硬件配置

安装完红旗 Linux 后,需要重新启动系统。如上所述,输入正确的用户名和密码,系统将启动图形桌面环境。为了使系统正常有效地工作,并且适合你的个人习惯和喜好,还需要对有关硬件进行配置。如上所述,在控制面板的"硬件配置"中包含了各种计算机硬件配置管理的工具,保证了各种硬件设备的正常运行。

9.4.1　配置显卡

显示配置项用于完成显示卡和显示器的检测和配置功能。双击控制面板硬件配置中的"显示设置"图标,或在系统主菜单中选择"设置"→"显示设置",将打开如图 9.11 所示的显示设置窗口。

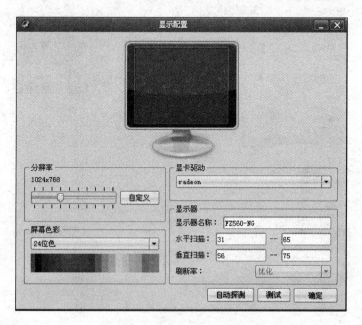

图 9.11　显示属性配置

1. 显示属性配置

配置工具将自动探测显卡和显示器的类型,并在"显卡驱动"和"显示器"文本框中显示探测结果。如果显卡没有被探测出来,就需要手工在下拉列表中选择一个相近项或者使用第一项 VESA。有的显示器不支持自动探测功能,这种情况下也要自己找出显示器的类型。

在"分辨率"中用滑动条进行屏幕分辨率的设置,范围可以从 $640 \times 480 \sim 1680 \times 1050$ 像素,选择不同的分辨率时其效果会在窗口上部的显示器图样上显示。通常可选择 1024×768 像素。"屏幕色彩"区域的下拉列表框中可以进行从 16 位色到 24 位真彩色之间的切换。屏幕色彩和分辨率是由显存的大小决定的。在"刷新率"下拉列表中设定显示器的刷新频率,通常采用系统给出的 85Hz 即可。

配置完成后单击"测试"按钮,系统将启动一个测试画面,并询问是否使用此设置,单击"是",返回后单击"确定"按钮,重新启动 X 即可生效。如果在用户设置的配置参数下不能启动测试画面,系统将提示用户设置不能生效,并恢复到原来的各项设置。

2. 屏幕保护程序配置

在控制面板中选择"观感设置"→"屏幕保护程序",即出现如图 9.12 所示的配置窗口。在"屏幕保护程序"配置页面中,从列表内选择合适的屏幕保护程序。选取一个后,可以单击"应用"按钮,看一看是否满意该屏幕保护图像。如果不满意,则另行选取;如果满意,则单击"确定"按钮。

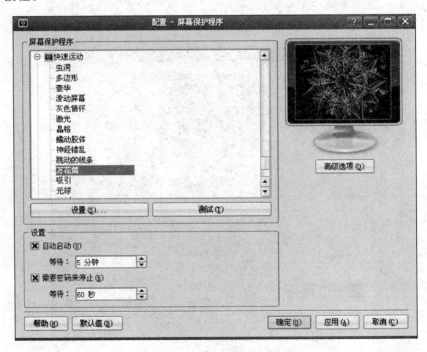

图 9.12 设置屏幕保护程序

如果需要针对该屏幕保护程序进行一些特别设置,请单击"设置"按钮,即弹出设置对话框。从中可以调整所选屏幕保护程序的画面变化速度等参数,它的显示效果将出现在右侧的预览窗口中。

在"设置"部分,能够定义等待时间、是否需要口令来停止屏幕保护程序及设置优先级。配置完成后单击"测试"按钮进行全屏幕的测试。

3. 背景配置

背景配置可以为各个虚拟桌面设置不同的背景墙纸和显示模式。用户可以根据不同的需求,通过选择喜欢的背景图片、颜色等,定制一套个性化的桌面背景。

在控制面板中选择"观感设置"→"背景",即出现如图 9.13 所示的配置窗口。

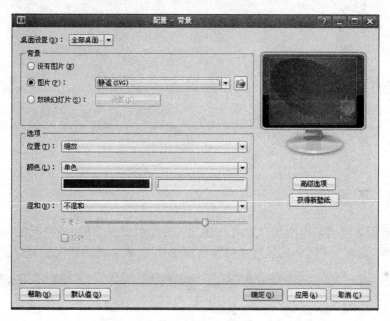

图 9.13　设置桌面背景

9.4.2　配置声卡

正常情况下,当系统安装完毕,你就可以听到从喇叭发出的声音了。但有时会由于一些配置原因,喇叭可能没有发出声音,这时就需要对声卡进行下面的配置工作。

双击控制面板的"硬件配置"中的"声卡配置",将弹出如图 9.14 所示的配置窗口。

此时需要选择配置动作,即"使用默认的声卡驱动"或是"手动选择声卡驱动"。默认情况下,使用默认的声卡驱动。如果声卡不被万能声卡驱动程序包 Alsa(Advanced Linux Sound Architecture)支持,则需尝试手动选择声卡驱动。选定手动选择声卡驱动后,请从右侧下拉列表中选择相应的驱动,单击"确定"按钮后,配置立即生效。

应注意,对一般用户来说,只需要使用"常规"设置。而"高级"设置只为专家用户提供。如果你不知道具体参数的含义,请勿轻易修改。

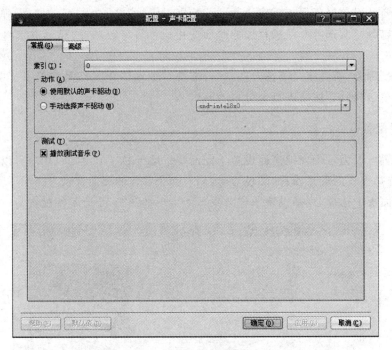

图 9.14　声卡配置

9.4.3　配置网卡

网络配置用于完成基本网络参数的设置。双击控制面板上的"网络配置"图标，或从系统菜单中选择"设置"→"网络配置"，都将弹出如图 9.15 所示的网络配置窗口。

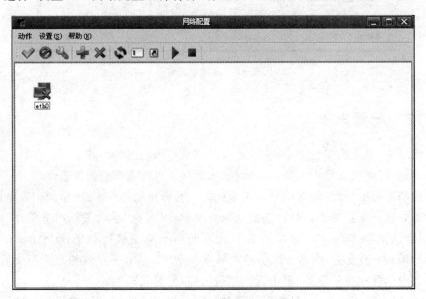

图 9.15　网络配置窗口

图 9.16　网络配置界面

配置程序会探测出计算机中安装的所有网卡，依次以 eth0、eth1…表示。如果只有一块网卡，自然就用 eth0 表示该设备。选中某一网卡（例如 eth0），单击工具栏中的属性按钮（用图标表示），或双击该网卡，将弹出如图 9.16 所示的配置网络参数对话框。

"主机"用来指定该计算机的主机名称。如果没有指定主机名称，则系统默认的主机名是 localhost。

"IP 设置"用来指定主机分配 IP 地址的方式。DHCP 是动态主机配置协议，用来自动配置当前网络的参数。如果当前网络中存在 DHCP 服务器，就可以选中"使用 DHCP"，网关和子网掩码也都不需要填写；否则，需要人工指定网卡的配置信息。

"IP 地址"和"子网掩码"分别用来指定当前网卡使用的 IP 地址及其网络掩码，如果选择的是手工配置方式，就必须输入这些信息。

DNS 用来设定主 DNS 和第二 DNS 服务器的地址。如果参数无误，将自动加载模块并使设置生效。

图 9.15 工具栏中各图标的名称和功能在表 9.9 中列出。

表 9.9　网络配置相关工具名称和功能说明

名　　称	功　能　说　明
连接	建立一个连接
断开	断开当前网卡的连接
属性	查看、配置选定网卡的网络参数
建立 ADSL	建立一个 ADSL 连接
删除 ADSL 连接	删除选定的 ADSL 连接
刷新	刷新屏幕
重命名	重命名所选中的连接
发送到桌面	将当前连接图标发送到桌面
启动 NetStatus	单击后连接状态图标出现在面板的状态条中
停止 NetStatus	单击后连接状态图标从面板的状态条中消失

9.4.4 配置打印机

为了配置系统打印机,以便打印有关文件和信息,首先要将打印机与主机的缆线连接好,然后进行打印机参数配置。一般配置过程如下:

(1) 在"控制面板"上双击"打印机设置"。在图 9.17 所示的"配置-打印机设置"窗口中,单击左上角的"添加",在下拉菜单中选择"添加打印机/类"。

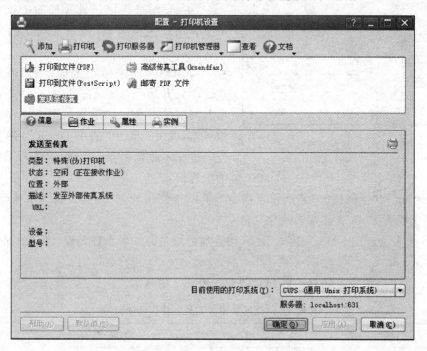

图 9.17 打印机管理界面

(2) 弹出子窗口"添加打印机向导"。本向导将帮助在计算机上安装新的打印机。它将指导你顺次通过安装的多个步骤,并为你的打印系统配置一台打印机。当你确认屏幕上显示出的数据或信息后,可以单击"下一步"按钮进入下一步的操作。在每一步骤里,都可以使用"上一步"按钮退回到前面的步骤。

单击"下一步"按钮。

对"后端选择"可选取"本地打印机(并口、串口和 USB)",只供你自己的计算机使用,然后单击"下一步"按钮。

(3) 对"本地端口选择",通常选择本地系统的并口,即选择 LPT #1。单击"下一步"按钮。系统开始重建驱动程序数据库。需要等待一会儿。

(4) 根据所用的打印机的实际参数,从"打印机型号选择"的列表中(如图 9.18 所示)选择相应的制造商和产品型号(如 HP 公司的 LaserJet 1020)。单击"下一步"按钮。

(5) 将打印机电源打开。然后在"打印机测试"的窗口中单击"测试"按钮进行配置测试。如果配置正确,系统将把测试页发送到打印机,由打印机打印出 Printer Test Page 页。其中包括图形和正文(包括中文)。这一步骤要花费几分钟(取决于打印机的速度)。等打印

图 9.18　打印机型号选择

完成后单击当前窗口的"确定"按钮。返回到"打印机测试"窗口,单击"下一步"按钮。

(6) 在"常规信息"框中输入关于你的打印机或类的信息。其中"名称"必须给出,而且字符串中间不能有空格。而"位置"和"描述"两栏可以不给定。

(7) 在"确认"框中列出该打印机的有关配置信息。单击"完成"按钮,将回到最初的"打印机管理"窗口。

至此,一般的打印机安装和配置工作就完成了。你可以在打印机上打印出常规的文件和图形信息。

9.5　KDE 环境日常应用

几乎所有的日常工作都可以在 KDE 环境下完成,如编辑文档、复制文件、抓图等。而且,其操作步骤与 Windows 系统中的方式也非常相似,使用过程不会使你感到陌生。

9.5.1　建立文档

在 KDE 环境下建立文本文件很方便,其操作步骤与 Windows 下的基本相同。一种方法是:

(1) 选定该文件所在的目录。例如,要在主目录下的 dir1 中新建一个文本文件,其名称为"内容简介"。双击主窗口中的"主文件夹"图标,然后在弹出的窗口中双击 dir1,则在"地址"栏中显示出当前工作目录:/home/mengqc/dir1。

(2) 选中菜单条上的"编辑"项,从下拉菜单中选择"新建"→"文本文件",如图 9.19 所示。

(3) 在出现的对话框中输入文件名"内容简介"(为输入中文,单击 KDE 面板右下角的输入法图标,选取所要使用的输入法,如"智能拼音")。

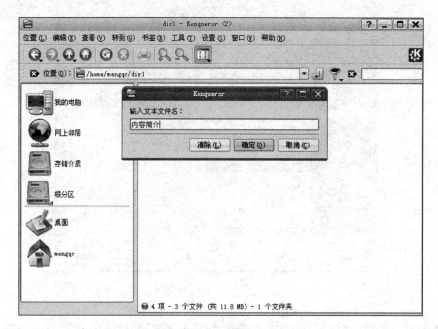

图 9.19 编辑新文本文件

(4) 双击新建文件"内容简介"的图标,打开该文件——当前是空文件。然后,输入要录入的内容,如图 9.20 所示。

图 9.20 新建文本文件示例

(5) 录入完成后,单击"保存"图标。该文件就保存在指定的目录中了。

9.5.2 复制文件

1. 目录间复制文件

先打开要复制文件所在的目录,如/home/mengqc/dir1;从中选中该文件,如 text1,然后按 Ctrl+C 快捷键。再打开目标目录,如/home/mengqc/dir1/q12,按 Ctrl+V 快捷键,则在目录 q12 的窗口中会出现 text1 的图标,表明该文件已经复制到目标目录中了。

或者用鼠标把选定文件从原目录窗口拖到目标目录的窗口中,在弹出的选择框中选取想执行的操作:如选择"移动至此处",则把该文件从原目录移动到新目录,原目录中不再有该文件;如选择"复制至此处",则该文件在两个目录中都出现。

2. 使用 U 盘复制文件

可以利用 U 盘把文件复制到硬盘或者从硬盘中复制出来。

如果要把硬盘上的文件复制到 U 盘上，其一般过程是：打开指定文件（如 text1）所在目录（如/home/mengqc/dir1），选中该文件，按 Ctrl＋C 快捷键；将 U 盘插入计算机的 USB 接口，系统检测到该 U 盘后，会弹出一个对话框，如图 9.21 所示。选择"在新窗口中打开"，单击"确定"按钮，在弹出的窗口上把 U 盘中的文件信息显示出来。将鼠标定位到 U 盘的窗口中，按 Ctrl＋V 快捷键。该文件的图标就在 U 盘的窗口出现，表明已经复制过来了。

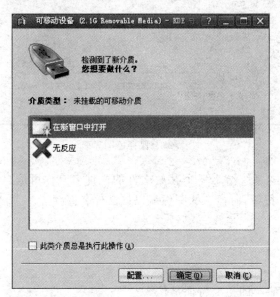

图 9.21　系统检测到 U 盘

反过来，就把 U 盘上的文件复制到硬盘中了。

9.5.3　抓图

在红旗 Linux 系统中配备有抓图工具。利用它，可以很方便地把屏幕上出现的全体或部分图像信息提取并保存起来。一般过程如下。

（1）单击"开始"，从菜单中选中"屏幕截图程序"，出现如图 9.22 所示的窗口。

（2）单击"抓图模式"右端的▼按钮，将出现 3 个可选项："全屏"、"光标处的窗口"和"区域"。

"全屏"将抓取整个屏幕上的图像；"光标处的窗口"将抓取光标所在窗口上的图像；"区域"将抓取选定区域上的图像。

（3）单击"新建抓图"，将按照选定的抓图模式进行抓图。对于"区域"模式，屏幕上将出现一个＋号；移动鼠标，将＋号移到欲选区域的左上角，按

图 9.22　屏幕截图界面

住鼠标左键并向右下方拖动鼠标,在屏幕上出现一个用虚线框住的矩形;到达所选范围后,放开鼠标按键。在抓图窗口的左上部将出现所选区域的预览图。然后,单击"另存为"按钮,出现图9.23所示的界面。

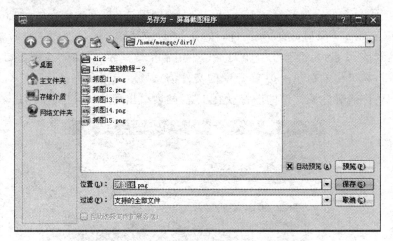

图9.23 保存抓图界面

(4) 在"位置"栏中,系统给出一个存放文件的文件名。你可以自己指定另外一个文件名。然后,单击"保存"按钮,所抓取的图像就以该文件名保存了。

思考题

1. 在图形环境中菜单的主要特征是什么?
2. 在图形环境中窗口一般包括哪些内容?
3. X Window 的体系结构包括哪两个部分?
4. KDE 桌面环境由哪几个部分组成? 各自的主要功能是什么?
5. KDE 桌面系统主要提供哪几种菜单类型? 各自的主要功用是什么?
6. 在红旗 Linux 桌面版 6.0 系统中,控制面板的主要功用是什么? 怎样访问控制面板?
7. 列出配置显示属性的主要过程。
8. 列出配置网卡的主要过程。
9. 列出配置打印机的主要过程。
10. 简述抓取用户主目录窗口图像,并存放到 U 盘上的过程。

第10章 Linux系统管理

古人云:工欲善其事,必先利其器。要想让计算机系统为人们提供高效、友好、方便、可靠的应用环境,就必须把系统配置、管理好。

本章介绍 Linux 系统管理的一般知识,包括系统管理员的一般职责、用户和工作组管理、文件系统及其维护、文件系统的后备、系统安全管理和系统性能优化。

10.1 系统管理概述

每个 Linux 系统都至少有一个人负责系统的维护和操作,他(她)就是系统管理员。在一个大单位里,如大公司、大学、计算中心等,都有一名或多名专职的系统管理员,统一负责机房内计算机系统的全面技术管理;而对于 PC 用户来说,可以身兼数职,既是使用计算机的用户,又是管理系统的系统管理员。当然,对于初学者来说,也可以请厂家售后服务人员或有经验的技术人员帮你做系统维护工作。

系统管理员的职责是保证系统平稳地操作和执行各种需要特权的任务。一般说来,系统管理员的任务包括以下几个方面:

(1) 设置整个计算机系统,包括硬件和软件,如安装硬件设备、安装操作系统和软件包、为用户建立账户等。

(2) 做适当的备份(系统中常规文件复制)和需要时的恢复。

(3) 处理由于计算机有限资源的使用(如磁盘空间、进程数目等)而遇到的问题。

(4) 排除由于连接问题而造成的系统通信(网络)阻塞。

(5) 进行操作系统的升级和维护。

(6) 为用户提供常规支持。

依据系统的规模和用户数目的多少,系统管理的工作可多可少,可以是日常随时要做的工作,也可能是每天一次甚至每月一次的维护工作。更具体一点说,系统管理员的任务可以分为每日、每周、每月任务。

(1) 每日任务包括:

- 根据需要对重要数据建立必要的备份;
- 检查用户登录信息和硬盘空间占用情况;
- 检查网络运行情况,包括通信、信箱等;
- 删除无用的临时文件;

- 检查打印机状态；
- 关机时，检查所有终端设备等是否正确关闭。

（2）每周任务包括：
- 查看文件系统工作情况（注意查看计算机在启动和关闭时的屏幕提示信息报告）；
- 检查计算机运行过程记录的 Log 记录文件或临时文件；
- 检查打印机的"假脱机"状态报告；
- 利用"实用工具软件"整理文件系统，如必要时对硬盘压缩整理、清理"垃圾"文件等。

（3）每月任务包括：
- 文件系统备份；
- 安全检查，包括查杀病毒工作和各业务的特殊要求；
- 根据需要，修改登录密码，检查用户权限；
- 必要的硬盘检查和维护工作；
- 必要的记账和有关统计整理工作；
- 整理文件系统，检查多余的用户文件和硬盘空间使用情况等；
- 系统的技术更新，如硬件设备扩充和软件版本升级等。

当然，如果系统较小，涉及面较窄，则维护工作就可以经常进行。

系统管理关系到整个系统性能的优劣和应用安全。系统管理员手中握有控制系统运行的特权，所以必须认真负责地工作，若粗心应付，必然影响系统的性能，甚至使系统崩溃。系统管理员应掌握系统硬件与软件安装维护方面的原理和技能，熟悉所管计算机系统的各种操作，学习、理解有关维护工具的正确使用，并且要养成良好的科学作风，勤学好问，善于总结，不断积累经验。执行操作之前应明确目的，想好步骤，一步一步地实施。

10.2 用户和工作组管理

10.2.1 用户管理

为了使用多用户的 Linux 操作系统，登录者必须是系统允许登录的已经注册的用户。因此，所有新用户要想进入 Linux 系统，必须由系统管理员预先为他（她）在该系统中建立一个账户。用户账户可帮助系统管理员记载使用系统的人们，并控制他们对系统资源的存取。账户管理也有助于组织用户文件和控制其他用户对它们的访问。这样，管理和维护用户的账户、密码和权限，也就成为系统管理员日常工作的一个重要组成部分。

系统管理员进行用户管理的工作主要包括：用户账户的建立，用户登录系统后相应环境的设定，用户可使用资源的配置和处理用户密码、安全性问题等。

1. 与用户账户相关的文件

在 UNIX/Linux 系统中，用户账户的概念具有多种意义。其中最主要的是基于身份鉴别和安全的原因。系统必须对使用计算机的人加以区别。账户的概念给系统提供了一种区别用户的方法。系统中每个用户有一个个人账户，每个账户有着不同的用户名和密码。用户可以为自己的文件设置保护，允许或限制别人访问它们。

除了一般个人账户之外，系统上还必须存在能够管理系统的高级用户，如 root 账户就是系统管理员用于维护系统的默认账户。

另外，系统中还存在一些不能与人交互的特殊账户，如 bin、sync，等等。

1) passwd 文件

通常，在 Linux 系统中，用户的关键信息被存放在系统的 /etc/passwd 文件中，系统的每一个合法用户账户对应于该文件中的一行记录。这行记录定义了每个用户账户的属性。下面是几个 passwd 文件记录行的示例：

root:x:0:0:root:/root:/bin/bash
bin:x:1:1:bin:/bin:/sbin/nologin
…
mengqc:x:500:100:meng qingchang:/home/mengqc:/bin/bash

在该文件中，每一行用户记录的各个数据段用"："分隔，分别定义了用户的各方面属性。各个字段的顺序和含义如下：

注册名：密码：用户标识号：组标识号：用户名：用户主目录：命令解释程序

(1) 注册名(login_name)：用于区分不同的用户。在同一系统中注册名是唯一的。在很多系统上，该字段被限制在 8 个字符(字母或数字)的长度之内；并且要注意，通常在 Linux 系统中对字母大小写是敏感的。这与 MS DOS/Windows 是不一样的。

(2) 密码(passwd)：系统用密码来验证用户的合法性。超级用户 root 或某些高级用户可以使用系统命令 passwd 来更改系统中所有用户的密码，普通用户也可以在登录系统后使用 passwd 命令来更改自己的密码。

现在的 UNIX/Linux 系统中，密码不再直接保存在 passwd 文件中，通常将 passwd 文件中的密码字段使用一个 x 来代替，将 /etc/shadow 作为真正的密码文件，用于保存包括个人密码在内的数据。当然 shadow 文件是不能被普通用户读取的，只有超级用户才有权读取。

此外，需要注意的是，如果 passwd 字段中的第一个字符是"*"的话，那么，就表示该账户被查封了，系统不允许持有该账户的用户登录。

(3) 用户标识号(UID)：UID 是一个数值，是 Linux 系统中唯一的用户标识，用于区别不同的用户。在系统内部管理进程和文件保护时使用 UID 字段。在 Linux 系统中，注册名和 UID 都可以用于标识用户，只不过对于系统来说 UID 更为重要；而对于用户来说注册名使用起来更方便。在某些特定目的下，系统中可以存在多个拥有不同注册名、但 UID 相同的用户，事实上，这些使用不同注册名的用户实际上是同一个用户。

(4) 组标识号(GID)：这是当前用户的默认工作组标识。具有相似属性的多个用户可以被分配到同一个组内，每个组都有自己的组名，且以自己的组标识号相区分。像 UID 一样，用户的组标识号也存放在 passwd 文件中。在现代的 UNIX/Linux 中，每个用户可以同时属于多个组。除了在 passwd 文件中指定其归属的基本组之外，还在 /etc/group 文件中指明一个组所包含的用户。

(5) 用户名(user_name)：包含有关用户的一些信息，如用户的真实姓名、办公室地址、联系电话，等等。在 Linux 系统中，mail 和 finger 等程序利用这些信息来标识系统的用户。

(6) 用户主目录(home_directory)：该字段定义了个人用户的主目录，当用户登录后，他的 shell 将把该目录作为用户的工作目录。在 UNIX/Linux 系统中,超级用户 root 的工作目录为/root;而其他个人用户在/home 目录下均有自己独立的工作环境,系统在该目录下为每个用户配置了自己的主目录。个人用户的文件都放置在各自的主目录下。

(7) 命令解释程序(shell):shell 是当用户登录系统时运行的程序名称,通常是一个 shell 程序的全路径名,如/bin/bash。

当用户登录后,将启动这个程序来接收用户的输入并执行相应的命令。如前所述,从 Linux 核心的角度看来,shell 就是用户和核心交流的一种中间层面,用于将用户输入的命令串解释为核心所能理解的系统调用或中断子例程,同时又将核心的工作结果解释为用户能理解的可视化输出结果。所以,对用户而言,shell 被称为命令解释程序;而对于核心而言,shell 又被称为外壳程序。

需要注意的是,对于普通用户而言,passwd 文件是只读文件,无权修改。系统管理员通常没有必要直接修改 passwd 文件,Linux 提供一些账户管理工具帮助系统管理员来创建和维护用户账户。

2) shadow 文件

目前,大多数的 UNIX/Linux 系统利用/etc/shadow 文件存放用户账户的加密密码信息和密码的有效期信息。下面示例是 shadow 文件中的几条记录示例:

```
root:$1$Eu2q3042$.xiuOYvY1FWI8fqadgKtV.:14198:0:99999:7:::
bin:*:14198:0:99999:7:::
…
mengqc:$1$YhdDo6Rv$MO4OtRh2uCinarsAKVZG1/:14235:0:99999:7:::
```

Linux 系统的 shadow 文件中,为每个用户提供一条记录,各个字段用":"隔开,这 9 个字段按先后顺序分别是:

- 注册名
- 密文密码
- 上次更改密码时间距 1970 年 1 月 1 日的天数
- 密码更改后,不可以更改的天数
- 密码更改后,必须再次更改的天数(即密码的有效期)
- 密码失效前警告用户的天数
- 密码失效后距账户被查封的天数
- 账户被查封时间距 1970 年 1 月 1 日的天数
- 保留字段

UNIX/Linux 修改密码的机制很简单:用户修改密码时使用 passwd 命令,该命令通常位于 /usr/bin 之下。普通用户只能修改自己的密码,而且必须回答老的密码;root 可以修改系统中任何用户的密码,并且此时系统不会询问老的用户密码。

2. 使用 KDE 桌面系统建立和删除用户账户

1) 建立用户账户

使用 KDE 桌面系统为新用户建立账户的步骤如下:

(1) 以 root 用户登录。双击主窗口上的"控制面板"图标,在打开的"控制面板"窗口中选择"系统配置",在出现的图标框中双击"本地用户和组"图标。

(2) 在"本地用户和组"窗口中,单击工具栏上带"十"号单个人头像的图标(或者单击窗口菜单栏上的"工具",然后选择"添加新用户"),弹出"增加新用户"对话框,如图10.1所示,输入用户名以及描述信息。这里,用户名就是用户的注册名,而描述信息可以是用户的真实姓名、办公室地址、联系电话等。通常,用户ID由系统自动给出。同样,"登录shell"和"主目录"也由系统给出。当然,也可以手工输入。然后,单击"继续"按钮。

图10.1 "本地用户和组"窗口

用户名的首位必须是英文字母,并且不能与已有的用户名重复。"用户ID"是该用户在系统中的唯一标识,范围是1~65535。默认情况下,系统会为用户指定一个500以上的标识号,也可以手工指定用户的UID号,但推荐由系统自动分配。"登录shell"一般只需采用默认的/bin/bash。添加用户时,系统会默认创建一个用户主目录/home/username(用户名),用户也可以指定为其他目录。

(3) 在出现的"设置密码"框中,输入用户的密码。可以临时指定一个密码,待新用户成功登录后,自行修改。在"确认"栏中重复输入一遍密码,以避免输入错误,然后单击"继续"按钮。

用户密码至少6位。密码最好是数字、字母及特殊字符的组合。不要因方便而使用简单的数字、英语单词、生日、电话等,因为这些都可能成为个人信息的安全隐患。

可以设置用户密码的使用期限,选中"永不过期"则用户密码永远有效,选择"无密码"表示该用户不需密码即可登录系统。

(4) 在出现的"用户-组关系设置"框中,从列出的"所有组"清单中选取一个组,单击"增加"按钮,则将该组名加到"隶属于"框中,表示新用户隶属于该组。还可以重复这个动作,该用户就隶属于多个组。

(5) 单击"继续"按钮,弹出"完成"框。其中显示出用户名、描述和主组群的信息。核实无误后,单击"完成"按钮。

至此,为新用户建立账户的工作完成。在"本地用户和组"窗口列出的"用户"信息中可以找到该新用户的一栏。

2) 删除用户账户

使用 KDE 桌面系统删除一个用户账户的步骤如下:

(1) 依次打开或选择下列图标或菜单:"控制面板"→"系统配置"→"本地用户和组"。

(2) 在"本地用户和组"窗口上所列出的用户清单中,选取要删除的一个用户,该栏目被高亮显示。

(3) 在"工具"菜单中选择"删除"项(或者单击工具栏上带"×"号单个人头像的图标),屏幕上出现警告框,如图 10.2 所示。当确认要把选中用户删除后,就单击"确定"按钮,该用户的账户就从系统中删除了。

图 10.2　删除用户账户

3. 在命令方式下建立和删除用户账户

从上面介绍中可以看出,对系统而言,创建一个用户账户需要完成以下几个步骤:

(1) 添加一个记录到/etc/passwd 文件。

(2) 创建用户的主目录。

(3) 在用户的主目录中设置用户的默认配置文件(如.bashrc)。

在几乎所有的 Linux 系统中都提供了 useradd 或 adduser 命令,它们能完成以上这一系列工作。通常,这两个命令没有多大区别。

1) 添加用户账户命令 useradd

useradd 命令可以创建新用户或者更新默认新用户的信息。其一般使用格式是:

useradd [选项] 用户名

例如,建立一个名为 zhangsan 的用户账户;之后,还要使用 passwd 命令为新用户设置密码。

```
# useradd zhangsan
# passwd zhangsan
Changing password for user zhangsan.
Enter new UNIX password:
Retype new UNIX password:
Sorry, passwords do not match
passwd: Authentication information cannot be recovered
# passwd zhangsan
Changing password for user zhangsan.
Enter new UNIX password:
Retype new UNIX password:
passwd: all authentication tokens updated successfully.
#
```

如果两次输入的密码不一致,则会告之前后密码不匹配,要求重新输入。

2) 删除用户账户命令 userdel

要删除已经存在的用户账户,必须从/etc/passwd 文件中删除此用户的记录项、从/etc/group 文件中删除提及的此用户,并且删除用户的主目录及其他由该用户创建或属于此用户的文件。这些工作可以使用 userdel 命令来完成。其一般使用格式是:

userdel [- r] 用户名

如果使用选项-r,将把用户主目录及其下面的所有内容都删除。

例如,要删除用户 zhangsan 的账户:

userdel - r zhangsan

某些时候,需要临时性地使某个账户失效,例如用户没有付费,或是系统管理员怀疑黑客得到了某个账户的密码。解除限制后,该账户才可以登录。这就是所谓的查封账户。当需要查封某个账户时,可以将用户记录从/etc/passwd 文件中去掉,但是保留该用户的主目录和其他文件;或者使用 vi 编辑/etc/passwd(或/etc/shadow)文件,在相关用户记录的密码字段的首字符前加上符号" * ",例如,希望查封前面提到过的用户账户 mengqc,则在/etc/shadow 文件中将该用户记录修改如下:

mengqc: * $ 1 $ YhdDo6Rv $ M04OtRh2uCinarsAKVZG1/:14235:0:99999:7:::

这样,就限制了该用户账户的登录。当然,管理员还可以使用另一种方法来查封用户,即:将用户账户的 shell 设置成一个特定的只打印出一条信息的程序,该信息还可以告诉用户应与系统管理员联系,以处理相关问题。用这种方法,任何想登录此账户的人将无法登录,并能得知具体原因。

10.2.2 工作组管理

利用工作组可以方便地把相关用户账户逻辑地组织在一起。在组的支持下,允许用户在组内共享文件。Linux 系统中每一个文件都有一个用户和一个组的属主,也就是说系统中任何一个文件都归属于某个组中的一个用户。使用 ls -l 命令可以看到文件所属的用户和组,例如/home/mengqc 目录下存在文件 exam1,运行 ls -l 将输出如下结果:

```
# ls -l exam1
-rwxr-xr-x 1 mengqc users 61 04-01 09:00 exam1
```

表明该文件的属主是 mengqc,而用户所属的组是 users。

1. 与工作组相关的文件

每个用户至少属于一个组。但是,一个用户可以从属于多个组。这种从属关系对应于系统/etc/group 文件中的 GID 字段。类似于/etc/passwd 文件,系统中的每个组都对应/etc/group 文件中一行记录。下面是/etc/group 文件部分内容的示例:

```
root:x:0:root
bin:x:1:root,bin,daemon
…
users:x:100:mengqc,liuzh,mengx
```

记录的各字段属性依次定义如下:

组名:密码:组标识号:用户列表

其中,各个字段的含义如下:

- 组名(group_name):顾名思义,组名就是工作组的名字。
- 密码(passwd):组的密码,但密码字段不常用。允许不在这个组中的其他用户用 newgrp 命令来访问属于这个组的资源。
- 组标识号(GID):GID 是系统用来区分不同组的标识号,它在系统中是唯一的。在/etc/passwd 文件中,用户的组标识号字段就是用这个数字来指定用户的默认组。
- 用户列表(user_list):用户列表是用","分隔的用户注册名集合,列出了这个组的所有成员。但是需要注意的是,这些被列出的用户在/etc/passwd 文件中对应的 GID 字段(即用户的默认组)与当前/etc/group 文件中相应的 GID 字段是不同的。也就是说,组的默认用户不必列在该字段中。

在 Linux 系统中,root 和 bin 都是管理组。系统中很多文件都属于这两个组。users 是一个普通的用户组。在实际的应用中,组密码字段是完全没有必要的。事实上,很多系统没有提供设置组密码的工具。这是因为,要使一个用户成为多个组的成员,只需要把用户注册名加入到这些组的用户列表字段中。

用户可以使用 groups 命令列出当前用户所属的所有组的名称。

当用户登录时,被自动赋予/etc/passwd 文件中的 GID 属性,也自动成为/etc/group 文件中列出该用户组的成员。

2. 使用 KDE 桌面系统添加和删除工作组

1) 添加新组群

在"本地用户和组"窗口中，打开"工具"菜单，从中选取"添加新组群"。出现如图 10.3 所示的"增加新组群"对话框，输入新组的名字，如 mengqc，然后单击"继续"按钮。

图 10.3 "增加新组群"对话框

在"成员信息"框所列出的用户中，选取隶属于该组的成员，并单击"增加"按钮，则选取的用户名就出现在"组成员"框中。这个操作可以重复多次。

当新组的成员设置完成后，单击"继续"按钮。在"完成"框中显示上述信息。单击"完成"按钮。在"本地用户和组"窗口的"组"项目下，会出现新组 mengqc 的条目。

2) 删除工作组

要删除一个工作组，如 mengqc，先在"本地用户和组"窗口的组列表中选取该组（即 mengqc），然后在"工具"菜单中选取"删除"。如果确定要删除该组，则在警告框中单击"确定"按钮。这样，工作组 mengqc 就从系统中消失了。

3. 在命令方式下添加和删除工作组

对于工作组的设置主要包括以下几项工作：
- 创建和删除工作组；
- 修改组的属性；
- 调整用户所属组；
- 组权限的设定。

添加组的命令是 groupadd，如要添加组 mengx，则可以使用命令：

```
#groupadd   mengx
```

删除组的命令是 groupdel，如要删除组 mengx，则可以使用命令：

```
#groupdel   mengx
```

修改组属性的命令是 groupmod。也可以利用桌面系统实现上述功能。

10.2.3 设置用户登录环境

以上是用户基本属性的设置。但是，用户在使用 Linux 系统的时候，还需要相关的工作环境。为此，管理员应为用户设置登录环境。

当用户登录 Linux 系统后，通常接触的第一个软件环境就是 bash 命令解释程序，这是除了系统核心之外最重要的软件环境。在 Linux 系统中，软件环境的配置信息通常都存放在一些配置文件中。

以下是一些较为重要的 shell 环境配置文件：

- /etc/bashrc：包含系统定义的命令别名和 bash 的环境变量定义；
- /etc/profile：包含系统的环境定义并指定启动时必须运行的程序；
- /etc/inputrc：包含系统的键盘设定以及针对不同终端程序的键位配置信息；
- $HOME/.bashrc：包含为用户定义的命令别名和 bash 的环境变量定义；
- $HOME/bash_profile：包含为用户定义的环境变量并指定用户登录时需要启动的程序；
- $HOME/.inputrc：包含用户的键盘设定以及针对用户终端的键位配置信息。

这些文件都是采用 shell 语言编写的系统脚本文件，通常用户目录下的配置文件与/etc 目录中相对应的文件大致相同。限于篇幅，这里不再详述。读者可以列出所用 Linux 系统上有关文件的内容，并进行分析。

10.2.4 用户磁盘空间限制

在 Linux 系统中，系统管理员可以控制用户对硬盘的使用。也就是说，能够限定用户使用的硬盘空间的大小。其好处是，可以将整个硬盘资源公平合理地进行分配，从而不会出现某个用户或某些用户占用过多的硬盘空间而导致其他用户工作不便的现象。

Linux 系统是通过 quota(磁盘限额)机制来实现对用户使用硬盘资源的控制。quota 可以从两个方面来限制用户使用硬盘资源：

（1）用户所能够支配的索引节点数。
（2）用户可以存取的硬盘分区数。

quota 机制的功能是强制用户在大部分时间内保持在各自的硬盘使用限制下，取消用户在系统上无限制地使用硬盘空间的权力。

该机制是以用户和文件系统为基础的。如果用户在一个以上的文件系统上创建文件，那么必须在每个文件系统上分别设置 quota。

通常 quota 的配置过程如下：

(1) 首先应该确保在 Linux 核心中提供对 quota 的支持。也就是说在配置核心时，对于以下核心开关选项：

```
quota support(CONFIG_QUOTA)
```

应该设置为 Y，使核心提供对 quota 机制的支持。

(2) 安装与 quota 相关的软件包。通常的 Linux 系统（例如，红旗 Linux 服务器版）在系统安装时会默认安装相关的软件包，包的命名方式一般为 quota-x.xx-x.i386.rpm。如果系统安装了该软件包，可以使用以下命令核查该包：

```
# rpm -q quota
quota-3.12-7.i386
```

如果系统没有安装过该软件包，可以使用以下命令安装该包：

```
# rpm -ivh quota*.rpm
```

(3) 修改用户的系统初启脚本文件，使之能够检查 quota 并在系统初启时开启 quota 功能。以下是一个初启脚本文件部分片段的示例：

```
#检查 quota 程序并且开启 quota 磁盘限额功能
if [ -x /sbin/quotacheck ]
then
echo "Cheching quotas…"
/sbin/quotacheck -avug
echo "[Done]"
fi
if [ -x /sbin/quotaon ]
then
echo "Turning on quota…"
/sbin/quotaon -avug
fi
```

上面这段脚本可以添加到文件/etc/rc.d/rc.sysinit 或/etc/rc.d/rc.local 中。但是需要注意，必须在加载用户/etc/fstab 中指定的文件系统后，才能启动 quota，否则 quota 将不会运行。这是因为 quota 是依赖于文件系统的，只有为用户加载文件系统后，才能为用户设置 quota。

(4) 修改初启时文件系统的支持。

前面介绍对 quota 初启脚本的编写时曾提到过，在使用脚本文件开启 quota 功能之前，必须在加载/etc/fstab 文件中指定了文件系统。这是因为：为了在系统每次初启时使文件系统上的硬盘限额是有效的，/etc/fstab 文件也需要进行相应的修改。

在/etc/fstab 文件中，没有启用 quota 的分区一般如下所示：

```
/dev/hda1         /        ext3    default      1 1
/dev/hdb2         /work    ext3    defaults     1 2
```

如果要在文件系统中加入用户 quota 功能，则应在包含 defaults 选项的后面加上 usrquota。例如，我们要为/dev/hdb2 上的文件系统设置 quota，则利用 vi 编辑该文件，修改如下：

```
/dev/hdb2          /work          ext3          defaults,usrquota          1 2
```

如果用户需要启动文件系统中对用户组 quota 的支持,则需要在包含 defaults 选项的后面加上 grpquota：

```
/dev/hdb2          /work          ext3          defaults,grpquota          1 2
```

如果需要同时支持用户 quota 与组 quota,则修改如下：

```
/dev/hdb2          /work          ext3          defaults,usrquota,grpquota          1 2
```

(5) 建立 quota.user 和 quota.group 文件。

在上面(3)所述脚本中,命令 quotacheck 的作用是检查需要打开磁盘限额的目录下的所有子目录,并建立 quota.user 和 quota.group 这两个配置文件,这两个文件用于记录 quota 的配置信息以及当前 quota 目录下硬盘的使用情况。第一次执行这样的检查过程可能会比较慢。

如果是第一次安装 quota,则必须先定位到要设定 quota 的目录中,上面的示例目录是/work,在该目录中执行命令：

```
# quotacheck - avug
```

让系统自动生成 quota.user 和 quota.group 这两个文件。这两个文件的内容相对较为简单,读者可一目了然。

(6) 使用 edquota(quota 编辑器)修改用户配额。假定要修改用户 mengqc 的 quota 配额,可以使用 edquota -u mengqc 命令来限定该值。edquota 命令将会把用户带进 vi(或是在用户的环境变量 EDITOR 中所指定的编辑器),从而为用户 mengqc 编辑启用 quota 的分区上的磁盘配额值。下面示出该命令执行的结果。

```
Disk quotas for user mengqc (uid 500):
  Filesystem          blocks      soft      hard      inodes      soft      hard
  /dev/hda8           87208       0         0         988         0         0
~
~
~
~
```

超级用户(即 root)可以根据系统资源和用户情况编辑磁盘配额。图中,soft 表示软限制,指出 quota 使用者在分区上拥有的硬盘用量总数；hard 表示硬限制,指出硬盘用量的绝对限制,quota 使用者不能超过其硬限制。

10.3 文件系统及其维护

10.3.1 建立文件系统

一个分区或磁盘能作为文件系统使用之前,需要初始化,并将记录数据结构写到磁盘上。这个过程称做建立文件系统。

大部分 Linux 的文件系统(如 ext,ext2,ext3 等)具有类似的通用结构,仅在某些细节上有些变化。它们遵循的基本概念包括超级块(super block)、I 节点(inode)、数据块(data block)、目录块(directory block)和间接块(indirection block)等(详见 11.3 节)。利用这些结构,可以安全、有效地对其中的文件进行管理和操作。

文件系统可以通过 mkfs 命令建立。用 mkfs 命令可以在任何指定的块设备上建立不同类型的文件系统。其实,建立每种文件系统都要使用针对自己的、单独的建立程序,mkfs 只是对于不同文件系统确定运行何种程序的一个外壳而已。

1) 一般格式

mkfs [选项] 文件系统名 [块数]

2) 说明

mkfs 通常用来在硬盘分区上建立一个 Linux 文件系统。其实,用 mkfs 命令可以在任何指定的块设备上建立不同类型的文件系统。文件系统名可以是设备名,如/dev/hda1、/dev/sdb2 等;也可以是该文件系统安装点的名称,如/、/usr、/home 等。而块数是该文件系统使用的磁盘块的数量。

对文件系统的操作必须由超级用户完成,所以,只有 root 用户才能建立或安装/卸下文件系统。

3) 常用选项

- -t fstype　　指定所建文件系统的类型为 fstype。如果没有指定 fstype,则采用默认的文件系统(当前默认的文件系统是 ext3)。
- -c　　在建立文件系统之前,先检查设备上的坏块,并初始化相应的坏块表。
- -v　　强行产生长格式输出。

4) 示例

如果需要在分区/dev/hda1 上建立 ext3 文件系统,并检查坏块,应该使用以下命令:

```
#mkfs -c /dev/hda1
```

10.3.2 安装文件系统

一个文件系统如果存在,但尚未被合并到可存取的文件系统结构中,则称为卸下的文件系统;如果它已经被并入到可存取的文件系统结构中,则称其为已安装的文件系统。一个文件系统在使用之前,必须执行文件系统的安装,文件系统只有安装后,用户才能对它进行一般的文件操作。可以在系统引导过程中自动安装文件系统,也可以使用 mount 命令手工安装。

1. 引导时自动安装

多数情况下,用户需要使用的文件系统比较固定,不会经常改变。所以,如果每次使用文件系统时都要重新安装是很麻烦的。为此,可以采用一个方便的方法:在系统引导时自动安装文件系统,即通过修改/etc/fstab 文件(称为文件系统安装表)中的表项来选择启动时需要安装的文件系统。在内核引导过程中,它首先从 LILO 指定的设备上安装根文件系统,随后加载/etc/fstab 文件中列出的文件系统。/etc/fstab 文件记载了系统中文件系统的类型、安装位置及可选参数。

fstab 是一个文本文件,可以使用编辑工具(如 vi)对其进行修改。当然,在修改前应作好备份,因为破坏或删除其中的任何一行将导致下次引导系统时该文件系统不能被加载。fstab 文件中的每一行代表一个需要安装的文件系统,其格式如下:

device mnt   type   options   dump   passno

其中:
- device   指定要被安装的文件系统的标号或所在的设备。
- mnt   指定文件系统的安装点。
- type   指定文件系统的类型,如 ext2,ext3,proc,sysfs,swap 等。
- options   使用逗号隔开的安装选项列表,至少需要指出文件系统的安装类型。默认值为 defaults。
- dump   指定两次备份之间的时间。
- passno   指定系统引导时检查文件系统的顺序,根系统的值为 1,其余的值为 2。如果没有指定值(为 0),则引导时该文件系统不被检查。

图 10.4 所示是一个实际系统的 /etc/fstab 文件。

```
# cat /etc/fstab
LABEL=/             /              ext3    defaults           1 1
/dev/devpts         /dev/pts       devpts  gid=5,mode=620     0 0
/dev/shm            /dev/shm       tmpfs   defaults           0 0
/dev/proc           /proc          proc    defaults           0 0
/dev/sys            /sys           sysfs   defaults           0 0
LABEL=SWAP-hda9     swap           swap    defaults           0 0
/dev/hda1           /mnt/hda1      vfat    utf8,umask=0,exec  0 0
/dev/hda5           /mnt/hda5      vfat    utf8,umask=0,exec  0 0
/dev/hda6           /mnt/hda6      vfat    utf8,umask=0,exec  0 0
/dev/hda7           /mnt/hda7      vfat    utf8,umask=0,exec  0 0
#
```

图 10.4   fstab 文件内容

2. 用 mount 命令手工安装

除了在系统引导时自动安装文件系统外,超级用户也可以使用 mount 命令手工安装文件系统。下面介绍 mount 命令的使用方式。

1)一般格式

mount [选项] ... device   dir

2)说明

mount 命令的标准格式是:mount   -t   fstype   device   dir

它告诉操作系统内核:把设备 device 上类型为 fstype 的文件系统安装到目录 dir 下。所以,mount 命令通常有三个主要参数:

(1)需要安装的文件系统类型,用 -t fstype 选项来指定,这与 mkfs 中的 -t 选项是一样的。

(2)所需访问的文件系统所在分区名,通常是位于目录 /dev 中的块设备文件;如果需要安装网络文件系统时,就使用该服务器上输出的目录名。

(3)安装新文件系统的路径名,也就是放置新文件系统的安装点(mount point)。通常,这是一个空目录名,并且是专门为安装新文件系统而准备的。在 Linux 系统下,目录 /mnt 是常用的文件系统安装目录,默认情况下,CDROM 和 U 盘都安装在其子目录下。当然,文件系统也可以被安装到其他空目录中。

3）常用选项

针对不同类型的文件系统，mount 命令的选项也有差异。下面列出几个常用的选项。

-a　　　加载符合要求的所有文件系统，如果没有其他参数，将加载在文件/etc/fstab 中列出的所有文件系统。

-t vfstype　确定文件系统类型——由 vfstype 指定。

-o　　　通常后随被逗号分开的选项串。常用来确定文件系统的读写权限、时间更新、修改授权等方面的限制。如 ro 表示只读文件系统，rw 表示可读可写的文件系统。

4）示例

需要将分区/dev/hda1 上 ufs 文件系统安装到系统的空目录/www 下，并且该文件系统为只读的。应该使用以下命令：

```
#mount -t ufs -o ro /dev/hda1 /www
```

10.3.3　卸载文件系统

在关闭系统之前，为了保证文件系统的完整性，所有安装的文件系统都必须被卸载。通常在/etc/fstab 文件中定义的文件系统都能够自动卸载。但是，对于用 mount 命令手工安装的文件系统，在关闭系统之前必须手工卸载该文件系统。有时候，也需要在系统工作过程中手工卸载某个文件系统。除了根文件系统外，其他文件系统都是可以卸载的。常见的情况是对于 U 盘和光盘上的文件系统，每更换一次盘就必须安装/拆卸一次。

手工卸载文件系统必须使用 umount 命令。

1）一般格式

umount　［选项］　安装点｜设备名

2）说明

umount 命令可以卸下在指定安装点上安装的或寄生在给定设备（设备名）上的文件系统。但是，应该注意：umount 命令永远不能卸载一个正在工作状态中的文件系统，例如，其中有文件被打开，某些进程的工作目录在该文件系统中，上面有一个对换文件正在使用。在这种情况下，就会接到一个"文件系统忙"的出错信息。

另外，要注意该命令的拼写：umount，而不是 unmount。

3）常用选项

-a　　　在文件/etc/mtab 中说明的所有文件系统（除 proc 外）都被卸载。

-t vfstype　仅对被 vfstype 指定类型的文件系统起作用。如果指定的类型有多个，则彼此用逗号分开。在给定的文件系统类型前面可以加 no，表示对它不起作用。

-f　　　强行卸载。

4）示例

将安装在/mnt/cdrom 目录下的光盘卸载，可以使用以下命令：

```
# umount   /mnt/cdrom
```

或者

```
# umount   /dev/cdrom
```

10.3.4　维护文件系统

当 Linux 文件系统由于人为因素或是系统本身的原因（如用户不小心冷启动系统、磁盘关键磁道出错或计算机关闭前没有来得及把 cache 中的数据写入磁盘等）而受到损坏时，都会影响文件系统的完整性和正确性。这时，就需要系统管理员进行维护。

1. fsck 命令

对 Linux 系统中常用文件系统的检查是通过 fsck 工具来完成的。其一般使用格式如下：

```
fsck [选项] file_system [ … ]
```

其中，file_system 是指定要检查的文件系统。在通常情况下，可以不为 fsck 指定任何选项。例如，要检查/dev/hda1 分区上的文件系统，可以用以下命令：

```
# fsck   /dev/hda1
```

应该在没有用 mount 命令安装该文件系统时才使用 fsck 命令检查文件系统，这样能保证在检查时该文件系统上没有文件被使用。如果需要检查根文件系统，应该利用启动盘引导，而且运行 fsck 时应指定根文件系统所对应的设备文件名。对于普通用户来说，为了安全起见，不要使用 fsck 来检查除 ext3 之外的文件系统。

fsck 在发现文件系统有错误时可以修复它。如果需要 fsck 修复文件系统，必须在命令行中使用选项-A、-P。当修复文件系统后，应该重新启动计算机，以便系统读取正确的文件系统信息。

fsck 对文件系统的检查顺序是从超级块开始，然后是已经分配的磁盘块、目录结构、链接数以及空闲块链接表和文件的 I 节点，等等。用户一般不需要手工运行 fsck，因为引导 Linux 系统时，如果发现需要安装的文件系统有错，会自动调用 fsck。

2. 避免可能导致系统崩溃的文件系统的错误

为了避免因为文件系统错误而导致系统崩溃，可以考虑采取以下措施：
（1）在正确安装 Linux 系统后，制作系统备份。
（2）创建对应当前 Linux 核心的启动盘。
（3）可以在光盘上做一些重要文件的备份。
（4）对关键服务器，最好使用 UPS，预防突然掉电。
（5）定期使用 fsck 或 badblocks 检查磁盘，一旦发现错误，必须要做备份。
（6）一般情况下，不要以 root 身份登录到 Linux 系统。
（7）不要在完成任务后直接关闭系统的电源开关，最好使用 shutdown 命令。

(8) 不要让无用的程序或数据占满硬盘空间。

这样做,可以将因文件系统错误而导致的损失降到最小。

3. 其他一些管理文件系统的命令

表 10.1 列出其他一些用于文件系统管理的工具和文件。

表 10.1 文件系统管理工具

命 令	功 能
du	统计当前目录下子目录的磁盘使用情况,主要是统计其子目录和所有子目录下文件的大小
df	统计文件系统中空闲的磁盘空间,默认情况下显示所有安装文件系统的磁盘使用信息
ln	用来在目录或文件间建立链接
find	用于查找 Linux 系统上的文件或目录
tar	一个文件管理工具,用于将文件归档,或从归档文件中恢复文件
gzip	GNU 文件压缩工具,用于压缩 Linux 文件,通常与 tar 一起使用

10.4 文件系统的后备

系统管理员的主要任务之一是确保系统中所存信息的持续完整性。维护完整性的一种方法是定期后备系统中的数据。

系统后备(备份)是保护用户不受数据损坏或丢失之苦的一种非常重要的手段。如果系统的硬件出现了问题,或者是用户不小心删除了重要的文件,都有可能造成数据损坏或丢失,尤其在服务器应用环境中所造成的损失更是难以预计。经常进行数据备份可以使偶然破坏造成的损失减小到最低程度,而且能够保证系统在最短的时间内从错误状态中恢复。

通常,在 Linux 系统中,造成数据丢失或数据损坏的原因有多种:第一种原因是用户误操作,强行删除或覆盖了一些重要的文件;第二种原因是硬件发生故障,导致数据的丢失;第三种原因是因为软件本身存在故障而造成的数据丢失。系统中数据的丢失和损坏,轻则破坏用户关键数据,重则导致系统不能正常工作。所以,定期进行系统和用户数据的备份,是系统管理员的基本职责所在。

对于备份来说,管理员需要考虑以下一些问题:

(1) 备份介质的选择。
(2) 备份策略的选择。
(3) 备份工具的选择。

目前,比较常用的备份介质有 U 盘、光盘和硬盘,等等。

10.4.1 备份策略

通常有三种备份策略。

1. 完全备份

完全备份也称为简单备份。即每隔一定时间就对系统做一次全面的备份,这样在备间隔期间出现了数据丢失或破坏,可以使用上一次的备份数据将系统恢复到上一次备份时的状态。

但是,这样每次备份的工作量相当大,需要很大的存储介质空间。因此,不可能太频繁地进行这种系统备份,只能每隔一段较长的时间(例如一个月)才进行一次完全备份。然而,在这段相对较长的时间间隔内(整个月)一旦发生数据丢失现象,则所有更新的系统数据都无法被恢复。

2．增量备份

这种备份策略首先进行一次完全备份;然后每天进行一次备份,但仅仅备份在这段时间间隔内修改过的数据;当经过一段较长的时间后,再重新进行一次完全备份……依照这样的周期反复执行。增量备份的工作量较小,也能够进行较为频繁的备份。例如,可以以一个月为备份周期,每个月进行一次完全备份,每天下班后或业务量较小时进行当天的增量数据备份。

3．更新备份

这种备份方法与增量备份相似。首先每隔一段时间进行一次完全备份,然后每天进行一次更新数据的备份。但不同的是:增量备份是备份当天更改的数据,而更新备份是备份从上次进行完全备份后至今更改的全部数据文件。一旦发生数据丢失,首先可以恢复前一个完全备份,然后再使用前一个更新备份恢复到前一天的状态。

更新备份的缺点是每次做小备份工作的任务比增量备份的工作量要大。但是,相对于增量备份每天都保存当天的备份数据,需要很多的存储量而言,更新备份只需要保存一个完全备份和一个更新备份就行了。另外在进行恢复工作的时候,增量备份要顺序进行多次备份的恢复,而更新备份只需要恢复两次。因此,更新备份的恢复工作相对较为简单。

10.4.2 备份时机和工具

1．备份时机的选择

备份需要定期进行。通常,应该选择在系统比较空闲时进行,以免影响系统的正常工作,可以选择在半夜零点之后进行备份,因为此时系统中数据更新频度较低。可以考虑写一个脚本并且加入到系统的 cron 自动任务中去(有关 cron 的详情,请利用 man 命令参考 cron 的手册页)。不过需要注意的是,对于系统备份应该根据具体的系统数据更新情况和用户使用系统的情况,来决定具体的系统备份方案。

2．备份工具的选择

选定了备份策略后,可以使用 tar、cpio 等备份工具软件将数据进行备份。对于一般的备份,使用 tar 就足够了。通常用 tar 备份的命令格式如下所示:

```
tar  cvfpsz <生成的备份文件> <所需备份的目录>
```

用于备份时,可以将 tar 命令和其他命令联合使用。例如,需要查找过去 7 天更新过的文件,并使用 tar 的-T 参数指定需要备份的文件,进行所需备份:

```
#find / -mtime -7 -print >/tmp/filelist
#tar -c -T /tmp/filelist -f /dev/nrsa0
```

此外，也可以使用类似于 tar 的 cpio 命令进行备份。cpio 有以下优点：
(1) cpio 对数据的压缩要比 tar 命令更有效；
(2) cpio 是为备份任何文件集而设计的，而 tar 命令主要是为备份子目录设计的；
(3) cpio 能够处理跨多个分区的备份；
(4) cpio 工具能够跳过磁道上的坏区继续工作，而 tar 不能。

10.4.3 恢复后备文件

一般说来，在备份文件系统的时候，只要备份/etc、/root、/var、/home、/usr/local 和 X11R6 目录下的内容即可。此外，如果用户还自定义了一些文件和子目录的话，也需要做备份。

当系统出现某些故障时就需要恢复先前保存的后备文件。对备份文件进行恢复是一件很容易的事情。首先，必须确定待恢复的文件所在的位置；然后，使用 tar -xp 或 cpio -im 命令即可。tar 的-p 以及 cpio 中的-m 选项用来确保所有的文件属性与文件一起被恢复。因为这些命令较为简单，这里就不一一举例了。另外，要注意的是，当使用 cpio 恢复目录时，-d 选项将用来创建子目录；而 tar 命令则自动完成创建子目录的工作。

10.5 系统安全管理

Linux 系统安全管理包括多个要素，例如普通用户的系统安全、超级用户的系统安全、文件系统的安全、进程安全以及网络安全等。只有以上各个要素协调配合才能真正地保证系统不易受到致命的打击。

10.5.1 安全管理的目标和要素

安全管理的目标包括：防止非法操作，防止未获得授权的人进入系统或者无合法权限的人员越权操作；数据保护，防止已授权或未授权的用户存取对方重要的个人信息；正确管理用户，一个系统不应被一个恶意的、试图使用过多资源的用户损害；保证系统的完整性；记账，通过确认用户身份以及记录用户所做的操作，并根据这些记录查出哪些操作比较可疑，以及哪些用户对系统进行了破坏，从而采取相应的防范措施；系统保护，阻止任何用户冻结系统资源，如果某个用户占用某一系统资源的时间过长，必须有相应的措施剥夺其使用权，否则会影响其他用户使用，甚至导致系统崩溃。

Linux 系统安全包括 3 个要素，即物理安全管理、普通用户安全管理和超级用户安全管理。

1) 物理安全管理

一般来说，物理安全应该包括以下几个方面：

(1) 保证放置计算机的机房安全，必要时应添加报警系统。同时应提供软件备份方案，把备份好的软件放置在另一个安全地点。

(2）保证所有的通信设施（包括有线通信线、电话线、局域网、远程网等）都不会被非法人员监听。

（3）钥匙或门禁卡识别设备、用户密码钥匙分配、文件保护以及备份或恢复方案等关键文档资料要保存在安全的位置。

2）普通用户安全管理

Linux 系统管理员的职责之一是保证用户资料安全。其中一部分工作是由用户的管理部门来完成的。但作为系统管理员，有责任发现和报告系统的安全问题。

系统管理员可以定期随机抽选一用户，将该用户的安全检查结果发送给他及其管理部门；此外，用户的管理部门应该强化安全意识、制定完善的安全管理规划。

3）超级用户安全管理

超级用户可以对系统中任何文件和目录进行读写。超级用户密码一旦丢失，系统维护工作就很难进行，系统也就无安全性可言。

超级用户在安全管理方面需要注意的地方包括：

（1）在一般情况下最好不使用 root 账户，应使用 su 命令进入普通用户账户；

（2）超级用户不要运行其他用户的程序；

（3）经常改变 root 密码；

（4）精心地设置密码时效；

（5）不要把当前工作目录排在 PATH 路径表的前面，以避免"特洛伊木马"的入侵；

（6）不要未退出系统就离开终端；

（7）建议将登录名 root 改成其他名称；

（8）注意检查不寻常的系统使用情况；

（9）保持系统文件安全的完整性；

（10）将磁盘的备份存放在安全的地方；

（11）确保所有登录账户都有用户密码；

（12）启动记账系统。

10.5.2 用户密码的管理

计算机安全包括物理安全和逻辑安全。通过加强机房管理、保证通信线路安全、建立完整的备份制度等措施，一般情况下都能保证物理安全。另外，如何建立和完善逻辑安全同样是一个很重要的问题。这包括：用户密码的管理，用户账户的管理，文件和目录权限的管理和维护系统日志。

1. 用户密码的管理

用户密码的管理包括：设置好的用户密码，采用正确的用户密码管理策略，设置用户密码的时效机制，执行安全的用户密码操作。

一个好的用户密码至少有 6 字符。密码中不要包含个人信息，例如：生日、名字、门牌号码等。用户密码中最好有一些非字母（即数字、标点等）字符，而且应便于记忆。

用户密码的安全性随着时间的推移而变弱，所以，经常改变用户密码有利于系统安全。系统管理员可以通过修改 /etc/shadow 文件来更改自己或用户的密码（如用户忘记密码）。

多数情况下用户密码丢失都与用户误操作有关。为保证用户密码安全必须注意以下几点：

（1）不要将用户密码写下来。
（2）用户在输入密码时，应避免被别人看到。
（3）保证用户一人一个账户，避免多人使用同一个账户。
（4）不要重复使用同一密码。
（5）不要在不同系统上使用同一密码。
（6）不要通过网络或 Modem 来传送密码。

2．用户账户的管理

用户账户的管理包括：如何保证系统中每个用户账户的安全，如何管理这些账户以及如何处理对系统安全有威胁的账户。

保证系统有一个安全的/etc/passwd 文件是十分必要的，维护该文件时应注意以下问题：

（1）尽量避免直接修改/etc/passwd 文件。
（2）在用户可以容忍的情况下，尽量使用比较复杂的用户账户名。
（3）尽量将 passwd 文件中 UID 号为 0 的人数限制在一到两个人内。如果发现存在管理员以外的 UID 为 0 时，就表示系统被攻破。以下命令可以显示 passwd 文件中 ID 为 0 的用户：

\# grep '[^:]*[^*]*:0*' /etc/passwd

（4）保证 passwd 文件中没有密码相同的用户账户。下面的命令用来查询该文件中是否有 ID＝110（即密码相同）的用户：

\# grep 110 /etc/passwd

（5）保证 passwd 文件中每个用户的密码字段不为空。可以使用下面的命令：

\# grep '[^:]*[^::]:*' /etc/passwd

（6）注意系统特殊用户使用的 shell 字段，保证他们使用专用程序，而非一般用户的 shell。
（7）除非在必要的情况下，最好不要使用组密码。
（8）对于新用户最好先为之提供 rsh（restricted shell），让他们在受限的环境中使用系统。
（9）当一个账户长时间不用时，可通过记账机制发现该账户，并将该账户查封。

3．文件和目录权限的管理

文件和目录权限的管理涉及重要目录的安全问题，包括以下目录：/bin，/boot，/dev，/etc，$HOME。

/bin 目录保存引导系统所需的全部可执行程序及常用的 Linux 命令。该目录只允许超级用户进行修改。同时，应把该目录设置在 PATH 环境变量的最前面。例如：

PATH＝/bin:/usr/bin:/usr/local/bin:/home/mengqc/bin

如果设置在最后,用户 mengqc 可以在自己的目录下放置一个名为 su 的特洛伊木马程序。超级用户执行 su 命令时,mengqc 就可以获取超级用户密码。

/boot 用来存放 Linux 初启时所需的一些数据和文件。如该目录被破坏,系统就不能启动。

/dev 目录包含有链接硬件设备的文件,它的存取权限应当是 775,并且应属 root 所有。设备文件使用权限设置不当,会给系统安全带来影响。例如:/dev/mem 是系统内存,用 cat 命令就可以在终端上显示系统内存中的内容。

/etc 目录下的 passwd、group、shadow、inittab、cshrc、xinitrc 等文件是系统正常工作时所用的。大多数情况下,/etc 中的文件是黑客首选的攻击目标。

$HOME 目录是各个用户的主目录,一般位于/home 目录下。该目录的名称一般与用户的登录名相同。超级用户的主目录在/root 下。

如果没有正确设置用户主目录的权限,就会给该用户带来危险。例如,假设其他人可以写一个用户的主目录,那么,可以通过修改该用户主目录中的.bash_profile 文件来获取与该用户相同的身份。

4. 系统日志维护

系统管理员另一个复杂的任务是对系统日志进行日常维护。系统日志记录提供了对系统活动的详细审计信息,这些日志用于评估、审查系统的运行环境和各种操作。对于一般情况,日志记录包括用户登录时间、登录地点、进行什么操作等内容。使用得当的话,日志记录能向管理员提供有关危害安全的侵害或入侵企图的信息。

审计信息通常由守护程序自动产生,是系统默认设置的一部分,能帮管理员寻找系统存在的问题,对系统维护十分有用。还有一些日志,需要管理员设置才能生效。大部分日志存放在/var/log 目录中。

要想让系统很好地服务,必须管理好系统。作为系统管理员,你的权力至高无上,而职责也事关全局。本章虽介绍了系统管理的基本知识,然而,要想让系统始终处于良好工作状态,除了深入掌握管理知识外,还需在实践中不断积累经验。

思考题

1. 系统管理员的任务包括哪些方面?
2. 在/etc/passwd 文件中,每一行用户记录包括哪些信息?彼此间如何分开?
3. 使用 KDE 桌面系统为新用户建立账户的步骤是什么?
4. 为什么要设立工作组?与之相关的文件主要是什么?其中包含哪些信息?
5. 什么是文件系统?安装文件系统有哪两种常用方式?用户有一 U 盘,想把当前系统中目录/home/mengqc/dir1 及下面的文件复制到这个 U 盘上,然后带走。应如何操作?
6. 为什么要定期进行系统和用户数据的备份?备份之前,管理员需要考虑哪些问题?
7. 常用的备份策略有哪三种?各有何优缺点?
8. 安全管理的目标包括哪些方面?Linux 系统安全包括哪些要素?
9. 系统的逻辑安全包括哪些方面?

第11章 Linux内核简介

前面,我们从应用和一般管理的角度介绍了 Linux 系统,包括命令使用、编辑编译工具、shell 编程、系统安装、KDE 界面等。本章将深入 Linux 核心内部,了解 Linux 操作系统是如何实现的。

本章主要介绍 Linux 核心的一般结构,进程的概念、调度和通信,文件系统的构成和管理,内存管理机制,设备管理及中断处理等。

11.1 Linux 内核结构

从结构上看,Linux 操作系统是采用整体结构的操作系统,即所有的内核系统功能都包含在一个大型的内核软件之中。当然,Linux 系统也支持可动态装载和卸载的模块结构。利用这些模块,可以方便地在内核中添加新的组件或卸载不再需要的内核组件。Linux 系统内核结构框图如图 11.1 所示。

用户层	用户级进程				
核心层	系统调用接口				
	虚拟内存	调度器与内核定时器	网络协议	虚拟文件系统	
				ext2 文件系统	NFS 文件系统	其他文件系统
	总线驱动器				
	卡与设备驱动器				
硬件层	物理硬件				

图 11.1 Linux 系统内核结构框图

它分成用户层、核心层和硬件层 3 个层次。一般来说,可将操作系统划分为内核和系统程序两部分。系统程序及其他所有的程序都在内核以上运行,它们与内核之间的接口由操作系统提供的一组"抽象指令"定义,这些抽象指令称为"系统调用"。系统调用看起来像 C 程序中的普通函数调用。所有在内核之上的程序分为系统程序和用户程序两大类,它们运行在"用户模式"。内核之外的所有程序必须通过系统调用才能进入操作系统内核。

内核程序在系统启动时被加载,然后初始化计算机硬件资源,开始 Linux 的启动过程。

11.2 进程管理

11.2.1 Linux 进程和线程概念

1. 进程状态

在 Linux 系统中,"进程"(process)和"任务"(task)是同一个意思。所以,在内核的代码中这两个名词常常混用。简单地说,进程就是程序的一次执行过程。

在 Linux 系统中,进程有下述五种状态:

(1) 运行态(TASK_RUNNING)。此时,进程正在运行(即系统的当前进程)或准备运行(即就绪态)。

(2) 可中断等待态(TASK_INTERRUPTIBLE)。此时,进程在"浅度"睡眠——等待一个事件的发生或某种系统资源,它能够被信号或中断唤醒;当所等待的资源得到满足时就被唤醒。

(3) 不可中断等待态(TASK_UNINTERRUPTIBLE)。进程处于"深度"睡眠的等待队列中,不能被信号或中断唤醒,只有所等待的资源得到满足时才被唤醒。

(4) 停止态(TASK_STOPPED)。通常由于接收一个信号,致使进程停止。正在被调试的进程可能处于停止状态。

(5) 僵死态(TASK_ZOMBIE)。由于某些原因,进程被中止了,但是该进程的控制结构 task_struct 仍然保留着。

图 11.2 展示了 Linux 系统中进程状态的变化关系。

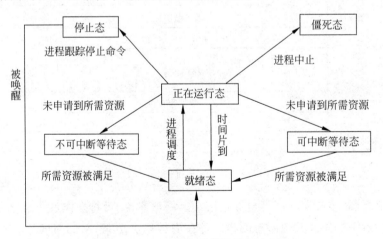

图 11.2 Linux 系统中进程状态的变化

2. 进程的模式

在 Linux 系统中,进程的执行模式分为用户模式和内核模式。如果当前运行的是用户程序、应用程序或者内核之外的系统程序,那么对应进程就在用户模式下运行;如果要运行操作系统(即核心)程序,进程模式就变成内核模式。

在内核模式下运行的进程可以执行计算机的特权指令;而且,此时该进程的运行不受用户的干预,即使是 root 用户也不能干预内核模式下进程的运行。

只运行在内核模式下、执行操作系统代码的进程是系统进程,如内存分配和进程切换一类;另一类是用户进程,通常在用户模式中运行,当执行系统调用或遇到中断、异常时就进入内核模式。这样,用户进程就可以在上述两种模式下切换,如图 11.3 所示。

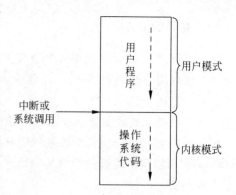

图 11.3 用户进程的两种运行模式

3. Linux 线程

如前所述,传统进程有两个属性:资源分配的单位和调度运行的单位。由于进程是资源的拥有者,所以它的负载很重,因而在实施进程的创建、删除和切换过程中要付出较大的时空开销。这样,就限制了系统中进程的数目和并发活动的程度。

很多现代操作系统把上述两个属性分别赋予不同的实体:进程只作为资源拥有者,而调度和运行的属性赋予新的实体——线程。

线程(thread)是进程中实施调度和分派的基本单位。

可以看出,线程是和进程紧密相关的概念。一般说来,Linux 系统中的进程应具有一段可执行的程序、专用的系统堆栈空间、私有的"进程控制块"(即 task_struct 数据结构)和独立的存储空间。然而,Linux 系统中的线程只具备前三个组成部分而缺少自己的存储空间。

线程可以看做是进程中指令的不同执行路线。例如,在文字处理程序中,主线程负责用户的文字输入,而其他线程可以负责文字加工的一些任务。往往也把线程称做"轻型进程"。Linux 系统支持内核空间的多线程。

4. task_struct 结构

Linux 系统中每一个进程都包括一个名为 task_struct 的数据结构,它相当于"进程控制块",是进程组成中最关键的部分。在创建新进程时,Linux 就从系统内存中分配一个 task_struct 结构。当前正在运行的进程的 task_struct 结构用 current 指针指示。

task_struct 结构主要包含进程的描述信息和控制信息,如:进程状态、调度信息、标识符(如 PID)、打开的文件,以及处理器信息等。

11.2.2 对进程的操作

进程是有"生命期"的动态过程,核心能对它们实施操作,这主要包括创建进程、撤销进程、挂起进程、恢复进程、改变进程优先级、封锁进程、唤醒进程、调度进程等。

1. 进程的创建

如前所述,Linux 系统中各个进程构成树型的进程族系。除初始化进程外,其他进程都是用系统调用 fork() 和 clone() 创建的。调用 fork() 和 clone() 的进程是父进程,被生成的进程是子进程。

新进程是通过复制老进程或当前进程而创建的。但是,fork() 和 clone() 二者间还存在区别:fork() 是全部复制,即父进程所有的资源全部通过数据结构的复制"传"给子进程;而 clone() 则可以将资源有选择地复制给子进程,没有被复制的数据结构则通过指针的复制让子进程共享。

创建新进程时,系统从物理内存中为它分配一个 task_struct 结构和进程系统栈,新的 task_struct 结构加入到进程向量中,并为该进程指定一个唯一的 PID 号;然后进行基本资源复制,如 task_struct 数据结构、系统空间栈、页表等,对父进程的代码及全局变量则并不需要复制,仅通过只读方式实现资源共享。

2. 进程的等待

父进程创建子进程往往让子进程替自己完成某项工作。因此,父进程创建子进程之后,通常等待子进程运行终止。父进程用系统调用 wait3() 等待它的任何一个子进程终止;也可以用 wait4() 等待某个特定子进程终止。

wait3() 算法是:
- 如果父进程没有子进程,则出错返回;
- 如果发现有一个终止的子进程,则取出子进程的进程号,把子进程的 CPU 使用时间等加到父进程上,释放子进程占用的 task_struct 和系统空间栈,以供新进程使用;
- 如果发现有子进程,但都不处于终止态,则父进程睡眠,等待由相应信号唤醒。

3. 进程的终止

在 Linux 系统中,进程主要是作为执行命令的单位运行的,这些命令的代码都以系统文件形式存放。当命令执行完,希望终止自己时,可在其程序末尾使用系统调用 exit()。用户进程也可使用 exit 来终止自己。其实现算法如下:
- 撤销所有的信号量;
- 释放其所有的资源,包括存储空间、已打开的文件、工作目录、信号处理表等;
- 置进程状态为"僵死态"(TASK_ZOMBIE);
- 向它的父进程发送子进程终止的信号;
- 执行进程调度。

4. 进程映像的更换

子进程被创建后,通常处于"就绪态",以后被调度选中才可运行。由于创建子进程过程中,是把父进程的映像复制给子进程,所以子进程开始执行的入口地址就是父进程调用 fork() 建立子进程映像时的返回地址,此时二者的映像基本相同。如子进程不改变其映像,就必然重复父进程的过程。为此,要改变子进程的映像,使其执行另外的特定程序(如命令所对应的程序)。

改换进程映像的工作很复杂,是由系统调用execve()实现的,它用一个可执行文件的副本来覆盖该进程的内存空间。

11.2.3 进程调度

任何进程要想占有CPU,从而真正处于执行状态,就必须经由进程调度。进程调度机制主要涉及调度方式、调度策略和调度时机。

1. 调度方式

Linux内核的调度方式基本上采用"抢占式优先级"方式,即:当进程在用户模式下运行时,不管是否自愿,在一定条件下(如时间片用完或等待I/O),核心就可以暂时剥夺其运行而调度其他进程进入运行。但是,一旦进程切换到内核模式下运行,就不受以上限制而一直运行下去,直至又回到用户模式之前才会发生进程调度。

进程调度的算法应该比较简单。Linux核心为系统中每个进程计算出一个优先权,该优先权反映了一个进程获得CPU使用权的资格,即高优先权的进程优先得到运行。核心从进程就绪队列中挑选一个优先权最高的进程,为其分配一个CPU时间片,令其投入运行。在运行过程中,当前进程的优先权随时间递减,这样就实现了"负反馈"作用:经过一段时间之后,原来级别较低的进程就相对"提升"了级别,从而有机会得到运行。当所有进程的优先权都变为0时,就重新计算一次所有进程的优先权。

2. 调度策略

Linux系统针对不同类别的进程提供了三种不同的调度策略,即:SCHED_FIFO、SCHED_RR以及SCHED_OTHER。其中,SCHED_FIFO适合于实时进程,它们对时间性要求比较强,而每次运行所需的时间比较短。一旦这种进程被调度而开始运行后,就要一直运行到自愿让出CPU或者被优先权更高的进程抢占其执行权为止。

SCHED_RR对应"时间片轮转法",适合于每次运行需要较长时间的实时进程。一个运行进程分配一个时间片(如200毫秒),当时间片用完后,CPU被另外进程抢占,而该进程被送回相同优先级队列的末尾。

SCHED_OTHER适合于交互式的分时进程。这类进程的优先权取决于两个因素:一个因素是进程剩余时间配额,如果进程用完了配给的时间,则相应优先权为0;另一个是进程的优先数nice,而且优先数越小,其优先级越高。nice的取值范围是-20~19。用户可以利用nice命令设定进程的nice值。但一般用户只能设定正值,从而主动降低其优先级;只有特权用户才能把nice的值置为负数。进程的优先权就是以上二者之和。核心动态调整用户态进程的优先级。这样,一个进程从创建到完成任务后终止,需要经历多次反馈循环。当进程再次被调度运行时,它就从上次断点处开始继续执行。

实时进程的优先权高于其他类型进程的优先权。如果系统中有实时进程处于就绪状态,则非实时进程就不能被调度运行,直至所有实时进程都完成了,非实时进程才有机会占用CPU。

后台命令(在命令末尾有&符号,如gcc f1.c&)对应后台进程(又称后台作业)。后台进程的优先级低于任何交互(前台)进程的优先级。所以,只有当系统中当前不存在可运行的交互进程时,才调度后台进程运行。后台进程往往按批处理方式调度运行。

3. 调度时机

核心进行进程调度的时机有以下几种情况:(1)当前进程调用系统调用 nanosleep()或者 pause(),使自己进入睡眠状态,主动让出一段时间的 CPU 使用权;(2)进程终止,永久地放弃对 CPU 的使用;(3)在时钟中断处理程序执行过程中,发现当前进程连续运行的时间过长;(4)当唤醒一个睡眠进程时,发现被唤醒的进程比当前进程更有资格运行;(5)一个进程通过执行系统调用来改变调度策略或者降低自身的优先权(如 nice 命令),从而引起立即调度。

11.2.4 shell 基本工作原理

shell 命令解释程序不属于内核部分,而是在核心之外,以用户态方式运行。其基本功能是解释并执行用户输入的各种命令,实现用户与 Linux 核心的接口。系统初启后,核心为每个终端用户建立一个进程去执行 shell 解释程序。shell 基本执行过程以及父子进程之间的关系如图 11.4 所示。

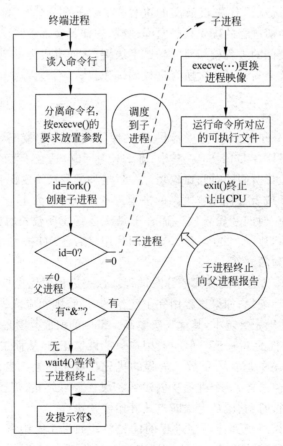

图 11.4 shell 命令执行过程

11.3 文件系统

Linux 系统的一个重要特征就是支持多种不同的文件系统,如:ext、FAT、ext2、ext3、等等。目前,Linux 主要使用的文件系统是 ext2 和 ext3。ext3 是 ext2 的升级版本,加入了记录数据的日志功能。它们都是十分优秀的文件系统,即使系统发生崩溃也能很快修复。

11.3.1 ext2 文件系统

1. ext2 文件系统的物理结构

与其他文件系统一样,ext2 文件系统中的文件信息都保存在数据块中。对同一个 ext2 文件系统而言,所有数据块的大小都是一样的,例如 1024B。但是,不同的 ext2 文件系统中数据块的大小可以不同。ext2 文件系统的物理构造形式如图 11.5 所示。

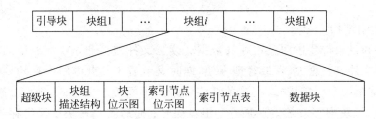

图 11.5 ext2 文件系统的物理布局

ext2 文件系统分布在块结构的设备中,文件系统不必了解数据块的物理存储位置,它保存的是逻辑块的编号。块设备驱动程序能够将逻辑块号转换到块设备的物理存储位置。ext2 文件系统将逻辑块划分成块组,每个块组重复保存着一些有关整个文件系统的关键信息以及实际的文件和目录的数据块。

如图 11.5 所示,系统引导块总是介质上的第一个数据块。只有根文件系统才有引导程序放在这里,其余一般文件系统都不使用引导块。

2. 块组的构造

从图 11.5 中可以看出,每个块组重复保存着一些有关整个文件系统的关键信息,以及真正的文件和目录的数据块。每个块组中包含超级块、块组描述结构、块位示图、索引节点(即 I 节点)位示图、索引节点表和数据块。

1) 超级块

超级块(superblock)中包含有文件系统本身的大小和形式的基本信息。文件系统管理员可以利用这些信息来使用和维护文件系统。每个块组都有一个超级块。在一般情况下,当安装文件系统时,系统只读取数据块组 1 中的超级块,将其放入内存,直至文件系统被卸载。

超级块中主要包含以下内容:块组号码、数据块大小、每组数据块的个数、空闲块、空闲索引节点等。

2）块组描述结构

每个数据块组都有一个描述自身的数据结构，即块组描述结构（Block Group Descriptor）。其中主要包含：数据块位示图、索引节点位示图、索引节点表、空闲块数、空闲索引节点数和已用目录数等。

一个文件系统中的所有数据块组描述结构组成一个数据块组描述结构表。每一个数据块组在其超级块之后都包含一个数据块组描述结构表的副本。实际上，ext2 文件系统只使用块组 1 中的数据块组描述结构表。

3）索引节点

索引节点（inode）又被称为 I 节点，每个文件都有唯一一个索引节点。ext2 文件系统的索引节点起着文件控制块的作用，利用这种数据结构可对文件进行控制和管理。每个数据块组中的索引节点都保存在索引节点表中。数据块组中还有一个索引节点位示图，它用来记录系统中索引节点的分配情况——哪些节点已经分配出去了，哪些节点尚未分配。

索引节点主要包括文件模式、文件属主信息、文件大小、时间戳、文件链接计数、数据块索引表等。

4）多重索引结构

普通文件和目录都要占用盘块存放数据。读写文件时要通过 I 节点访问相应的盘块。为了满足用户文件日益增大、存取管理方便，同时又节省 I 节点占用内存的要求，引出多重索引结构（又称多级索引结构）。在这种结构中采用了间接索引方式，即：由最初索引项得到某一盘块号，该块中存放的信息是另一组盘块号；而后者每一块中又可存放下一组盘块号（或者是文件本身信息）。这样通过几级间接索引/指针（通常为 1～3 级），最末尾的盘块中存放的信息一定是文件内容。ext2 文件系统就采用了多重索引方式，如图 11.6 所示。

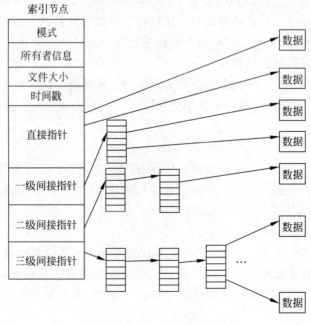

图 11.6　索引节点结构示意图

图中,直接指针所指向的盘块中放有该文件的数据,这种盘块称为直接块。直接指针共12个,它们占用索引节点中数据块索引表的前12项。而一级间接指针所指向的盘块(间接块)中放有直接块的块号表。为了通过间接块存放文件数据,核心必须先读出间接块,找到相应的直接块项,然后从直接块中读取数据。二级间接指针所指向的盘块中放有一级间接块号表。同样,三级间接指针所指向的盘块中放有二级间接块号表。因此,只利用直接块存放的文件其大小不超过12KB。如果文件大小超过12KB,则可以用一级间接指针;若更大,则可用二级间接指针;以此类推,使用三级间接指针最大的文件可以是16GB。

5）ext2 中的目录项

在 ext2 文件系统中,目录文件包含有下属文件与子目录的登记项。当创建一个文件时,就要构造一个目录项,并添加到相应的目录文件中。一个目录文件可以包含很多目录项,每个目录项(如 ext2 文件系统的 ext2_dir_entry_2)包含的信息主要有索引节点号、目录项长度、名字长度、文件类型、文件名字等。

每个目录的前两个目录始终是标准的"."和"..",分别代表目录自身和其父目录。

当用户需要打开某个文件时,首先要指定该文件的路径和名称,文件系统根据路径和名称搜索对应的索引节点,找到该文件的数据块,从而读取文件中的数据。

11.3.2 虚拟文件系统

Linux 系统可以支持多种文件系统,为此,必须使用一种统一的接口,这就是虚拟文件系统(VFS——Virtual File System)。通过 VFS 将不同文件系统的实现细节隐藏起来,因而从外部看上去,所有的文件系统都是一样的。

1. VFS 系统结构

图 11.7 示出 VFS 和实际文件系统之间的关系。从图中可以看出,用户程序(进程)通过有关文件系统操作的系统调用进入系统空间,然后经由 VFS 才可使用 Linux 系统中具体的文件系统。就是说,VFS 是建在具体文件系统之上的,它为用户程序提供一个统一、抽

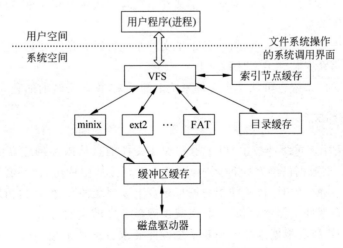

图 11.7 VFS 和实际文件系统之间的关系

象、虚拟的文件系统界面。这个抽象的界面主要由一组标准、抽象的文件操作构成，以系统调用的形式提供给用户程序，如 read()、write()、lseek()等。所以，VFS 必须管理所有同时安装的文件系统。它通过使用描述整个 VFS 的数据结构和描述实际安装的文件系统的数据结构来管理这些不同的文件系统。

2．VFS 超级块

VFS 和 ext2 文件系统一样也使用超级块和索引节点来描述和管理系统中的文件。每个安装的文件系统都有一个 VFS 超级块，其中包含的主要信息有：设备标识符、索引节点指针、数据块大小、超级块操作例程集合、文件系统类型和文件系统的特殊信息等。

3．VFS 索引节点

VFS 中每个文件和目录都有且只有一个 VFS 索引节点。VFS 索引节点仅在系统需要时才保存在系统内核的内存以及 VFS 索引节点缓存中。VFS 索引节点包含的主要内容有：所在设备的标识符、唯一的索引节点号码、模式（所代表对象的类型及存取权限）、用户标识符、有关的时间、数据块大小，索引节点操作集（指向索引节点操作例程的一组指针）、计数器（系统进程使用该节点的次数）、锁定节点指示、节点修改标识，以及与文件系统相关的特殊信息。

4．文件系统的安装与拆卸

在系统初启时，往往只有一个文件系统被安装上，即根文件系统，其上的文件主要是保证系统正常运行的操作系统的代码文件以及若干语言编译程序、命令解释程序和相应的命令处理程序等构成的文件，此外，还有大量的用户文件空间。根文件系统一旦安装上，则在整个系统运行过程中是不能被卸下的，它是系统的基本部分。

其他的文件系统可以散布在不同的设备上，根据需要（如从硬盘向 U 盘复制文件）作为子系统动态地安装到主系统中，如图 11.8 所示。其中 mnt 是为安装子文件系统而特设的安装节点。经过安装之后，主文件系统与子文件系统就构成一个有完整目录层次结构的、容量更大的文件系统。

这种安装可以高达几级。就是说，若干子文件系统可以并列安装到主文件系统上，也可以一个接一个地串联安装到主文件系统上。

已安装的子文件系统也可从整个文件系统上卸下来，恢复安装前的独立状态。

5．数据块缓冲区

Linux 系统采用多重缓冲技术，以平滑和加快文件信息从内存到磁盘的传输。当从磁盘上读数据时，如果数据已经在缓冲区中，则核心就直接从中读出，而不必从磁盘上读；仅当所需数据不在缓冲区中时，核心才把数据从磁盘上读到缓冲区，然后再由缓冲区读出。核心尽量想让数据在缓冲区停留较长时间，以减少磁盘 I/O 的次数。

在系统初启时，核心根据内存大小和系统性能要求分配若干缓冲区。一个缓冲区由两部分组成：存放数据的缓冲区和一个缓冲控制块（又称缓冲首部 buffer_head，其中包含指向相应缓冲区的指针和记载缓冲区使用情况的信息）。缓冲区和缓冲控制块是一一对应的。

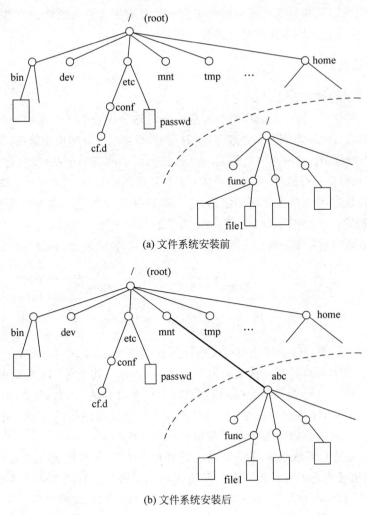

(a) 文件系统安装前

(b) 文件系统安装后

图 11.8　文件系统安装

系统通过缓冲控制块来实现对缓冲区的管理。

所有处于"空闲"状态的 buffer_head 都链入自由链中，它只有一条。具有相同散列值（是由设备的标识符和数据块的块号生成的）的缓冲区组成一条散列队列，可以有多个散列队列。每个缓冲区总是存在于一个散列队列中，但其位置是动态可变的。每个队列都被一个指针所指示，这些指针构成一个散列表。

11.4　内存管理

11.4.1　内存管理技术

Linux 系统采用了虚拟内存管理机制，就是交换和请求分页存储管理技术。这样，当进程运行时，不必把整个进程的映像都放在内存中，而只需在内存保留当前用到的那一部分页面。当进程访问到某些尚未在内存的页面时，就由核心把这些页面装入内存。这种策略就使进程的虚拟地址空间映射到计算机的物理空间时具有更大的灵活性。通常允许进程的大小可大于可用内存的总量,并允许更多进程同时在内存中执行。

1. 请求分页机制

分页存储管理的基本方法是:

(1) 逻辑空间分页:将一个进程的逻辑地址空间划分成若干个大小相等的部分,每一部分称做一个页面或页。每页都有一个编号,叫做页号,页号从 0 开始依次编排,如 0,1,2,…

(2) 内存空间分页:把内存也划分成与页面相同大小的若干个存储块,称做内存块或内存页面。同样,它们也进行编号,内存块号从 0 开始依次顺序排列:0♯块,1♯块,2♯块,……

页面和内存块的大小是由硬件确定的,它一般选择为 2 的若干次幂。不同计算机中页面大小是有区别的。在 x86 平台上的 Linux 系统的页面大小为 4KB。

(3) 逻辑地址表示:在一般的分页存储管理方式中,表示地址的结构如图 11.9 所示。

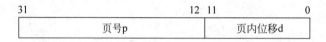

图 11.9 分页技术的地址结构

它由两个部分组成:前一部分表示该地址所在页面的页号 p;后一部分表示页内位移 d,即页内地址。图中所示两部分构成的地址长度为 32 位。其中 0~11 为页内位移,即每页的大小为 4KB;12~31 位为页号,表示地址空间中最多可容纳 1024×1024 个页面。

(4) 内存分配原则:在分页的情况下,系统以内存块为单位把内存分给作业或进程,并且一个进程的若干页可分别装入物理上不相邻的内存块中。

(5) 页表。在分页系统中允许将作业或进程的各页面离散地装入内存的任何空闲块中,这样一来就出现作业的页号连续而块号不连续的情况。怎样找到每个页面在内存中对应的物理块呢? 为此,系统又为每个进程设立一张页面映像表,简称页表。

在进程地址空间内的所有页(0~n−1)依次在页表中有一个页表项,其中记载了相应页面在内存中对应的物理块号、页表项有效标志以及相应内存块的访问控制属性(如只读、只写、可读写、可执行)。进程执行时,按照逻辑地址中的页号去查找页表中的对应项,可从中找到该页在内存中的物理块号。然后,将物理块号与对应的页内位移拼接起来,形成实际的访问内存的地址。所以,页表的作用是实现从页号到物理块号的地址映射。

2. 请求分页的基本思想

请求分页存储管理技术是在简单分页技术的基础上发展起来的,二者的根本区别在于请求分页提供虚拟存储器。它的基本思想是:当我们要执行一个程序时才把它换入内存;但并不把全部程序都换入内存,而是用到哪一页时才换入它。这样,就减少了对换时间和所需内存数量,并允许增加程序的道数。

为了表示一个页面是否已装入内存块,在每一个页表项中增加一个状态位,即 Y 表示该页对应的内存块可以访问;N 表示该页不对应内存块,即该页尚未装入内存,不能立即进行访问。

当地址转换机构遇到一个具有 N 状态的页表项时,便产生一个缺页中断:告诉 CPU 当前要访问的这个页面还未装入内存。操作系统必须处理这个中断——它装入所要求的页面并相应调整页表的记录,然后再重新启动该指令。由于这种页面是根据请求而被装入的,所以这种存储管理方法叫做请求分页存储管理。通常,在作业最初投入运行时,仅把它的少量几页装入内存,其他各页则是按照请求顺序动态装入的,这样,就保证用不到的页面不会被装入内存。

图 11.10 是请求分页存储管理的示意图。

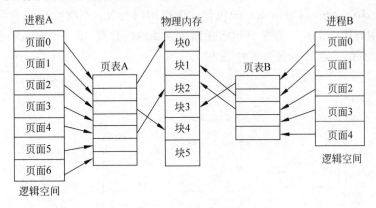

图 11.10　请求分页存储管理示意

3．进程的虚存空间

在 x86 平台的 Linux 系统中,地址码采用 32 位,因而每个进程的虚存空间可达 4GB。Linux 内核将这 4GB 的空间分为两部分:最高地址的 1GB 是"系统空间",供内核本身使用;而较低地址的 3GB 是各个进程的"用户空间"。系统空间由所有进程共享。虽然理论上每个进程的可用用户空间都是 3GB,但实际的存储空间大小要受到物理存储器(包括内存以及磁盘交换区或交换文件)的限制。进程的虚存空间如图 11.11 所示。

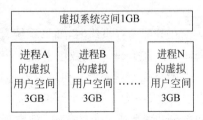

图 11.11　Linux 进程的虚存空间

4．内存页的分配与释放

当一个进程开始运行时,系统要为其分配一些内存页;而当该进程结束运行时,要释放其所占用的内存页。一般说来,Linux 系统采用两种方法来管理内存页:位图和链表。

利用位图可以记录内存单元的使用情况。用一个二进制位(bit)记录一个内存页的使用情况:如果该内存页是空闲的,则对应的位是 1;如果该内存页已经分配出去,则对应的位是 0。例如,内存大小为 1024KB,内存页的大小是 4KB,则可以用 32 个字节构成的位图来记录这些内存的使用情况。分配内存时就检测该位图中的各个位,找到所需个数的连续位值为 1 的位图位置,进而就获得所需的内存空间。

利用链表可以记录已分配的内存单元和空闲的内存单元。采用双向链表结构将内存单元链接起来,从而可以加速空闲内存的查找或链表的处理。

Linux 系统的物理内存页分配采用链表和位图相结合的方法,如图 11.12 所示。图中数组 free_area 的每一项描述某一种内存页组（即由相邻的空闲内存页构成的组）的使用状态信息。其中，头一个元素描述孤立出现的单个（即 2^0）内存页的信息，第二个元素描述以 2 个（即 2^1）连续内存页为一组的页组的信息，而第三个元素描述以 4 个（即 2^2）内存页为一组的页组的信息，以此类推，页组中内存页的数量依次按 2 的倍数递增。free_area 数组的每项有两个成分：一个是双向链表 list 的指针，链表中的每个节点包含对应的空闲页组的起始内存页编号；另一个是指向 map 位图的指针，map 中记录相应页组的分配情况。如图 11.12 所示，free_area 数组的项 0 中包含一个空闲内存页；而项 2 中包含两个空闲内存页组（该链表中有两个节点），每个页组包括四个连续的内存页，第一个页组的起始内存页编号是 4，另一个页组的起始内存页编号是 100。

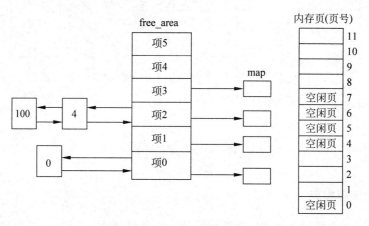

图 11.12　空闲内存的组织示意图

在分配内存页组时，如果系统有足够的空闲内存页满足分配请求，则 Linux 的页面分配程序首先在 free_area 数组中搜索等于要求数量的最小页组的信息，然后在对应的 list 双向链表中查找空闲页组；如果没有与所需数量相同的空闲内存页组，则继续查找下一个空闲页组（其大小为上一个页组的 2 倍）。如果找到的页组大于所要求的页数，则把该页组分为两部分：满足所请求的部分，把它返回给调用者；剩余的部分，按其大小插入到相应的空闲页组队列中。

当释放一个页面组时，页面释放程序就会检查其上下是否存在与它邻接的空闲页组。如果有的话，则把该释放的页组与所有邻接的空闲页组合并成一个大的空闲页组，并修改有关的队列。上述内存页分配算法也称做"伙伴算法"。

11.4.2　内存交换

当系统中出现内存不足时，Linux 的内存管理子系统就需要释放一些内存页，从而增加系统中空闲内存页的数量。此任务是由内核的交换守护进程 kswapd 完成的。kswapd 有自己的进程控制块 task_struct 结构，它与其他进程一样受内核的调度。但是，它没有自己独立的地址空间，只使用系统空间，所以也把它称做线程。它的任务就是保证系统中有足够的空闲内存页。

交换守护进程所做的工作主要分为两部分。第一部分是在发现可用的内存页面已经短缺的情况下,找出若干不常用的内存页面,使它们从活跃状态(至少有一个进程的页表项指向该页面)变为不活跃状态(不再有任何进程的页表项指向该页面),为页面换出做好准备。第二部分是每次都要执行的工作,把那些已经处于不活跃状态的"脏"页面(即内存页的内容与磁盘上页面的内容不一致)写入交换分区(如类型为 Linux Swap 的分区),使它们成为不活跃的"干净"页面(内存页内容与磁盘上页面内容一致)继续缓冲,或者进一步回收一些内存页,使之成为空闲的内存页。

为了决定是否需要回收一些内存页,系统中设置两个量分别表示上限值和下限值。如果空闲的内存页数量大于上限值,则交换守护进程就不做任何事情,而进入睡眠状态;如果系统中的空闲内存页数量低于上限值,甚至低于下限值,则交换进程将设法减少系统正在使用的内存页数,如回收内存页、缩减缓冲区空间等。

作为交换空间的交换文件实际就是普通文件,但它们所占的磁盘空间必须是连续的,即文件中不能存在"空洞"(即:其中没有任何数据,但也无法写入的空间)。因为进程使用交换空间是临时性的,速度是关键,系统一次进行多个盘块 I/O 传输比每次一块、多次传输的速度要快,所以核心在交换设备上是分配一片连续空间,而不管碎片的问题。另外,交换文件必须保存在本地硬盘上。

11.5 设备管理

设备管理是操作系统五大管理中最复杂的部分。与 UNIX 系统一样,Linux 系统采用设备文件统一管理硬件设备,从而将硬件设备的特性及管理细节对用户隐藏起来,实现用户程序与设备的无关性。在 Linux 系统中,硬件设备分为三种,即块设备、字符设备和网络设备。

11.5.1 设备管理概述

用户是通过文件系统与设备打交道的。所有设备都作为特别文件,从而在管理上就具有一些共性,例如:

(1) 每个设备都对应文件系统中的一个索引节点,都有一个文件名。设备的文件名一般由两部分构成:第一部分是主设备号,第二部分是次设备号。主设备号代表设备的类型,可以唯一地确定设备的驱动程序和接口,如 hd 表示 IDE 硬盘,sd 表示 SATA/USB 硬盘,tty 表示终端设备等;次设备号代表同类设备中的序号,如 hda 表示 IDE 主硬盘,hdb 表示 IDE 从硬盘,等等。

(2) 应用程序通常可以通过系统调用 open() 打开设备文件,建立起与目标设备的连接。

(3) 对设备的使用类似于对文件的存取。打开设备文件以后,就可以通过 read()、write()、ioctl() 等文件操作对目标设备进行操作。

(4) 设备驱动程序都是系统内核的一部分,它们必须为系统内核或者它们的子系统提供一个标准的接口。

(5) 设备驱动程序会利用一些标准的内核服务,如内存分配等。另外,大多数 Linux 设备驱动程序都可以在需要时装入内核,不需要时卸载下来。

图 11.13 示出设备驱动的分层结构。从图中可以看出,处于应用层的进程通过文件描

述字 fd 与已打开文件的 file 结构相联系。在文件系统层,按照文件系统的操作规则对该文件进行相应处理。对于一般文件(即磁盘文件),要进行空间的映射——从普通文件的逻辑空间映射到设备的逻辑空间,然后在设备驱动层作进一步映射——从设备的逻辑空间映射到物理空间(即设备的物理地址空间),进而驱动底层物理设备工作。对于设备文件,则文件的逻辑空间通常就等价于设备的逻辑空间,然后从设备的逻辑空间映射到设备的物理空间,再驱动底层的物理设备工作。

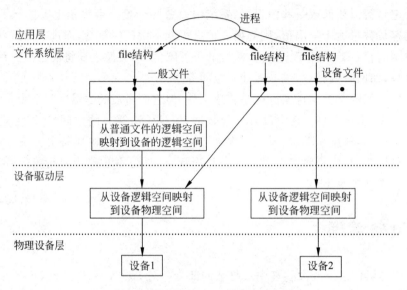

图 11.13　设备驱动分层结构示意图

11.5.2　设备驱动程序和内核之间的接口

Linux 系统和设备驱动程序之间使用标准的交互接口。无论是字符设备、块设备还是网络设备的设备驱动程序,当内核请求它们提供服务时,都使用同样的接口。

1. 可安装模块

Linux 提供了一种全新的机制,就是"可安装模块"。可安装模块是可以在系统运行时动态地安装和拆卸的内核模块。利用这个机制,可以根据需要在不必对内核重新编译连接的条件下,将可安装模块动态插入运行中的内核,成为其中一个有机组成部分;或者从内核卸载已安装的模块。设备驱动程序或者与设备驱动紧密相关的部分(如文件系统)都是利用可安装模块实现的。

在应用程序界面上,可利用内核提供的系统调用来实现可安装模块的动态安装和拆卸。但通常情况下,用户是利用系统提供的插入模块工具和移走模块工具来装卸可安装模块。插入模块的工作主要有:

(1) 打开要安装的模块,把它读到用户空间。这种"模块"就是经过编译但尚未连接的 .o 文件。

(2) 必须把模块内涉及对外访问的符号(函数名或变量名)连接到内核,即把这些符号在内核映像中的地址填入该模块中需要访问这些符号的指令以及数据结构中。

（3）在内核创建一个 module 数据结构，并申请所需的系统空间。

（4）把用户空间中完成了连接的模块映像装入内核空间，并在内核中"登记"本模块的有关数据结构（如 file_operations 结构），其中有指向执行相关操作的函数的指针。

如前所述，Linux 系统是一个动态的操作系统。用户根据工作中的需要，会对系统中设备重新配置，如安装新的打印机、卸载老式终端等。为了适应设备驱动程序动态连接的特性，设备驱动程序在其初始化时就在系统内核中进行登记。Linux 系统利用设备驱动程序的登记表作为内核与驱动程序接口的一部分。这些表中包括指向有关处理程序的指针和其他信息。

2．字符设备

在 Linux 系统中，打印机、终端等字符设备都作为字符特别文件出现在用户面前。用户对字符设备的使用就和存取普通文件一样。在应用程序中使用标准的系统调用来打开、关闭、读写字符设备。当字符设备初始化时，其设备驱动程序被添加到由 device_struct 结构组成的 chrdevs 结构数组中。device_struct 结构由两项构成：一个是指向已登记的设备驱动程序名的指针，另一个是指向 file_operations 结构的指针。而 file_operations 结构的成分几乎全是函数指针，分别指向实现文件操作的入口函数。设备的主设备号用来对 chrdevs 数组进行索引，如图 11.14 所示。

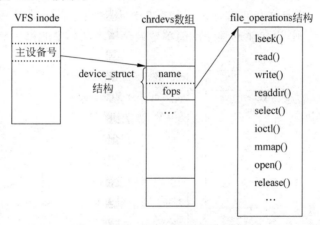

图 11.14 字符设备驱动程序示意图

前面讲过，每个 VFS 索引节点都和一系列文件操作相联系，并且这些文件操作随索引节点所代表的文件类型不同而不同。每当一个 VFS 索引节点所代表的字符设备文件创建时，它的有关文件的操作就设置为默认的字符设备操作。默认的文件操作只包含一个打开文件的操作。当打开一个代表字符设备的特别文件以后，就得到相应的 VFS 索引节点，其中包括该设备的主设备号和次设备号。利用主设备号就可以检索 chrdevs 数组，进而可以找到有关此设备的各种文件操作。这样，应用程序中的文件操作就会映射到字符设备的文件操作调用中。

3．块设备

对块设备的存取和对文件的存取方式一样，其实现机制也和字符设备使用的机制相同。

Linux 系统中有一个名为 blkdevs 的结构数组,它描述了一系列在系统中登记的块设备。数组 blkdevs 也使用设备的主设备号作为索引。该数组元素类型是 device_struct 结构。该结构中包括指向已登记的设备驱动程序名的指针和指向 block_device_operations 结构的指针。在 block_device_operations 结构中包含指向有关操作的函数指针。所以,该结构就是连接抽象的块设备操作与具体块设备类型的操作之间的枢纽。

与字符设备不一样,块设备有几种类型,例如 IDE 设备和 SATA 设备。每类块设备都在 Linux 系统内核中登记,并向内核提供自己的文件操作。

为了把各种块设备的操作请求队列有效地组织起来,内核中设置了一个结构数组 blk_dev,该数组中的元素类型是 blk_dev_struct 结构。这个结构由三个成分组成,其主体是执行操作的请求队列 request_queue,还有一个函数指针 queue。当这个指针不为 0 时就调用这个函数来找到具体设备的请求队列。这是考虑到多个设备可能具有同一主设备号的情况。该指针在设备初始化时被设置好。通常当它不为 0 时还要使用该结构中的另一个指针 data,用来提供辅助性信息,帮助该函数找到特定设备的请求队列。每一个请求数据结构都代表一个来自缓冲区的请求。

每当缓冲区要和一个登记过的块设备交换数据,它都会在 blk_dev_struct 中添加一个请求数据结构,如图 11.15 所示。每一个请求都有一个指针指向一个或多个 buffer_head 数据结构,而该结构都是一个读写数据块的请求。每一个请求结构都在一个静态链表 all_requests 中。最初请求链表为空。若干请求可添加到一个链表中,则调用设备驱动程序的请求函数,开始处理该请求队列。否则,设备驱动程序就简单地处理请求队列中的每一个请求。

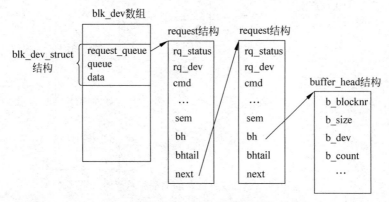

图 11.15 块设备驱动程序数据结构示意图

当设备驱动程序完成了一个请求后,就把 buffer_head 结构从 request 结构中移走,并标记 buffer_head 结构已更新,同时解锁,这样,就可以唤醒相应的等待进程。

11.6 中断、异常和系统调用

所谓中断是指 CPU 对系统发生的某个事件作出的一种反应——CPU 暂停正在执行的程序,保留现场后自动地转去执行相应的处理程序,处理完该事件后再返回断点继续执行被"打断"的程序。

中断可分为三类：(1)由 CPU 外部引起的,称做中断,如 I/O 中断、时钟中断、控制台中断等。(2)来自 CPU 的内部事件或程序执行中的事件引起的过程,称做异常。如由于 CPU 本身故障(电源电压低于 105V,或频率在 47～63Hz 之外)、程序故障(非法操作码、地址越界、浮点溢出等)等引起的过程。(3)由于在程序中使用了请求系统服务的系统调用而引发的过程,称做"陷入"(trap,或陷阱)。前两类通常都称做中断,它们的产生往往是无意、被动的；而陷入是有意、主动的。

11.6.1 中断及其处理

对中断请求的整个处理过程是由硬件和软件结合起来而形成的一套中断机构实施的。中断处理一般分为中断响应和中断处理两个步骤。中断响应由硬件实施,中断处理主要由软件实施。

1. 中断响应

发生中断时,CPU 暂停执行当前的程序,而转去处理中断。这个由硬件对中断请求作出反应的过程,称为中断响应。一般说来,中断响应顺序执行下述三步动作：
① 中止当前程序的执行。
② 保存原程序的断点信息(主要是程序计数器 PC 和程序状态寄存器 PS 的内容)。
③ 从中断控制器取出中断向量,转到相应的处理程序。

通常,CPU 在执行完一条指令后,立即检查有无中断请求,如有,则立即作出响应。

当发生中断时,系统作出响应,不管它们是来自硬件(如来自时钟或者外部设备)、程序性中断(执行指令导致"软件中断"——software interrupts),或者来自意外事件(如访问页面不在内存)。如果当前 CPU 的执行优先级低于中断的优先级,那么它就中止对当前程序下条指令的执行,接受该中断,并提升处理机的执行级别(一般与中断优先级相同),以便在 CPU 处理当前中断时,能屏蔽其他同级的或低级的中断,然后保存断点现场信息,通过取得的中断向量转到相应的中断处理程序的入口。

2. 中断处理

CPU 从中断控制器取得中断向量,然后根据具体的中断向量从中断向量表 IDT 中找到相应的表项,该表项应是一个中断门。于是,CPU 就根据中断门的设置而到达该通道的总服务程序的入口。

核心中断处理程序会顺序执行以下主要动作：
① 保存正在运行进程的各寄存器的内容,把它们放入核心栈的新帧面中。
② 确定"中断源"或者核查中断发生,识别中断的类型(如时钟中断或者是盘中断)和中断的设备号(如哪个磁盘引起的中断)。系统接到中断后,就从计算机那里得到一个中断号,它是检索中断向量表的位移。中断向量因计算机而异,但通常都包括相应中断处理程序入口地址和中断处理时处理机的状态字。
③ 核心调用中断处理程序,对中断进行处理。
④ 中断处理完成并返回。中断处理程序执行完以后,核心便执行与计算机相关的特定指令序列,恢复中断时寄存器内容和执行核心栈退栈,进程回到用户态。如果设置了重调度

标识,则在本进程返回到用户态时做进程调度。

11.6.2 系统调用

在 UNIX/Linux 系统中,系统调用像普通 C 函数调用那样出现在 C 程序中。但是一般的函数调用序列并不能把进程的状态从用户态变为核心态,而系统调用却可以做到。

C 语言编译程序利用一个预先确定的函数库(一般称为 C 库),其中有各系统调用的名字。C 库中的函数都专门使用一条指令,把进程的运行状态改为核心态。Linux 的系统调用是通过中断指令 INT 0x80 实现的。

每个系统调用都有唯一的号码,称做系统调用号。所有的系统调用都集中在"系统调用入口表"中统一管理。系统调用入口表是一个函数指针数组,以系统调用号为下标在该数组中找到相应的函数指针,进而就能确定用户使用的是哪一个系统调用。不同系统中系统调用的个数是不同的,目前 Linux 系统中共定义了 221 个系统调用。另外,系统调用表中还留有一些余项,可供用户自行添加。

当 CPU 执行到中断指令 INT 0x80 时,硬件就作出一系列响应,其动作与上述的中断响应相同。CPU 穿过陷阱门,从用户空间进入系统空间。相应地,进程的上下文从用户堆栈切换到系统堆栈,接着运行内核函数 system_call()。首先,进一步保存各寄存器的内容;接着调用 syscall_trace(),以系统调用号为下标检索系统调用入口表 sys_call_table,从中找到相应的函数;然后转去执行该函数,完成具体的服务。

执行完服务程序,核心检查是否发生错误,并作相应处理。如果本进程收到信号,则对信号作相应处理。最后进程从系统空间返回到用户空间。

11.7 进程通信

系统中的进程和系统内核之间,以及各个进程之间需要相互通信,以便协调彼此间的活动。Linux 系统支持多种内部进程通信机制(IPC),最常用的方式是信号、管道以及 UNIX 系统支持的 System V IPC 机制(即消息通信、共享数据段和信号量)。限于篇幅,这里主要介绍其基本的实现思想。

11.7.1 信号机制

1. 信号概念

信号(signal)机制(亦称做软中断)是在软件层次上对中断机制的一种模拟。异步进程可以通过彼此发送信号来实现简单通信。系统预先规定若干个不同类型的信号(如 x86 平台中 Linux 内核设置了 32 种信号,而现在的 Linux 和 POSIX.4 定义了 64 种信号),各表示发生了不同的事件,每个信号对应一个事件并具有一个编号。运行中的进程当遇到相应事件或者出现特定要求时(如进程终止或运行中出现某些错误——非法指令、地址越界等),就把一个信号写到相应进程 task_struct 结构的 signal 位图(表示信号的整数)中。接收信号的进程在运行过程中要检测自身是否收到了信号,如果已收到信号,则转去执行预先规定好的信号处理程序。处理之后，再返回原先正在执行的程序。进程之间利用信号机制实现通信的过程如图 11.16 所示。

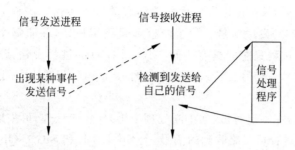

图 11.16 利用信号实现进程间通信

这种处理方式与硬件中断的处理方式有不少相同之处，但是二者又是有差别的。因为信号的设置、检测等都是软件实现的。信号处理机构是系统中围绕信号的产生、传送和处理而构成的一套机构。该机构通常包括三部分：(1)信号的分类、产生和传送；(2)对各种信号预先规定的处理方式；(3)信号的检测和处理。

2．信号分类

如上所述，信号分类随系统而变，可多可少。通常可分为进程终止、进程执行异常（如地址越界、写只读区、用户执行特权指令或硬件错误）、系统调用出错（如所用系统调用不存在、pipe 文件有写进程无读进程等）、报警信号及与终端交互作用等。系统一般也给用户自己留出定义信号的编号。

表 11.1 列出在 x86 平台上 Linux 内核定义的常用信号。

表 11.1 在 x86 平台上 Linux 内核定义的常用信号

信号号码	符号表示	含 义
1	SIGHUP	远程用户挂断
2	SIGINT	输入中断信号(Ctrl＋C)
3	SIGQUIT	输入退出信号(Ctrl＋\)
4	SIGILL	非法指令
5	SIGTRAP	遇到调试断点
6	SIGIOT	IOT 指令
7	SIGBUS	总线超时
8	SIGFPE	浮点异常
9	SIGKILL	要求终止进程(不可屏蔽)
10	SIGUSR1	用户自定义 1
11	SIGSEGV	越界访问内存
12	SIGUSR2	用户自定义 2
13	SIGPIPE	管道文件只有写进程，没有读进程
14	SIGALRM	定时报警信号
15	SIGTERM	软件终止信号
17	SIGCHLD	子进程终止
19	SIGSTOP	进程暂停运行(不可屏蔽)
30	SIGPWR	电源故障

3. 进程对信号可采取的处理方式

当发生上述事件后,系统可以产生信号并向有关进程传送。进程彼此间也可用系统提供的系统调用(如 kill())发送信号。除了内核和超级用户外,并非每个进程都可以向其他进程发送信号。普通进程只能向具有相同 UID 和 GID 的进程发送信号,或向相同进程组中的其他进程发送信号。信号要记入相应进程的 task_struct 结构中 signal 的适当位,以备接收进程检测和处理。

进程接到信号后,在一定时机(如中断处理末尾)作相应处理,可采取以下处理方式:

(1) 忽略信号。进程可忽略收到的信号,但 SIGKILL 和 SIGSTOP 信号不能被忽略。

(2) 阻塞信号。进程可以选择对某些信号予以阻塞。

(3) 由进程处理该信号。用户在 trap 命令中可以指定处理信号的程序,从而进程本身可在系统中标明处理信号的处理程序的地址。当发出该信号时,就由标明的处理程序进行处理。

(4) 由系统进行默认处理。如上所述,系统内核对各种信号(除用户自定义之外)都规定了相应的处理程序。在默认情况下,信号就由内核处理,即执行内核预定的处理程序。

每个进程的 task_struct 结构中都有一个指针 sig,它指向一个 signal_struct 结构。该结构中有一个数组 action[ ],其中的元素确定了当进程接收到一个信号时应执行什么操作。

4. 对信号的检测和处理流程

对信号的检测和响应是在系统空间进行的。通常,进程检测信号的时机是:第一,从系统空间返回用户空间之前,即:当前进程由于系统调用、中断或异常而进入系统空间处理完相应的工作后,要从系统空间中退出,在退出之前进行信号检测。第二,进程刚被唤醒的时候,即:当前进程在内核中进入睡眠以后刚被唤醒,要检测有无信号,如存在信号就会提前返回到用户空间。

信号的检测与处理的过程如图 11.17 所示。图中的①~⑤标出处理流程的顺序。从图中可以看出,信号的检测在系统空间中进行,而对信号的处理却是在用户空间中执行的。

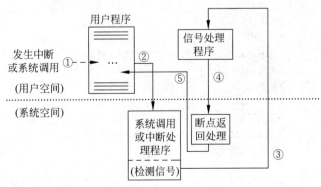

图 11.17 信号的检测与处理流程示意

11.7.2 管道文件

管道(pipe)是 Linux 中最常用的 IPC 机制。与 UNIX 系统一样,一个管道线就是连接两个进程的一个打开的文件。例如:

ls | more

在执行这个命令行时要创建一个管道文件和两个进程:"|"对应管道文件,命令 ls 对应一个进程,它向该文件中写入信息,称做写进程;命令 more 对应另一个进程,它从文件中读出信息,称做读进程。系统自动处理二者间的同步、调度和缓冲。管道文件允许两个进程按先入先出(FIFO)的方式传送数据,而它们可以彼此不知道对方的存在。管道文件不属于用户直接命名的普通文件,它是利用系统调用 pipe() 创建的、在同族进程间进行大量信息传送的文件。图 11.18 示出管道的实现机制。

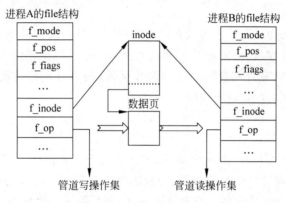

图 11.18 管道文件的实现机制

每个管道只有一个页面用做缓冲区,该页面是按环形缓冲区的方式来使用的。就是说,每当读或写到页面的末端就又回到页面的开头。

由于管道的缓冲区只限于一个页面,所以,当写进程有大量数据要写时,每当写满了一个页面就要睡眠等待;等到读进程从管道中读走数据而腾出一些空间时,读进程会唤醒写进程,写进程就会继续写入数据。对读进程来说,缓冲区中有数据就读出,如果没有数据就睡眠,等待写进程向缓冲区中写数据;当写进程写入数据后,就唤醒正在等待的读进程。

Linux 系统也支持命名管道,也就是 FIFO 管道,因为它总是按照先入先出的原则工作。FIFO 管道与一般管道不同,它不是临时的,而是文件系统的一部分。当用 mkfifo 命令创建一个命名管道后,只要有相应的权限,进程就可以打开 FIFO 文件,对它进行读或写。

11.7.3 System V IPC 机制

为了和其他 UNIX 系统保持兼容,Linux 系统也支持 UNIX System V 版本中的三种进程间通信机制,它们是消息通信、共享内存和信号量。这三种通信机制使用相同的授权方法。进程只有通过系统调用将标识符传递给核心之后,才能存取这些资源。

(1) 一个进程可以通过系统调用建立一个消息队列,然后任何进程都可以通过系统调用向这个队列发送消息或者从队列中接收消息,从而实现进程间的消息传递。

(2) 一个进程可以通过系统调用设立一片共享内存区,然后其他进程就可以通过系统调用将该存储区映射到自己的用户地址空间中。随后,相关进程就可以像访问自己的内存空间那样读/写该共享区的信息。

(3) 信号量机制可以实现进程间的同步,保证若干进程对共享的临界资源的互斥操作。简单说来,信号量是系统内的一种数据结构,它的值代表着可使用资源的数量,可以被一个或多个进程进行检测和设置。对于每个进程来说,检测和设置操作是不可中断的,分别对应于操作系统理论中的 P 和 V 操作(它们是解决进程同步、互斥问题的经典方法)。System V IPC 中的信号量机制是对传统信号量机制的推广,实际是"用户空间信号量"。它由内核支持,在系统空间实现,但可由用户进程直接使用。

11.8 系统初启

当打开计算机电源以后,计算机就开始初启过程。初启过程的细节与计算机的体系结构有关,但对所有的计算机来说,初启的目的是共同的:将操作系统的副本读入内存中,建立正常的运行环境。对于大家常用的处理芯片来说,初启过程分为硬件检测、加载引导程序、初始化内核和实现用户登录等阶段。

1. 硬件检测

当 PC 启动时,首先 CPU 进入实模式,开始执行 ROM-BIOS 起始位置的代码。BIOS 首先执行加电自检程序(POST),完成硬件启动,然后对系统中配置的硬件(如内存、硬盘及其他设备)进行诊断检测,确定各自在系统中存在,并且处于正常状态。自检工作完成后,按照预先在系统 CMOS 中设置的启动顺序,ROM-BIOS 搜索硬盘以及 CD-ROM 等设备的驱动器,读入系统引导区,通常都是磁盘上的第一个扇区,并将系统控制权交给引导装入程序。

2. 加载引导程序

整个硬盘的第一个扇区是整个硬盘的引导扇区,加电后从这个扇区"引导",所以它称做"主引导记录块"MBR。MBR 中含有磁盘分区的数据和一段简短的程序,总共 512B。其中的程序并不直接引导操作系统,而是依据盘区划分的信息找到"活动"分区,再从活动分区中读入其引导扇区到内存,执行该引导扇区中的程序,再由该程序从硬盘中读入其他几个更为复杂的程序,并由它们加载操作系统的内核。

3. 系统初始化

初启程序 setup 为内核映像的执行做好了准备(包括解压缩)以后,就跳转到 0x100000 开始内核本身的执行,然后就是内核的初始化过程。初始化过程可以分为三个阶段。第一个阶段主要是 CPU 本身的初始化,例如页式映射的建立;第二阶段主要是系统中一些基础设施的初始化,例如内存管理和进程管理的建立和初始化;最后是对上层部分初始化,如根设备的安装和外部设备的初始化,等等。

当内核初始化工作完成后,下面的工作由用户态初始化进程/sbin/init 完成系统运行的设置工作,如:设置操作系统启动时默认的执行级(通常是 3—多用户模式,或者是 5—X 图形登录方式);激活交换分区、检查磁盘、加载硬件模块;执行相应的脚本文件,建立用户工作环境;显示登录界面及提示信息,接受用户登录。

4. 用户登录

在用户态初始化阶段 init 程序在每个 tty 端口上创建一个进程,用来支持用户登录。每个进程都运行一个 getty 程序,它监测 tty 端口,等待用户使用。一旦用户开始使用这个端口,getty 进程就运行 login 程序,提示用户输入账号和密码信息。login 程序接受用户输入的信息,然后用系统文件/etc/passwd 校验用户信息。

如果是合法的用户,则通过验证,login 进程将用户的主目录作为当前目录,并执行指定的 shell。这样,用户就登录进入了系统,可以使用 shell 交互地执行用户命令。当用户退出系统时,系统会终止该用户的 shell 进程。该终端的 login 进程开始等待下一次用户登录。

思考题

1. 说明 Linux 系统核心结构的组成情况。
2. 什么是进程?什么是线程?Linux 系统中的进程状态有哪些?
3. Linux 系统中进程有哪两种模式?各有何特点?
4. Linux 系统中进程控制块的作用是什么?它与进程有何关系?
5. Linux 系统如何执行进程调度?
6. shell 的基本工作过程是怎样的?
7. Linux 系统一般采用哪种文件系统?其构造形式如何?
8. 什么是块组?什么是超级块?超级块的功能是什么?
9. 什么是索引节点?索引节点主要有哪些内容?它与文件有何关系?
10. 为什么要设立虚拟文件系统(VFS)?它与实际文件系统的关系是怎样的?
11. 为什么 Linux 系统通常要把硬盘划分为多个文件系统?
12. 分页存储管理的基本方法是什么?
13. Linux 系统如何支持虚存?
14. Linux 系统中交换空间为何采用连续空间?
15. Linux 信号机制是如何实现进程间通信的?
16. 管道文件如何实现两个进程间的通信?
17. Linux 系统中设备驱动分层结构是怎样的?如何实现与设备的无关性?
18. 什么是中断?简述中断的一般处理过程。
19. Linux 系统中怎样处理系统调用?
20. 简述 Linux 系统初启的过程。

第 12 章 网络管理

信息时代离不开计算机网络,特别是 Internet 的广泛应用正在改变着人们的观念和社会生活的方方面面。每天有上百万人通过网络传递邮件、查阅资料、搜寻信息,以及网上订票、网上购物等。

Linux 由于自身的特点,已成为服务器上的主流操作系统。本章介绍网络基本概念,网络管理基础知识和 Linux 网络管理方面的常用命令,电子邮件,网络安全技术,以及防火墙等知识。

12.1 网络概述

所谓计算机网络是指通过通信线路将地理上分散的自主计算机、终端、外部设备等连接在一起,以达到数据通信和资源共享目的的一种计算机系统。计算机网络是计算机技术和通信技术相结合的产物。一方面,通信系统为计算机之间的数据传输和交换提供了必要的手段;另一方面,计算机技术不断地渗透到通信技术中,又大大提高了通信网络的性能。两者紧密结合,促进了计算机网络的发展和繁荣,并对人类社会的发展和进步产生了巨大影响。

12.1.1 网络分类和拓扑结构

1. 网络分类

网络按其覆盖范围的大小可以分为局域网 LAN(Local Area Network)、广域网 WAN(Wide Area Network)和城域网 MAN(Metropolitan Area Network)。

局域网的覆盖范围较小,半径一般在几百米到几千米之间,通常应用于小的商业区或者较大机构中的特定部门。局域网的发展和普及是与 PC 的发展密切相关的。

广域网可以为地理位置比较分散的计算机提供互连能力,以便进行快速数据交换。一些大型的企业,特别是那些跨国公司需要将它们在全球各地分支机构中的计算机连接起来,就需要建立广域网。

城域网的覆盖范围介于局域网和广域网之间,往往是在一个城市内使用,其典型应用则是人们常说的校园网。

众所周知,Internet 是世界上规模最大、用户最多、影响也最大的计算机网络,它连接了世界各地数百万个网络和数千万台计算机系统。

2. 局域网的拓扑结构

网络的拓扑结构规定了计算机之间的连接方式。在局域网中,最为常见的网络拓扑结构有总线型、环型和星型三种,如图 12.1 所示。

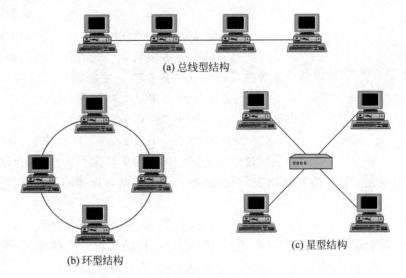

图 12.1　网络拓扑结构

在这三种拓扑结构中,星型结构最便于布线,特别是现在的结构化布线大多采用星型结构或类似星型的拓扑结构。但是,许多网络不支持星型结构,例如以太网就只支持总线型结构。为了既要符合网络的要求,又能够充分利用星型结构带来的结构化布线上的便利,便出现了星型总线型结构和星型环型结构。这些拓扑结构在物理连接上是星型拓扑结构,而其逻辑结构仍然是总线型或是环型。星型总线型结构的典型例子是通过集线器(Hub)连接起来的以太网。

12.1.2　网络协议

在任何信息交换的过程中,参与信息交换的双方都必须按事先约定的某种方法与规则传输和接收信息。这样,信息交换双方才能正确地从对方获得有用的信息,从而保证信息交换的顺利进行。这种方法与规则实际上就是一种通信规程。在网络通信中,就把这种通信规程称做网络协议。网络协议包括(但不是仅仅包括)信息交换的格式和顺序、传输和接收信息时的措施、出现错误时的处理方法等内容。

在当今的网络世界中,正在使用的网络协议有许多,其中,使用最为广泛的无疑是TCP/IP 协议。而理论上的网络模型是 OSI 协议,它是国际标准化组织(ISO)为促进计算机互联网络的研究和发展,制定的一个层次化的网络协议参考模型,即开放系统互连参考模型(Open System Interconnection Reference Model,OSI)。

1. OSI 参考模型

OSI 参考模型把整个网络通信协议分为七层,每层执行一种定义明确的功能,它根据定义

图 12.2 OSI 参考模型

好的协议与远方系统的对应层之间交换用户数据和控制信息。

每层协议只能与其相邻的上层或下层进行通信,既为相邻高层提供服务,又要求相邻低层为其服务,如图 12.2 所示。

(1) 物理层(Physical Layer)。定义在网络设备之间传输数据所需的硬件特性,包括传输速度、电压、连接器类型等。

(2) 数据链路层(Data Link Layer)。通过物理网络为网络层提供可靠的数据传输机制。在有传输错误的情况下,该层负责错误检测和信息重发。数据链路层提供两种服务类型:一类是无链接的,也称为数据报(Datagram);另一类是面向链接的,也称为虚电路(Virtual Link)。

(3) 网络层(Network Layer)。负责建立和清除两个传输层协议实体之间在整个网络范围内的连接,包括路由选择(寻址)和流量控制。该层维护路由表,并确定哪一条路由是最快捷的,以及何时使用替代路由。

(4) 传输层(Transport Layer)。传输层协议在要进行通信的两个实体间形成一个双向(全双工)的数据管道。在 OSI 模型中,传输层是面向应用的高层协议和面向网络的低层协议之间的界面,它为会话层屏蔽了低层网络的细节,提供与网络类型无关的可靠信息传送机制。

(5) 会话层(Session Layer)。在许多网络设置中,要求在两个通信实体间建立正式的连接。这种连接使得信息收发具有高可靠性。会话层正是为建立这样的连接及管理两个通信实体间的数据交换提供必要的手段。在整个网络事务处理过程中,会话层负责建立(和清除)在两个通信实体间的通信通道。

(6) 表示层(Presentation Layer)。它负责两个通信应用层实体在协议之间传输过程中进行数据格式转换。表示层协商并选择在交互期间要使用的传送语法,使得在两个应用实体之间的信息语法得以维持。表示层的另一个作用是数据加密/解密。

(7) 应用层(Application Layer)。应用层提供一组允许用户访问的网络服务界面,包括文件传输、访问与管理、终端仿真,以及电子邮件等一般文档和信息交换服务。

OSI 虽然只是一个理论上的参考模型,但是它对计算机网络技术的影响是巨大的。它对于在 OSI 模型以前开发的系统,如 TCP/IP 同样适用。因此,当一个通信设备不符合 OSI 模型的结构时,也可以说它是基于 OSI 的。

2. TCP/IP 协议

TCP/IP(Transmission Control Protocol/Internet Protocol,传输控制协议/网际协议)是用于计算机通信的一个协议族。它得到了人们的普遍认可,在市场上显示出强大的竞争力。目前,几乎所有的网络操作系统都提供对 TCP/IP 的支持。TCP/IP 已经是 Internet 的标准协议。

TCP/IP 协议族包括诸如 Internet 协议(IP)、地址解析协议(ARP)、互联网控制消息协议(ICMP)、用户数据报协议(UDP)、传输控制协议(TCP)、路由信息协议(RIP)、远程登录协议(Telnet)、简单邮件传输协议(SMTP)、域名系统(DNS)等协议。

TCP/IP 协议的层次结构如图 12.3 所示。

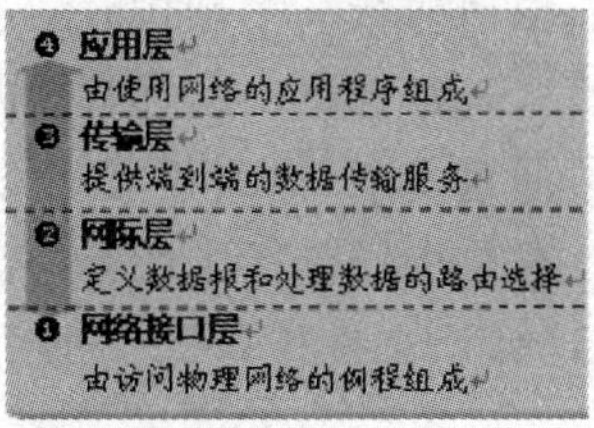

（1）网络接口层。网络接口层是最下面一层，负责数据的实际传输，相当于 OSI 模型中的第 1、2 层。在 TCP/IP 协议族中，对该层很少具体定义，大多数情况下，它依赖现有的协议传输数据。

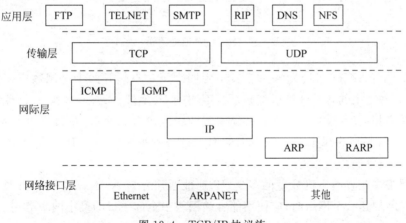

图 12.3 TCP/IP 协议层次结构

（2）网际层。负责网络间的寻址和数据传输，其功能大致相当于 OSI 模型中的第 3 层。在该层中，典型的协议是 IP(Internet Protocol)。

（3）传输层。负责提供可靠的传输服务。该层相当于 OSI 模型中的第 4 层。该层典型的协议是 TCP(Transmission Control Protocol)和 UDP(User Datagram Protocol)。其中，TCP 提供可靠、有序、面向连接的通信服务；而 UDP 则提供无连接、不可靠的用户数据报服务。

（4）应用层。应用层包含一切与应用相关的功能，相当于 OSI 的上面三层。我们经常使用的 HTTP、FTP、TELNET、SMTP 等协议都在这一层实现。

TCP/IP 与 OSI 最大的不同在于 OSI 是一个理论上的网络通信模型，而 TCP/IP 则是实际运行的网络协议。

TCP/IP 实际上是由许多协议组成的协议族。图 12.4 示出 TCP/IP 的主要协议分类情况。

图 12.4 TCP/IP 协议族

其中，IP（网际协议）的任务是对数据包进行相应的寻址和路由，以便通过网络进行传输。但它是一个无连接协议，即主机间在通信传输时不建立可靠的端到端的连接，源主机只是简单地将 IP 数据包发送出去，而不管可能出现的数据包丢失、重复、延迟或次序混乱。因此，必须依靠高层协议或应用程序才能实现数据包的可靠传输。

ICMP 是为 IP 协议提供差错报告的，如目标无法到达、阻塞、回波请求和回波应答等。IGMP（互联网组管理协议）是用于管理 IP 协议多播组成员的一种通信协议。

TCP（传输控制协议）是一种面向连接的通信协议，提供可靠的数据传送。TCP/IP 协议基于 Client/Server（客户—服务器）模型。在最简单的形式中，"客户"是请求服务的程序，而"服务器"是提供服务的程序。在网络环境中，客户程序经常发出 RPC（远程过程调用),申请执行一个操作;服务器通过执行相应操作的过程来回答RPC,并对客户发送一个回答。表示网络中的计算机时也用上述术语:"服务器"表示提供服务的主机,它的文件或服务通过RPC得到利用;"客户机"表示提出请求的主机。

在应用层包括了所有的高层协议,而且不断地有新协议加入。它们实现各种功能,包括仿真终端、文件传送、电子邮件传送、域名服务、动态主机配置工作等。

12.1.3 IP地址和网络掩码

1. IP地址

在计算机网络中,每个网络设备(如网卡)都有自己的硬件地址,即物理地址。这个地址是该设备在网络中的唯一标识,它把该设备与网络上的其他设备区分开。这就是通常所说的MAC(Media Access Control,媒体存取控制)地址,它由该设备的制造商确定,通常不可以改变。MAC地址由6个十六进制数组成,由冒号分开。例如:00:00:c0:34:f1:52。

IP地址是网络设备在网络中的逻辑地址。它独立于任何特定的网络硬件和网络配置,不管物理网络的类型如何,它都有相同的格式。

IP地址由两部分组成,即:网络地址和主机地址,如图12.5所示。前者标识所连入的网络,后者标识特定网络中的主机或节点。为了确保主机地址的唯一性,其网络地址由网络信息中心NIC分配,而主机地址由网络管理机构负责分配。

网络地址	主机地址

图12.5 IP地址结构

IP地址占用32位(二进制),一般表示为四个用句点隔开的十进制数字。例如:192.168.200.1。网络中的各台计算机都必须有不同的IP地址。另外,如果一个网络设备是作为与其他网络相连的路由器,那么它必须安装两块或更多块网卡,并属于两个或多个网络。在这种情况下,必须为属于每个网络上的网卡都分配唯一的IP。IP地址不同于MAC地址,它是可以设置的。

根据网络中能容纳主机数量的多少,IP地址通常分为A、B、C、D和E五类,如表12.1所示。在实际构建一个网络时,应使用能容纳网络中全部主机的最小网络类别。

表12.1 Internet地址类别

地址类别	第一字节高位	网络起始地址范围	每个网络中能容纳的主机数	有效地址的范围
A	0	1~126	16777216	1.0.0.1~126.255.255.254
B	10	128~191	65536	128.0.0.1~191.255.255.254
C	110	192~223	256	192.0.0.1~223.255.255.254
D	1110	224~239		224.0.0.0~239.255.255.255
E	11110	240~255		240.0.0.0~255.255.255.255

IP地址的格式如图11.6所示。

应注意,D类地址不标识网络,有特殊用途,主要是多目广播。而E类地址暂时保留,

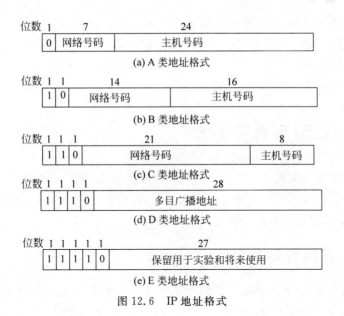

图 12.6 IP 地址格式

用于实验和将来使用。

上述 IP 地址采取两级寻址方法,每一个网络应有一个独立的网络号,在此网络内每一台主机有独立的主机号。而随着网络应用的急剧增长,目前 IP 地址非常紧张。为此,IP 协议规定了一些保留 IP 网络号,专门用于私有网络,它们不会在 Internet 中的任何部分出现。

虽然这些私有地址可能被许多网络使用,但是由于它们并不相互通信,所以就不会造成什么影响。按照 RFC 1918 文件的规定,以下地址为私有地址:

1 个 A 类地址:10.0.0.0

16 个 B 类地址:172.16.0.0~172.31.0.0

256 个 C 类地址:192.168.0.0~192.168.255.0

2. 网络掩码

为了快速地确定 IP 地址的哪部分代表网络号,哪部分代表主机号,以及判断两个 IP 地址是否属于同一网络,就产生了网络掩码的概念。网络掩码给出了整个 IP 地址的位模式,其中的 1 代表网络部分,0 代表 IP 主机号部分。掩码也采用点分十进制表示。用它来帮助确定 IP 地址网络号是什么,主机号是什么。网络掩码的一般形式是:

A 类网络的标准默认掩码是 255.0.0.0

B 类网络的标准默认掩码是 255.255.0.0

C 类网络的标准默认掩码是 255.255.255.0

例如,有一个私有地址 192.168.200.13,其掩码为 255.255.255.0。将该 IP 地址和掩码都转换成二进制数,即:

11000000.10101000.11001000.00001101

11111111.11111111.11111111.00000000

将二者按位与,结果为:11000000.10101000.11001000.00000000。即十进制数 192.168.200.0,所以网络号是 192.168.200.0。

IP 地址减去网络号的结果就是主机号,即主机号为 13。

ARP 协议通过查找 IP 地址和物理地址对照表(即 ARP 表)把 IP 地址转换成物理地址。而 RARP(Reverse Address Resolution Protocol,反向 ARP 协议)主要用于把无盘工作站的网络设备的物理地址转换成 IP 地址。

12.2 网络管理与有关命令

计算机网络的迅速发展令世人瞩目。其速度越来越快,规模越来越大,应用范围越来越广,当然,其复杂程度也更高了。为保证网络正常、高效地运行,为用户提供安全、可靠、方便的服务,就需要对网络进行有效的管理。

12.2.1 网络管理功能

网络规模越来越大,因而网络管理的重要性也越来越高。网络管理系统应能对网络设备和应用进行规划、监控和管理,并跟踪、记录、分析网络的异常情况,使网管人员能及时处理问题,从而保障网络正常、高效地运行,为用户提供安全、可靠、正常的网络服务。概括起来,网络管理功能包括以下几个方面:

(1) 配置管理。用来定义、识别、初始化和监控网络中的被管对象(即网络资源,如设备等),改变其操作特性,报告其状态变化。就是说,网络的配置管理反映了网络的运行状态。

(2) 故障管理。是指管理功能中与监测设备故障以及对故障设备的监测、恢复或故障排除等措施有关的网络管理功能,其目的是保证网络能够提供连接和可靠的服务。一般说来,它可以分为以下几个方面:检测被管对象的故障或接收被管对象的故障事件报告;当存在空闲设备或迂回路由时,为服务提供新的网络资源;建立和维护故障日志库,并对日志进行分析;为追踪和确定故障位置和性质,进行诊断测试;通过资源的更换、维修或其他恢复措施,使其重新开始服务。

(3) 性能管理。保证在使用最少的网络资源和具有最小时延的前提下,网络能提供可靠、连续的通信能力。一般包括:从被管设备中收集与网络性能有关的数据,分析和统计历史数据,建立性能分析模型,预测网络性能的长期趋势,并根据分析和预测结果对网络拓扑结构和参数进行调整。

(4) 安全管理。安全管理的目的是保证网络不被非法使用。其功能包括:支持身份鉴别,规定身份鉴别的过程;控制和维护授权设施及访问权限;支持密钥管理;维护和检查安全日志。

(5) 计费管理。对于公用网来说,用户必须为使用网络服务付费。计费管理要记录用户使用网络资源的情况并收取相应的费用,同时也进行网络利用率的统计。

一般说来,在这 5 个基本功能中,前两个功能是必需的。另外,在实际应用中经常还需要一些附加的网络管理功能,如面向用户的服务支持,网络工程支持等。

网络管理员是实施网络管理功能的人员,具体说,其任务是监测和控制组成所辖整个网络的硬件和软件系统,监测并纠正那些导致网络通信低效甚至不能进行通信的问题,并且要尽量降低这些问题再度发生的可能性。

实现网络管理需要一定的环境,包括管理方式、管理硬件平台、管理软件平台、应用软件以及测试工具等方面。其中,最重要的是网络管理软件平台。目前市场上流行的网络管理软件主要有思科公司的 CISCO works 2000、惠普公司的 OpenView、IBM 公司的 NetView 等管理平台。

12.2.2 基本网络命令

Linux 提供了多个用于网络管理的命令,利用它们可以查看网络连通情况、检查网络接口配置、检查路由选择、配置路由信息等。

1. ping 命令

ping 命令是一种最基本的测试命令,它用来测试本机系统是否能够到达一台远程主机以及到达速率。该命令常用来测试本机与远程主机的通信路径是否畅通。根据 ping 命令运行的结果,可以确定接下来是测试网络连通还是测试应用程序。

ping 命令的一般格式是:

ping [选项] … 目的地

其中,目的地是被测试的远程主机的主机名或 IP 地址,如网关地址 59.64.76.161。
常用选项有以下几个:

- -b   允许 ping 一个广播地址。
- -c count   发送指定的 count 个测试报文后停止。如果不使用该选项,ping 命令会不断地发送测试报文,直至按 Ctrl+C 键强行中断该命令的执行。一般对于一次测试,用 5 个报文即可。
- -r   绕过正常的路由表,而直接将测试报文发送到指定的远程主机。如果远程主机没有直接连到网络上,则返回出错信息。该选项也可用来 ping 本地主机。
- -s packetsize 指定发送报文数据的字节数,以实现不同的数据包的传递。默认值是 56 个字节。当与 8 个字节的 ICMP 头数据绑定在一起时,它就转换成 64 个字节的 ICMP 数据。

ping 命令还有许多命令行选项,详情请参阅 ping 的命令手册页。
例如,想检查本地主机与远程网关主机 59.64.76.161 的通信路径是否畅通,可输入命令:

```
$ ping 59.64.76.161
PING 59.64.76.161 (59.64.76.161) 56(84) bytes of data.
64 bytes from 59.64.76.161: icmp_seq=1 ttl=255 time=0.307 ms
64 bytes from 59.64.76.161: icmp_seq=2 ttl=255 time=0.237 ms
64 bytes from 59.64.76.161: icmp_seq=3 ttl=255 time=0.250 ms
64 bytes from 59.64.76.161: icmp_seq=4 ttl=255 time=0.218 ms
64 bytes from 59.64.76.161: icmp_seq=5 ttl=255 time=0.228 ms
64 bytes from 59.64.76.161: icmp_seq=6 ttl=255 time=0.303 ms
64 bytes from 59.64.76.161: icmp_seq=7 ttl=255 time=0.251 ms
64 bytes from 59.64.76.161: icmp_seq=8 ttl=255 time=0.238 ms
64 bytes from 59.64.76.161: icmp_seq=9 ttl=255 time=0.247 ms
64 bytes from 59.64.76.161: icmp_seq=10 ttl=255 time=0.304 ms
64 bytes from 59.64.76.161: icmp_seq=11 ttl=255 time=0.352 ms
64 bytes from 59.64.76.161: icmp_seq=12 ttl=255 time=0.232 ms
64 bytes from 59.64.76.161: icmp_seq=13 ttl=255 time=0.237 ms
^C
--- 59.64.76.161 ping statistics ---
13 packets transmitted, 13 received, 0% packet loss, time 11999ms
rtt min/avg/max/mdev = 0.218/0.261/0.352/0.044 ms
```

输入 ping 命令行后,该命令将连续不断地向 59.64.76.161 发送测试报文,并接收来自 59.64.76.161 的应答报文,直至按 Ctrl+C 键退出。退出时将会出现如上所示的统计信息。其关键统计信息包括:

(1) 各报文到达的次序,以"icmp_seq=序号"的形式显示。序号从 1 开始。

(2) 一个报文往返传送需要多长时间,以"time=时间值"的形式显示,以 ms(毫秒)为单位。

(3) 报文丢失的百分比。它显示在 ping statistics 之后的总计行中。

上面的测试示例表明:从本地主机 59.64.76.166 到另一台主机 59.64.76.161 之间的连通是正常的,没有丢失报文(0% packet loss),响应也快。如果在传输过程中有报文丢失,用户会在统计信息中看到发送的报文数与接收的报文数不相等,而且丢失报文的百分比也不为 0。

如果报文丢失率高,响应时间相当慢,或者报文不按次序到达,那么就可能是硬件有问题。如果在广域网中进行远距离通信时出现这种情况,可以不必担心,因为有 TCP/IP 专门用来对付不可靠的网络。如果在局域网中出现这些问题,则表明网络硬件有问题,应采取措施,排除其故障。

2. ifconfig 命令

ifconfig 命令用来配置一个网络接口,即指定一个网络接口的地址,或者设置网络接口的参数,常用来在引导时设置必要的接口。此后,当一台主机的网络配置有问题需要调试或系统需要调整时,才用该命令去验证该用户的网络配置。

只有超级用户才有权修改网络接口的参数。该命令的一般形式是:

ifconfig [接口名]
ifconfig 接口名 选项|地址 …

如果命令后面不带参数,则显示当前网络实际接口的状态。所带参数可以是接口名称(通常是网卡名,如 eth0)、IP 地址及其他选项。如果只有接口名这一个参数,则只显示给定接口的状态;如果在命令中只给出-a 参数,则显示所有接口的状况,包括未被激活的网络接口。否则,就配置这个接口。

常用选项有:

up	该接口被激活。如果把一个地址分配给该接口,则隐含指定该标识。
down	该接口被关闭,即断开网络与网卡的连接。
[-]broadcast [addr]	如果给出地址参数,就为这个接口设置协议广播地址。否则,为接口设置(或清除)广播标识(IFF_BROADCAST)。
[-]pointopoint [addr]	该关键字为接口启用点对点模式,即直接在两台主机间建立连接。如果也给出地址参数,就设置连接另一端的协议地址;否则,就设置(或清除)对该接口的点对点标识(IFF_POINTOPOINT)。
address	为这个接口分派 IP 地址。
netmask addr	为该接口设置子网掩码。默认值是常用 A、B 或 C 类的子网掩码,但是它可以另外设置。

下面是几个常见示例：

`# ifconfig`

显示所有当前活动的网络接口的情况。

`# ifconfig eth0`

显示指定网络接口 eth0 的情况。

`# ifconfig eth0 211.68.38.133`

该命令配置一个以太网接口，以该 IP 地址定义这个网络接口的地址。同时，ifconfig 命令会自动地创建一个标准的广播地址和子网掩码。

`# ifconfig eth0 211.68.38.133 broadcast 211.68.38.255 netmask 255.255.255.0`

该命令指定以太网卡 eth0 的 IP 地址为 211.68.38.133，广播地址为 211.68.38.255，子网掩码为 255.255.255.0。

3. netstat 命令

netstat 命令用于对 TCP/IP 网络协议和连接进行统计，统计内容包括网络连接情况、路由表信息、接口统计等，常用来检查路由选择。如果能够访问局域网，但不能访问远程网，则可能有问题，应用该命令做检查。

netstat 命令输出有关 Linux 网络系统的信息，信息类型由第一个参数控制。常用参数有：

（不带参数）按照默认，将显示打开套接口（socket）列表。如果没有指定地址，则显示所有已配置地址的活动套接口的信息。

-r 显示路由表及连接信息。
-i 显示所有网络接口表。
-s 显示 IP、ICMP、TCP、UDP 协议的汇总统计。
-n 以 IP 地址形式显示连接状态。
-a 显示所有的套接口信息。
-e 显示附加信息。该选项连用两次可以显示最详细的信息。
-p 显示每个套接口对应程序的 PID 和名字。

例如：

`# netstat`

将显示当前已创建的连接。其结果包括：本地和远程的地址、统计信息、连接状态等。

`# netstat -nr`

将显示路由表，其中包括目的地址、网关、掩码、标识等信息。可以用来查看在该路由表中是否安装了到达目的地的有效路由。

4. route 命令

与网络的连接要通过特殊的硬件设备接口，如以太网网卡或调制解调器。通过这个接口的数据会传递给所连接的网络。数据包要到达目标地址需要经过一定的路由，route 命令会为这个连接配置路由信息。在大型网络中，数据包从源主机到达目标主机的"旅途"中要经过许多计算机。路由决定了从这个过程开始直至到达目标主机中间哪个计算机要进行数据包的转发。在小型网络中，路由信息可能是静态的，即从一个系统到另一个系统的路由是固定的。但是，在大型网络以及 Internet 上，路由信息是动态的。路由信息列在路由表文件 /proc/net/route 中。

路由表中的每一项由若干域组成，其形式如下：

```
Destination  Gateway  Genmask  Flags  Metric Ref  Use  Iface …
```

各域的含义说明如下：

- Destination   目标网络或目标主机
- Gateway   所用网关的 IP 地址或主机名（*表示没有网关）
- Genmask   子网掩码
- Flags   路由类型（如 U 表示 up，H 表示 host，G 表示 gateway 等）
- Metric   路由长度
- Ref   参照这个路由的数目
- Use   查看该路由的计数
- Iface   这次路由的报文将要发送的接口

下面是几个常用示例：

```
# route
```

在命令行上输入不带选项的 route 命令，则显示路由表当前的内容。

当使用选项 add 或 del 时，则 route 命令就修改路由表。add 表示添加一个新路由，而 del 表示删除一个路由。例如，

```
# route add -net 221.56.76.0 netmask 255.255.255.0 dev eth0
```

它添加一个经由"eth0"到网络 221.56.76.x 的路由，这里必须指定一个 C 类掩码，因为网络地址 221.* 是一个 C 类 IP 地址。另外，这里的 dev 可以省略。

add 参数有几个选项，在 route 命令的联机手册中有详细说明。如果想增加一个特定的静态路由，就需要使用这些选项来指定一些特性，如子网掩码、网关、接口设备或目标地址等。但是，如果接口已经通过 ifconfig 命令启动，那么 ifconfig 命令能够产生大部分信息，为此，只需使用 -net 选项和目标的 IP 地址。例如：

```
# route add -net 127.0.0.0
```

添加常规回送接口的一项记录，网络掩码为 255.0.0.0（A 类网络，由目标地址确定），并且与 lo 设备相关（假设这个设备预先已用 ifconfig 配置好网络接口）。

12.3 电子邮件

电子邮件（E-mail）是 Internet 上使用较多的和较受用户欢迎的一种应用。在 Web 技术的应用出现之前，电子邮件已经得到广泛应用。现在，电子邮件不仅可以传输文本信息，而且通过编码技术，还可以传输声音、图像等多媒体信息。只要有 Internet，电子邮件就可以在几分钟、甚至几秒钟内将信息发送到世界各地。可以说，电子邮件已经成为人们交流、沟通的重要工具，它的发展对传统的信函业务造成了巨大的冲击。

12.3.1 电子邮件系统简介

1. 电子邮件系统的工作原理

当用户把邮件消息提交给电子邮件系统时，该系统并不立即将其发送出去，而是将邮件副本与发送者、接收者、目的地机器的标识及发送时间一起存入专用的缓冲区（spool）。这时，发送邮件的用户就可以执行其他任务，电子邮件系统则在后台完成把用户发送的邮件传送到目的地机器上的工作。这一点与传统的邮政服务非常相似。

在发送电子邮件时，必须指定接收者的地址和要发送的内容。

接收者的地址格式如下：

收信人邮箱名@邮箱所在主机的域名

例如：mengqc@bistu.edu.cn。

由于一个主机的域名在 Internet 上是唯一的，而每一个邮箱名在该主机中也是唯一的。因此，在 Internet 上的每一个电子邮件地址都是唯一的，从而可以保证电子邮件能够在整个 Internet 范围内准确交付。

在发送电子邮件时，邮件传输程序只使用电子邮件地址中@后面的部分，即目的主机的域名。只有在邮件到达目的主机后，接收方计算机的邮件系统才根据电子邮件地址的收信人邮箱名，将邮件送往收件人的邮箱。在 Linux 系统中，邮箱是一个特殊的文件，通常与用户的注册名相同，称为用户的系统邮箱，例如，注册名为 mengqc 的用户，其系统邮箱为：/var/spool/mail/mengqc。系统邮箱是由系统管理员在建立用户时生成的。

2. 电子邮件系统的构成及功能

电子邮件系统由邮件用户代理 MUA（Mail User Agent）和邮件传送代理 MTA（Mail Transfer Agent）两部分组成。

MUA 是一个在本地运行的程序，它使得用户能够通过一个友好的界面来发送和接收邮件。常用的邮件用户代理（如 Windows 系统中的 Outlook 和 Foxmail、传统 UNIX 系统的 mail 命令、Linux 系统中的 Kmail 等）都具有撰写、显示和处理邮件的功能，允许用户书写、编辑、阅读、保存、删除、打印、回复和转发邮件，同时还提供创建、维护和使用通讯录，提取对方地址，信件自动回复，以及建立目录对来信进行分类保存等功能，方便用户使用和管理邮件。一个好的邮件用户代理可以完全屏蔽整个邮件系统的复杂性。

MTA 在后台运行,它将邮件通过网络发送给对方主机,并从网络接收邮件,它有以下两个功能。

(1) 发送和接收用户的邮件。

(2) 向发信人报告邮件传送的情况(已交付、被拒绝、丢失等)。

由于电子邮件在传输过程中,联网的计算机系统会把消息像接力棒一样,在一系列网点间传送,直至到达对方的邮箱。这个传输过程往往要经过很多站点,进行多次转发,因此,每个网络站点上都要安装邮件传输代理程序,以便进行邮件转发。Internet 中的 MTA 集合构成了整个报文传输系统(Message Transfer System,MTS)。

最常用的 MTA 是 Sendmail,在 Linux 中通常也使用 Sendmail。

使用 SMTP(简单邮件传输协议)时,收信人可以是和发信人连接在同一个本地网络上的用户,也可以是 Internet 其他网络上的用户,或者与 Internet 相连,但不是 TCP/IP 网络上的用户。

3. 邮件转发和电子邮件网关

大多数的邮件系统都提供一个邮件转发软件,其中包括一个邮件别名扩展(Mail Alias Expansion)机制。邮件转发软件允许本地网点将邮件地址中使用的标识符映射为一个或多个新的邮件地址。

别名的引入增强了邮件系统的功能,并为用户带来了方便。别名映射可以是多对一或一对多。例如,通过映射可以把一组标识符映射到某一个人。别名系统允许一个用户拥有多个邮件标识符,包括昵称(nickname)和职务。若使用一对多的映射,则可以将多个收信人与一个标识符相关联。这样,就可建立一个邮件分发器,即接收到一个邮件就将其发送给一大批收信人。这样与一批收信人集合相关联的标识符称为邮件发送列表(mailing list)。邮件发送列表中的收信人并不一定都在本地。邮件分发器使一大批人能够通过电子邮件进行通信,而通信人不需要在发信时清楚地指明所有的收信人。

如果邮件列表非常大,那么向邮件列表中的每一个人转发邮件仍需很长的处理时间。因此,人们往往不使用一般的计算机处理邮件列表,而是采用称为电子邮件网关的计算机专门处理邮件列表。在这种系统中,发送者的计算机不直接与接收者的计算机联系,而是通过一个或多个电子邮件网关进行转发。

4. POP3

TCP/IP 专门设计了一个对电子邮件信箱进行远程存取的协议,它允许用户的邮箱安置在某个邮件服务器上,并允许用户从他的个人计算机中对邮箱的内容进行存取。这个协议就是 POP(Post Office Protocol,邮局协议)。POP 最初发布于 1984 年。现在普遍采用的是它的第三个版本,即 POP3,它在 1993 年成为 Internet 的标准。

使用 POP 协议的系统要求在邮箱所在的计算机上运行两个服务器程序:一个是邮件服务器,它用 SMTP 协议与邮件传输客户程序进行通信;另一个是 POP 服务器程序,它与计算机中的 POP 客户程序通过 POP 协议进行通信。POP 服务器只有在用户输入鉴别信息后,才允许对邮箱进行存取。

对拨号上网的用户来说,使用 POP 最为普遍。当用户需要接收邮件时,用户才拨号上网,与邮箱所在的计算机建立连接。一旦拨号连接成功,用户就可运行 POP 客户程序,与远地的 POP 服务器程序进行通信,并发送和接收邮件。

12.3.2 邮件环境简易配置

系统管理员为用户建立账号后,如何来定制和管理用户的邮件环境,也是非常重要的工作之一。目前 Linux 系统都提供了图形化的 mail 客户端程序,可以方便地配置客户端邮件环境。对于普通用户,使用 Linux 系统提供的、图形界面下的集成化 mail 客户端程序(如 Kmail)来收发电子邮件非常方便,很容易上手,能够省去学习的麻烦。所以,建议普通用户使用这类图形用户界面下的 mail 工具。

1. 个人信息管理器

Kontact 是一个集成的个人信息管理程序,它将 Kmail、Knode、Kaddressbook、Korganizer、Knotes 等多个现有的工具集成到同一界面,并提供了一个概览(Summary)界面,使之成为一款颇具效率的软件。Kontact 把不同的应用作为组件使用,先进的组件框架结构使 Kontact 不仅能够完整地提供每个单独应用的功能,而且加入了许多新特性。从开始菜单中选择"办公软件"→"个人信息管理器"即可开启个人信息管理器。

在默认状态下,启动 Kontact 将显示一个"概览"窗口,如图 12.7 所示。主窗口左边的侧栏中列出当前可用组件的图标,右侧是对应的"概览"主界面,包含了各组件的主要信息,如新邮件、约会、生日等。

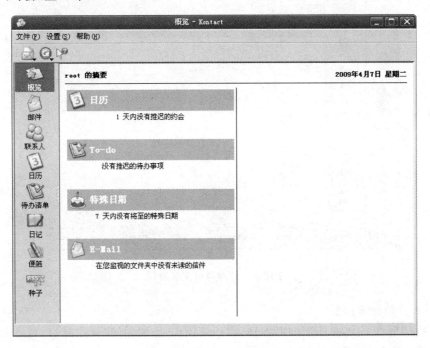

图 12.7 Kontact 窗口

单击侧栏中某一组件的图标将激活该应用,窗口右侧将显示该应用程序的主界面,同时 Kontact 窗口的菜单、工具条、状态栏也会随之改变成与活动组件相适应的项目。

在菜单中选择"设置"→"配置摘要视图",弹出"配置摘要视图"对话框,用户可以根据自己的需要定制 Kontact 侧栏中显示的组件。

Kontact 中包含的常用应用程序组件如表 12.2 所示。

2. 配置 Kmail

单击"开始"按钮,打开系统主菜单,从中选择"办公"→"邮件客户程序",或在"个人信息管理器"主界面左侧的视图中单击"邮件"图标,将启动 Kmail 邮件客户端软件(在"个人信息管理器"中个人日程安排被集成到右侧的主窗口中)。

表 12.2　Kontact 中的组件

Kmail	邮件,即邮件客户程序
Knode	新闻组邮件阅读器
Korganizer	个人日程安排
Kaddressbook	联系人,即地址管理器
Knotes	便笺,即弹出式记事本
aKregator Plugin	种子,即新闻阅读器

首次使用 Kmail 收发邮件前,必须进行一些初始化设置。启动 Kmail 程序,在窗口菜单中选择"设置"→"配置 Kmail",将出现如图 12.8 所示的管理身份配置窗口,窗口中共包括"身份"、"账户"、"外观"、"编写器"、"安全"和"杂项"六个配置页,其中只要对"身份"和"账户"两部分进行必要的设置就可以正常使用 Kmail 了。

图 12.8　管理身份配置窗口

1) 设置身份标识信息

在"身份"标签页中,单击"添加"按钮,弹出如图 12.9 所示的"新建身份"对话框,填入新账户身份后,选择一种身份类型。

选择"用空白域"会使管理身份配置窗口中的电子邮件地址显示为空,要进行进一步的配置工作;选择"使用控制中心的设置"会使管理身份配置窗口中的电子邮件地址显示为 root 身份;选择"复制已有身份"会使管理身份配置窗口中的电子邮件地址显示为与已有的身份相同的身份。

填入新账户在 Kmail 中的标识后单击"确定"按钮,接下来在弹出的窗口中编辑身份标识,如图 12.10 所示。

图 12.9 "新建身份"对话框

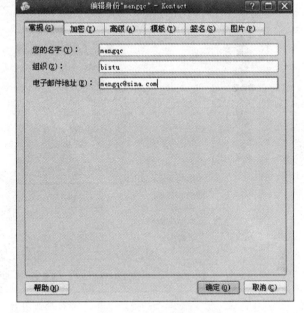
图 12.10 编辑身份界面

在"常规"选项卡中,"您的名字"表示您的姓名,将在发送邮件时作为名字标识;"组织"表示所在的公司或单位(可不写);"电子邮件地址"表示您的 E-mail 地址,对方回复您的邮件时,如果没有指定其他回复地址,就会自动回复到此地址。

"加密"选项卡用来设置邮件接收方的加密方式。

"高级"选项卡用来设置邮件接收方的回信地址、密件抄送地址、已发/草稿文件夹的位置等。

"模板"选项卡提供了撰写新邮件、转发邮件、回复邮件等各种模板的自定义设置。

"签名"选项卡确定是否使用邮件签名,设置签名的方式和内容。

"图片"选项卡确定发信件时是否使用图片,设置图片的来源等。

添加的邮件账户将显示在"身份"窗口中。在此可以修改某一账户的信息,或是重新命名其身份标识;如果配置了一个以上的邮件账户,可以设置其中一个为默认账户,还可以删除不再使用的账户。注意,在设置的过程中,必须至少保留一个账户。

2) 配置账户信息

在"账户"配置窗口中包括"接收"和"发送"两个配置页,分别用于设置邮件的接收和发送的参数。

(1) 邮件接收配置。Kmail 允许建立多个邮件接收账户。在"接收"配置窗口中,单击"添加"按钮,选择接收邮件的方式,如图 12.11 所示。可以选择使用本地邮箱、POP3 账户或 IMAP 方式,一般情况下选择 POP3。单击"确定"按钮,弹出 POP3 账号设置对话框,如图 12.12 所示。

图 12.11 邮件接收设置

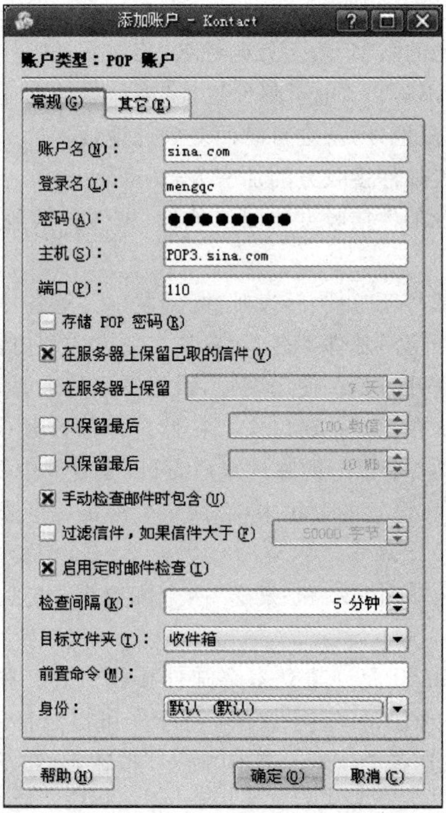

图 12.12 POP 账户设置

在"常规"选项卡中,"账户名"表示该账号连接的名称;"登录名"表示邮箱账号名称,通常是邮件地址中@符号左边的字符;"密码"表示申请邮箱时设置的密码,如果不填写邮箱密码,收取邮件时会提示您输入密码;"主机"表示要连接的POP3服务器的主机名或IP地址;"端口"表示POP3服务器的端口号,一般不用修改。

其他几个选项属于高级控制的范畴,可以根据需要进行设置。

如果参数设置无误,则单击"确定"按钮。在弹出的"收发邮件设置"窗口的下端,先后单击"应用"和"确定"按钮。

(2)邮件发送配置。在"收发邮件设置"窗口中选择"发送",弹出"发送"配置窗口。单击"添加"按钮,选择发送邮件的方式,如图12.13所示。如果不是已经在使用sendmail配置,建议选择SMTP,单击"确定"按钮后在弹出的对话框中填写SMTP服务器的IP地址、端口号并设置其他选项。

图12.13　邮件发送设置

3. 使用Kmail收发邮件

1)邮件阅读

单击邮件目录列表中的"收件箱",打开邮件查看器窗口,如图12.14所示。如果有邮件,就可以从中选择你所关心的邮件,打开它并阅读。

表12.3列出了常用工具按钮及其代表的意义。

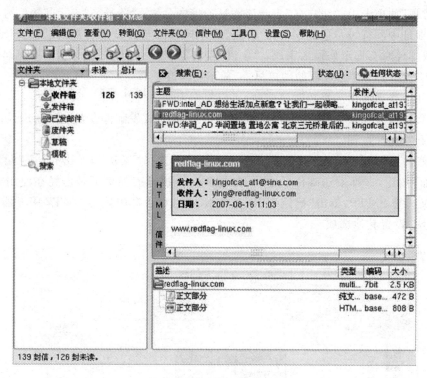

图 12.14 邮件阅读窗口

表 12.3 常用工具按钮及其意义

按 钮	意 义	按 钮	意 义	按 钮	意 义
	新建邮件		保存邮件		打印邮件
	检查邮件		回复邮件		转发邮件
	上一封未读邮件		下一封未读邮件		将邮件移到废件箱
	查找邮件		帮助		

2) 邮件的编辑和发送

在 Kmail 中建立、发送邮件和其他邮件客户端软件类似。单击邮件阅读窗口工具栏上的"新建邮件"图标或在"信件"菜单中选择"撰写新信件",打开邮件编辑窗口。

在"收件人"栏中输入收件人的 E-mail 地址,也可以单击"选择"按钮,从地址簿中选择已保存的联系人。如果邮件的接收者不止一个,可以将其他收件人的 E-mail 地址添加到"抄送到"栏中,当然也可以从地址簿中选取收件人。在"主题"栏中输入邮件的主题。然后,在正文编辑窗口中输入邮件的正文,各种常用的编辑键和剪贴板功能均可使用。如果需要为正在编辑的邮件加上附件,单击工具栏中的"附加文件"图标或在"附件"菜单选择"附加文件",然后从文件浏览窗口中选择要添加的文件加入当前编辑的邮件中。

邮件编辑完成后,单击工具栏上的"发送"图标就可以将邮件发送出去了。根据具体配置情况的不同,Kmail 可以立即发送邮件或将其暂时存放在邮件发送队列中,等待合适的时机再发送出去。

12.4 网络安全

随着信息化进程的深入推进和 Internet 的迅速发展,信息安全显得日益重要。信息安全问题,特别是网络安全问题也开始引发公众普遍的关注。如果这个问题解决不好,将全方位地危及一个国家的政治、军事、经济、文化和社会生活,使国家处于信息战和高度经济金融风险的威胁之中。信息安全已成为亟待解决的、影响国家大局和长远利益的重大关键问题。信息安全保障能力是 21 世纪综合国力、经济竞争实力和生存能力的重要体现。其中,网络安全是整个信息安全的一个重要的组成部分。

12.4.1 网络安全简介

Internet 的出现给信息交换与共享带来巨大便利的同时,也带来了一个不容忽视的问题,那就是网络的安全性。网络的安全性已成为日益突出的严峻问题,安全机制也受到越来越多的关注。近年来,通过 Internet 侵袭计算机网络的事件迅速增多,几乎与 Internet 用户量的迅速增长同步。在网络上如何保证合法用户对资源的合法访问以及如何防止网络黑客的攻击,成为网络安全的主要内容。

1. 网络威胁类型

网络威胁可以分成黑客入侵、内部攻击、不良信息传播、秘密信息泄露、修改网络配置以及由此造成网络的瘫痪等。Internet 中受到的安全威胁主要来自下面几个方面。

- 仿冒身份:攻击者盗用合法用户的身份信息,以仿冒的身份与他人进行通信。
- 监听信息流:攻击者在网络的传输链路上,通过物理或逻辑的手段,对数据进行非法的截获与监听,从而得到通信中敏感的信息。
- 篡改网上信息:攻击者对网上信息进行截获并且篡改其内容(增加、截去或改写)再将伪造的信息发送给接收者,这样的主动侵犯破坏作用最大。
- 否认已发信息:某些用户可能对自己发出的信息进行恶意的否认,例如否认自己发出的转账信息等。
- 滥用授权:一个被授权使用某一特定目的的人,却将此系统授权用于其他目的。
- 寻隙而入:为了获得未被授予的权利或特权,攻击者会研究并寻找系统的缺陷或安全性上的脆弱之处,以便可以侵入系统内部。
- 拒绝服务:系统因受到攻击而无法提供对信息或其他资源的合法访问。这可能是由于以下攻击所导致的:攻击者试图让目标机器停止提供服务或资源访问,从而阻止正常用户的访问;也可能是系统在物理上或逻辑上受到破坏而中断服务。
- 非法使用:系统资源被某个非法用户或以未授权的方式使用。
- 信息外泄:信息被泄露或暴露给某个非授权的人或实体。
- 绕道入侵:一个黑客绕过物理控制而获得对系统的访问权。
- 特洛伊木马:系统中含有一个不易察觉或对程序段不产生损害的软件,但当它运行时,会损害用户的安全,破坏其保密性。

- 信息重发：攻击者针对网络上的密文信息，截获后并不将其破译，而是把这些数据包再次发送，造成信道拥堵，以实现使网络瘫痪的目的。

此外，一个实际的网络中往往存在一些安全缺陷，如路由器配置错误、存在匿名 ftp、telnet 开放、密码文件/etc/passwd 缺乏安全保护等。

2. 安全机制

针对上述这些安全威胁，国际标准化组织 ISO 对开放系统互连(OSI)的安全体系结构制定了基本参考模型(ISO 7498-2)。模型提供了如下五种安全服务。

(1) 认证(Authentication)——证明通信双方的身份与其声明的一致。

(2) 访问控制(Access Control)——对不同的信息和用户设定不同的权限，保证只允许授权的用户访问授权的资源。

(3) 数据保密(Data Confidentiality)——保证通信内容不被他人捕获，不会有敏感的信息泄露。

(4) 数据完整性(Data Integrity)——保证信息在传输过程中不会被他人篡改。

(5) 抗否认(Non-repudiation)——证明一条信息已经被发送和接收，发送和接收方都有能力证明接收和发送的操作确实发生了，并能够确定对方的身份。

目前根据该模型所建立的主要的安全机制包括七个方面。

1) 身份鉴别

在目前的电子商务等实际应用场合中，服务方对用户的数字签名信息和登录密码进行检验，全部通过以后，才对此用户的身份予以承认。用户的唯一身份标识是服务方发放给用户的"数字证书"，用户的登录密码以密文的方式进行传输，确保了身份认证的安全可靠。

2) 访问控制

在目前的安全系统中建立安全等级标签，只允许符合安全等级的用户进行访问。同时，对用户进行分级别的授权，每个用户只能在授权范围内进行操作，实现了对资源的访问控制机制。通过这种分级授权机制，可以实现细粒度的访问控制。

3) 数据加密

当需要在网络上传输数据时，一般会对敏感数据流进行加密传输，一旦用户登录并通过身份认证以后，用户和服务方之间在网络上传输的所有数据全部用会话密钥加密，直到用户退出系统为止，而且每次会话所使用的加密密钥都是随机产生的。这样，攻击者就不可能从网络上传输的数据流中得到任何有用的信息。

4) 数据完整性

目前，很多安全系统对敏感的信息先用"HASH 算法"制作"数字文摘"，再用 RSA 加密算法进行"数字签名"。一旦数据信息遭到任何形式的篡改，篡改后所生成的"数字文摘"必然与由"数字签名"解密后得到的原始"数字文摘"不符，就可以立即检验出原始的数据信息已经被他人篡改，这样就确保了数据的完整性不被破坏。

5) 数字签名

数字签名主要可以实现两个功能。

第一，服务方可以根据所得到信息的数字签名来确认客户方身份的合法性。如果用户的数字签名错误，则拒绝客户方的请求。

第二,用户每次业务操作的信息均由用户的私钥进行数字签名。因为用户的私钥只有用户自己才拥有,所以信息的数字签名就如同用户实际的签名和印鉴一样,可以作为确定用户操作的证据,用户不能对自己的数字签名进行否认,保证了服务方的利益;并实现了通信的防否认要求。

6) 防重发

由于用户发出的操作具有时间上的唯一性,即同一用户不可能在完全相同的一个时刻,同时发出一个以上的业务操作,所以接收方可以采用"时间戳"的方法来保证每一次操作信息的唯一性。在每个用户发出的操作数据包中,加入当前系统的时间信息,时间信息和业务信息一同进行数字签名。由于每次业务操作的时间信息各不相同,所以,即使用户进行多次完全相同的业务操作,也会得到各不相同的数字签名。这样,就可以对每次的业务操作进行区分,保证了信息的唯一性。

7) 审计机制

对用户每次登录、退出及用户的每次会话都产生一个完整的审计信息,并记录到审计数据库中备案。这样,就方便了日后的查询、核对等工作。

12.4.2　Linux 安全问题及对策

Linux 是一个开放式系统,可以在网络上找到许多现成的程序和工具,这既方便了用户,也方便了黑客,因为他们也能很容易地找到程序和工具来潜入 Linux 系统,或者盗取 Linux 系统上的重要信息。因此,需要仔细地设置 Linux 的各种系统功能,并且加上必要的安全措施,才能保证 Linux 系统的安全。

通常,对 Linux 系统的安全设置包括:取消不必要的服务,限制远程存取,隐藏重要资料,修补安全漏洞,采用安全工具以及经常性的安全检查等。

1. 取消不必要的服务

一般来说,除了 HTTP、SMTP、Telnet 和 FTP 之外,其他服务都应该取消:检查/etc/inetd.conf 文件,在不需要的服务前加上"#"号。可以取消的服务包括简单文件传输协议 tftp、网络邮件存储及接收所用的 imap/ipop 传输协议、寻找和搜索资料用的 gopher 以及用于时间同步的 daytime 和 time 等。

还有一些报告系统状态的服务,如 finger、dfinger、systat 和 netstat 等,它们虽然对系统检查和寻找用户非常有用,但也给黑客提供了方便。例如,黑客可以利用 finger 服务查找用户的电话、使用目录以及其他重要信息。因此,应该将这些服务全部取消或部分取消,以增强系统的安全性。

2. 密码安全

Linux 一般将用户密码加密之后,存放在/etc/passwd 文件中。Linux 系统上的所有用户都可以读到/etc/passwd 文件。比较安全的方法是设置影子文件/etc/shadow,只允许有特殊权限的用户阅读该文件。

3. 保持最新的系统核心

由于 Linux 流通渠道很多，而且经常有更新的程序和系统补丁出现，因此，为了加强系统安全，一定要经常更新系统内核。在 Internet 上常常有最新的安全修补程序，Linux 系统管理员应该消息灵通，经常光顾与安全相关的群组，查阅新的修补程序。

4. 检查登录密码

实际上，密码破解程序是黑客工具箱中的一种工具，它将常用的密码或者是英文字典中所有可能用做密码的单词用加密程序转换成密码字，然后将其与 Linux 系统的 /etc/passwd 文件或 /etc/shadow 影子文件中经过加密的密码字段相比较，如果发现吻合，那么就得到了用户的密码。

在网络上可以找到很多密码破解程序，比较有名的程序是 crack。用户可以自己执行密码破解程序，确定所选用的密码是否容易被黑客破解。如果是，就应该更换为其他的密码。

5. 设定用户账号的安全等级

Linux 上的每个账号可以被赋予不同的权限。在建立一个新用户 ID 时，系统管理员应该根据需要赋予该账号相应的权限，并且将其归到相应的用户组中。

用户账号应该有专人负责管理。在一个企业中，如果有某个职员离职，管理员应立即删除该账号，因为很多入侵事件都是借用了那些很久不用的账号。

在用户账号之中，黑客最喜欢具有 root 权限的账号，这种超级用户有权修改或删除各种系统设置，从而能在系统中畅行无阻。因此，在给任何账号赋予 root 权限之前，都必须仔细考虑。

Linux 系统中的 /etc/securetty 文件包含了一组能够以 root 账号登录的终端名称。最好不要修改该文件。

6. 消除黑客犯罪的温床

在 Linux 系统中，有一组以字母 r 开头的公用程序，如 rlogin、rcp 等。这组命令（简称 r-命令）允许用户在不需要提供密码的情况下进入对方系统，执行远程操作。因此，r-命令在为合法用户提供方便的同时，也给系统带来了潜在的安全问题，常被黑客用做入侵的武器，非常危险。

在 Linux 系统中，要使用 r-命令必须首先设置 /etc/hosts.equiv 及 $HOME/.rhosts 文件，所以，正确地设置这两个文件是安全使用 r-命令的基本保障。

另外，可以使用安全性更高的 shell——ssh 来代替 r-命令。

7. 限制用户对系统网络地址的访问

在 Linux 系统中，可以通过 TCP_Wrappers 软件实现对 IP 地址的限制。该软件可对请求本系统提供 telnet、ftp、rlogin、rsh、finger 和 talk 等服务访问的远程主机的 IP 地址进行控制。例如，可以只允许公司内部的某些计算机对服务器进行这些操作。红旗 Linux 系统默认情况下已经安装了 TCP_Wrappers。

8. 限制超级用户账号与密码

超级用户 root 的密码只允许系统管理员知道,并要定期修改。另外,不允许用户通过远程登录来访问超级用户账号,这是在系统文件/etc/securetty 中已经设置好的。

通常,系统管理员使用命令 su 或以 root 身份登录进入系统,从而成为超级用户。su 命令可以在不注销账号的情况下,以另一用户身份登录。它将启动一个新的 shell 并将有效和实际的 UID、GID 设置给另一用户,因此,必须将超级用户的密码保密。

此外,在使用 root 账号时,还必须注意以下几点。

(1) 以超级用户身份登录后,一切操作都要"三思而后行"。因为每一个操作都可能会给系统带来很大的影响,所以,在执行复杂任务之前,必须明白自己操作的目的。尤其在执行 rm 这样的可能破坏系统的命令时更应特别注意。例如,如果要执行"rm *.c",应该首先执行"ls -l *.c",列出所有要删除的文件,当确信每个文件都可以删除时才能继续进行操作。

(2) 超级用户的命令路径十分重要。命令路径也就是 PATH 环境变量的值,定义了 shell 搜索命令的位置。在 PATH 语句中,要尽量限制超级用户的命令路径,不要让当前目录"."出现在变量中。另外,不要在路径中出现可写的目录,防止黑客在目录中修改或放置新的可执行文件,为自己留下"后门"。

(3) 不要由超级用户执行 r-命令,如 rsh、rlogin 等,这些命令将会导致各种类型的攻击。不要在超级用户的起始目录中创建.hosts 文件。

(4) 不要使用超级用户身份远程登录系统。如果需要登录,那么可以先以普通用户身份登录,然后再使用 su 命令升级到超级用户。

如果需要授予其他用户一部分超级用户的权限,那么可以使用 sudo 命令,它允许用户用自己的密码、以超级用户身份使用有限的命令,例如允许某个用户在操作系统上安装或卸载可移动介质。sudo 可以自动记录日志。在日志里,记录了每一条被执行的命令和执行命令的用户。所以,即使有很多用户使用 sudo 命令,也不会影响系统的运行。

9. 管理 X Window

X Window 系统采用 Client/Server 模型,不但为用户提供友好、直观的图形化用户界面,而且还允许用户通过网络在本地系统上调用远程服务器上的 X Client 程序;反过来,本地 X Client 程序也可以在网络上任何拥有 X Server 的系统上显示出来。由于 X Window 是针对分布式与计算机网络环境设计的,因此它给用户通过网络使用各种 X 应用程序带来极大的方便,也使得许多物美价廉的无盘型 X 终端应运而生。但是,从系统安全的角度来看,正是 X Window 的这些网络属性给系统带来了不可避免的网络安全隐患。

为了保证系统的基本安全,需要实施一些安全措施,如设置 X Window 访问控制,保护 xterm(X Window 环境下的字符仿真终端程序)等。

10. 安全检查

保护系统安全的一个主要任务就是对系统进行安全性检查和监控,其中包括检查系统程序、日志(以防未授权访问)和监视系统本身(以查找安全漏洞)。例如,使用 who 命令查看/var/log/lastlog 文件，它记录系统中每个用户的最后一次登录时间；使用 last 命令查看/var/run/wtmp 文件，它记录了每个用户的登录时间和注销时间；使用 ls 命令定期检查每个系统目录，检查是否有不该出现的文件；使用 ps 命令显示当前运行进程的状态等。

11. 定期对服务器进行备份

为了防止不能预料的系统故障或用户误操作造成的数据损坏，应该定期对系统进行备份。除了每个月应该对整个系统进行一次完整的备份外，每周还应该对修改过的数据进行一次增量备份。同时应该将修改过的重要的系统文件存放在不同的服务器上，以便在系统万一崩溃时，可以及时将系统恢复到最近状态。

目前，各种 Linux 发行版本中都提供了许多功能很强的备份工具，例如红旗 Linux 提供的 dump 和 restore 等。

12.4.3 网络安全工具

在 Internet 上有很多维护网络安全的工具，许多 Linux 公司已经将其中的一些安全工具集成到其发行版本中，如红旗 Linux 就已经包含不少网络安全工具，其中 TCP_Wrappers 可以控制对服务器所提供服务的访问。

网络安全扫描也称为风险评估，是采用模拟黑客攻击的形式对包括工作站、服务器、交换机、数据库应用等各种目标可能存在的已知安全漏洞进行逐项检查，并根据扫描结果向系统管理员提供周密可靠的安全性分析报告，作为提高网络安全整体水平的重要依据。网络安全扫描是网络安全防御中的一项重要技术。在网络安全体系的建设中，安全扫描工具花费低、效果好、见效快、与网络的运行相对独立、安装运行简单，可以有效地减少安全管理员的手工劳动，有利于保持全网安全政策的统一和稳定。

风险评估技术也可以大致分为基于主机和基于网络两种方式：前者主要关注软件本地主机上的风险漏洞，而后者则是通过网络远程探测其他主机的安全风险漏洞。

基于主机的产品包括 AXENT 公司的 ESM、ISS 公司的 System Scanner 等；基于网络的产品包括 ISS 公司的 Internet Scanner、AXENT 公司的 NetRecon、NAI 公司的 CyberCops 扫描器、Cisco 公司的 NetSonar 等。

12.4.4 计算机病毒

计算机系统面临的另一类严重挑战就是计算机病毒。由于计算机病毒具有潜在的巨大破坏性，它已成为一种新的恐怖活动手段，并且正演变成军事系统电子对抗的一种进攻性武器。

计算机病毒是一个程序片段，能攻击合法的程序，使之受到感染。计算机病毒是人为制造的程序段，可以隐藏在可执行程序或数据文件中。当带毒程序运行时，它们通过非授权方式入侵计算机系统，依靠自身的强再生机制不断进行病毒体的扩散。

计算机病毒可对计算机系统实施攻击，操作系统、编译系统、数据库管理系统和计算机网络等都会受到病毒的侵害。

（1）操作系统。当前流行的计算机病毒往往利用磁盘文件的读写中断，将自身嵌入到合法用户的程序中，进而实现计算机病毒的传染机制。

(2) 编译系统。计算机病毒能够存在于大多数编译器中，并且可以隐藏在各个层次当中。每次调用编译程序时就会造成潜在的计算机病毒攻击或侵入。

(3) 数据库管理系统。计算机病毒可以隐藏在数据文件中，利用资源共享机制进行扩散。

(4) 计算机网络。如果在计算机网络的某个节点机器上存在计算机病毒，那么它们会利用当前计算机网络在用户识别和存取控制等方面的弱点，以指数增长模式进行再生，从而对网络安全构成极大威胁。

1. 莫里斯蠕虫

计算机历史上最大的安全危机发生于 1988 年 11 月 2 日，美国 Cornell 大学的研究生 R. T. Morris 把独自编写的一个名为蠕虫的程序放在 Internet 上。该程序可以自我复制。在它被发现并被消灭之前，已导致全世界上万台计算机崩溃。

蠕虫包含引导程序和蠕虫本体两个程序。引导程序是一个近百行的 C 程序，它在被攻击的系统上编译运行。一旦它运行起来，就连接到自己的源计算机，装入其本体，并予以运行。在发现难以隐藏踪迹时，它就查看新主机的路由表，从中找出与之相连的主机，并试图把引导程序传播到那台计算机上。

蠕虫感染主机的方法有如下三种。

(1) 用 rsh 命令运行一个远程 shell，远程 shell 上加载蠕虫程序，进而感染新主机。

(2) 利用 BSD 系统中的 finger 程序，该程序会显示特定计算机上某个人的信息。蠕虫利用该程序返回时发生栈溢出的情况（蠕虫故意设计的），跳转到一个有意安排的子程序，从而拥有自己的 shell。

(3) 依赖于电子邮件系统的一个漏洞—— sendmail，该命令允许蠕虫将其引导程序的副本传送出去并执行它。

最终，Morris 受到了法律制裁。应当严肃指出，有意制造和传播计算机病毒是一种犯罪行为。

2. 计算机病毒的特征

如上所述，计算机病毒具有在计算机系统运行过程中把自身精确复制或有修改地复制到其他程序体内的能力。

可以看出，计算机病毒和蠕虫一样对系统安全构成严重威胁。但与蠕虫不同的是，病毒是附在另一个程序中。人们往往不关心这种差别，把它们统称为病毒。由于计算机病毒隐藏在合法用户的文件中，使病毒程序体的执行也是"合法"调用。

计算机病毒主要有以下五个特征。

(1) 病毒程序是人为编制的软件，具有短小精悍的突出特点。编写病毒的语言可以是汇编语言和高级程序设计语言，如 C 语言、FORTRAN 语言等。病毒程序可以直接运行，也可以间接运行。

(2) 病毒可以隐藏在可执行程序或数据文件中。计算机病毒的源病毒可以是一个独立的程序体，源病毒经过扩散生成的再生病毒往往采用附加或插入的方式隐藏在可执行程序或数据文件之间，多采取分散或多处隐藏的方式。当带毒程序被合法调用时，病毒程序也跟着"合法"投入运行，并且可将分散的病毒程序集中在一起重新装配，构成一个完整的病毒体。

（3）病毒有可传播性，具有强再生机制。在微机系统中，病毒程序可以根据其中断请求随机读写，不断进行病毒体的扩散。病毒程序一旦加到当前运行的程序上面，就开始搜索能够感染的其他程序，使病毒很快扩散到整个系统中，结果导致计算机系统的运行效率明显降低。

计算机病毒的强再生机制反映了病毒程序最本质的特征。当今很多检测病毒和杀毒软件都是从分析某类病毒的基本特征入手，采取相应对策予以封杀的。

（4）病毒有可潜伏性，具有依附于其他媒体寄生的能力。一个编制巧妙的病毒程序可以在几周或几个月内传播和再生，而不被人发现。如果在此期间对带毒文件进行复制，那么病毒程序就随同被复制出去。复制介质可以是硬盘、U盘或通过网络等。

（5）病毒可在一定条件下被激活，从而对系统造成危害。激活的本质是一种条件控制，一个病毒程序可以按照设计者的要求在某个点上活跃起来并发起攻击。激活的条件包括指定的日期或时间、特定的用户标识符、特定的文件、用户的安全密级或一个文件的使用次数等。计算机病毒的可激活性使其本质上是一个逻辑炸弹，当条件具备时就爆炸，造成破坏。

3．计算机病毒的传播方式

病毒通常的产生与流通方式是：首先，病毒编制者写一个有用的程序，如一般的游戏或一个电子邮件，在这个程序中潜伏着病毒；然后，病毒编制者把游戏上载到网络上，或以邮件形式发送到用户信箱。这个程序被很多人下载并且运行。病毒程序被启动后，立即检查全部硬盘上的二进制文件，看它们是否被感染。如果发现未被感染的文件，就把病毒代码加在文件末尾，把该文件的第1条指令换成跳转指令，转去执行病毒代码。在执行病毒代码后，再回来执行原有程序的第1条指令，接着按顺序依次执行原程序的各条指令。每当被感染的程序运行时，它总是去传染更多的程序，这正是病毒的再生特征。

除了感染程序以外，病毒还可进行其他破坏，如删除、修改、加密文件，甚至在屏幕上出现勒索钱财的信息。

病毒还有可能感染硬盘的引导区，使计算机无法启动。

4．对付病毒的常用方法

计算机病毒的危害众所周知，已经引起政府、研究人员、公司和用户的高度重视。一方面，制定相应法律条文，广泛宣传，加大对计算机病毒的制造和传播的检测和打击力度；另一方面，采取预防病毒的措施，研制和应用有效的反病毒软件。具体来说，应当采取以下六种措施。

（1）购买、安装正版软件。与查杀病毒相比，预防病毒要容易得多。最安全的方式是从可信赖的供应商那里购买正版软件，安装并且使用它。从网站/论坛上下载软件或使用盗版软件都不可靠，其中或者存在某些漏洞，为病毒攻击提供可乘之机，或者软件本身就隐藏有病毒。

(2) 不要随意打开未知用户发来的邮件。现在利用电子邮件传播病毒的方式很普遍，如"LovGate（爱情后门）"病毒。这类邮件中隐含着病毒，一旦用户在接收邮件时打开它们，就在用户的系统中扩散开来。并且当用户向朋友发送邮件时，病毒会随邮件内容一起传送过去。

(3) 安装杀毒软件，定期或不定期地运行杀毒工具，并及时升级杀毒软件版本。利用杀毒软件（如瑞星杀毒软件、金山毒霸杀毒软件、Norton 杀毒软件等）可以检测并且封杀已知的众多病毒，对未知的病毒也有一定查处和隔离能力。各杀毒软件公司正在和病毒制造者"赛跑"，不断推出新的升级版。用户应当及时更新自己系统中的杀毒工具。

(4) 及时下载操作系统的补丁软件包。操作系统的制作商对其产品进行了精心设计、反复调试和检测，但是仍会存在漏洞，这些漏洞就是病毒攻击系统的入口。如微软公司的 Windows XP 和 2000 等系列的 RPC 配置有漏洞，导致其在 2003 年夏季受到"Blaster（冲击波）"病毒的猛烈攻击。为此，微软公司紧急发布免费补丁软件。用户应该经常浏览相关厂商的网站，及时下载补丁软件，修补系统漏洞。

(5) 系统重新安装之前，最好将整个硬盘重新格式化，包括重新格式化引导区，因为引导区往往是病毒攻击的目标。为每个文件设计一个校验码，形成校验码的算法无关紧要，但是校验码位数要足够多（最好 32 位）。把这些文件和校验码放在一个安全的地方，如 U 盘中或加密后的硬盘中。当系统启动时，计算全部文件的校验码，且与原来的比较，若发现不一致，则报警，这种方法虽不能阻止病毒感染，但能早期发现它。

(6) 为文件和目录设置最低权限。可将保存二进制文件的目录设为对一般用户只读，以增加病毒入侵的难度。如在 UNIX/Linux 系统中，利用这种办法可以有效防止病毒感染其他二进制文件。

12.5 防火墙技术

12.5.1 防火墙技术的基本概念

大家都知道，在大型商场、宾馆、写字楼等人群密集的公共建筑物内要有完善的防火设施，防火墙就是其中一项重要的设施。当发生火灾时，利用防火墙把着火处与未着火处隔离开，从而阻止火势的蔓延。如今，在网络中，防火墙技术已被广泛采用。防火墙是一类安全防范措施的统称，是计算机网络系统总体安全策略的重要组成部分。它通过特定的硬件和软件系统在两个网络之间实现访问控制策略，用来保护内部的网络不易受到来自 Internet 的侵害，如图 12.15 所示。

防火墙系统决定了哪些内部服务可以被外界访问，哪些外界人员可以访问内部的哪些服务，以及哪些外部服务可以被内部人员访问。这样，所有来往 Internet 的信息都必须经过防火墙，并且接受它的检查。由于 Internet 来客要访问内部网络，必须先通过防火墙，从而对来自 Internet 的攻击有较好的免疫作用。

应该注意，防火墙是信息安全策略的一部分，并不是万能的。如果仅设立防火墙系统而没有全面的安全策略，那么防火墙的作用就很小。

防火墙在安全控制方面有两个最基本的准则，即：一切未被允许的就是禁止；一切未

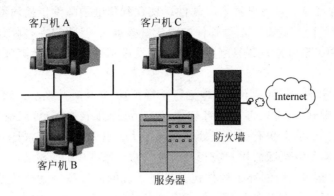

图 12.15　防火墙示意图

被禁止的就是允许。前者可以造成一种十分安全的环境,但用户所能使用的服务范围受到限制;后者构成了一种更为灵活的应用环境,可为用户提供更多的服务,但加重网管人员的负担,很难提供可靠的安全防护。因此,对于防火墙的设计要进行判断、折中并接受某些风险。

12.5.2　防火墙的基本技术

1. 防火墙分类

目前,防火墙有多种类型,但大致可以分为两类:一类基于包过滤(Packet Filter)技术,另一类基于代理服务(Proxy Service)技术。

1) 包过滤技术

包过滤是防火墙的基本功能,通常安装在路由器上,并且许多常用的商业路由器的默认配置中都提供包过滤器。包过滤技术一般在网络层对数据包进行选择,选择的依据是系统内设置的访问控制表。它是一组过滤逻辑规则,通过检查数据流中每个数据包的地址、协议、端口和协议状态等信息,来决定是否允许该数据包通过。

IP 地址和端口号是网络层和传输层的特性,但包过滤同样可以在应用层工作。Internet 的应用程序通常有约定俗成的专用端口号,如 Telnet 应用程序运行的 TCP 端口是 23。因此,有可能设置一个防火墙,用来阻止向内部节点发送 Telnet 请求的企图。

使用包过滤模式的防火墙的好处是,在原有网络上增加这样的防火墙几乎不增加任何额外开销,因为几乎所有的路由器都可以对通过的数据包进行过滤,而路由器对于一个网络与 Internet 的连接来说是必不可少的。这样,可以简单地加一个包过滤软件,就给整个网络加上保护。目前,已安装的防火墙大都采用包过滤技术。另外,包过滤不要求运行的应用程序做任何改动,也不要求用户学习任何新的东西。其实,对于合法用户来说,他们根本不会知道过滤服务器的存在。

但包过滤也存在一些缺点,如:缺乏日志记录能力,所以很难确认系统是否被入侵;规则表很快会变得很大而且复杂,其出现漏洞的可能性也会增加。

2) 代理服务技术

代理服务使用了与包过滤不同的方法。代理服务使用一个客户程序与特定的中间节点

(防火墙)连接,然后由中间节点与服务器进行实际连接。与包过滤不同的是,使用这种类型的防火墙,其内部网络与外部网络之间不存在直接的连接。因此,当防火墙发生了问题时,外部网络也无法获得与被保护的网络的连接。

代理服务器处于 OSI 模型的高层,即主要工作在网络的应用层,也可包括表示层和会话层。而包过滤技术涉及的是网络层和传输层。

代理服务器是在内外网之间的"中介"。通过打开堡垒主机(即防火墙主机)上的套接字(相当于墙上开个洞)允许直接从防火墙访问 Internet,并通过这个套接字交流信息。代理服务器软件可以独立地运行在一台计算机上,或者与包过滤器的其他软件一起运行。例如,内网的某个用户想访问防火墙外的一个 Web 服务器,则需要在防火墙上设置一个代理服务器,允许用户的请求通过,并使用端口 80 与用户端口 1080 连接,再将所有请求重定向到期望到达的地方。

使用代理服务模式的防火墙的优点是,如果配置正确,则系统非常安全,它绝不允许任何未授权的连接进入。但存在的问题是过于复杂,若操作不慎,则会给站点带来不利影响。

2. 防火墙管理工具 ipchains

在 Linux 内核中已经包含了一个包过滤系统,并提供了管理命令 ipchains。它是实现安装、维护、检查 Linux 内核防火墙规则的管理工具。ipchains 的代码可以直接编译成为内核的一部分,也可以以模块的形式动态加载到内核中。ipchains 运行在用户空间,终端用户可以利用它配置防火墙。

ipchains 防火墙定义了四个被称为"链"的规则集,即:输入(input)链、转发(forward)链、输出(output)链和用户定义链(user defined chains)。注意,这里的链是一个规则集,每一个都对应了一个单独的规则表。一个规则指定了一个匹配标准和一个规则目标。当链中某一规则的匹配失败,就用下一个规则继续进行匹配;否则,用规则目标指定的方法处理。

更具体一点说,防火墙规则指定数据包的格式和目标。当一个数据包输入时,内核使用 IP 输入链来判定输入数据包的去向。数据包按照 IP 输入规则逐条匹配比较,若通过了 IP 输入规则的检查,则内核将决定数据包应发往何处。如果该数据包送往其他的计算机,内核将调用 IP 转发链。数据包沿着 IP 转发链逐条检查,若不匹配,则进入目标值所指定的下一条链。这条链可以是特定值,如接受、否定或拒绝等;也可以是用户定义链,根据自己的需要指定其他目标,从而决定数据包的去向。

思考题

1. 什么是计算机网络?主要有哪些类型?
2. 什么是网络协议?OSI 和 TCP/IP 各自是如何划分层次的?
3. IP 地址的一般格式是怎样的?你所用机器的 IP 地址是什么?它属于哪一类地址?
4. 网络管理的功能包括哪些方面?
5. ping 命令、ifconfig 命令、netstat 命令和 route 命令各自的功能是什么?
6. E-mail 系统的基本工作原理是什么?E-mail 地址的一般格式是怎样的?

7. 为什么要重视网络安全问题?
8. 网络威胁主要包括哪些方面?安全机制主要包括哪些方面?
9. 如果你是 root 用户,那么在使用系统时应注意什么?
10. 什么是计算机病毒?它有何特征?对付病毒的常用方法有哪些?
11. 什么是防火墙?它如何发挥作用?主要类型是什么?

附录 实验指导

为了配合本书的教学,便于教师指导学生上机实习和学生自主实践训练,特给出以下实验大纲。本大纲共包括八个实验,分别是常用命令(文件、目录、进程)、vi 编辑器、编译和调试工具、shell 编程、系统安装与简单配置、KDE 桌面环境应用、系统管理和网络管理。每个实验都给出了建议学时数、实验目的、实验内容及主要实验步骤,但仅供参考,任课教师可根据实际环境和要求,对以上项目进行适当增删取舍。

实验一 文件和目录操作(3~4 学时)

【实验目的】

1. 掌握 Linux 一般命令格式。
2. 掌握有关文件和目录操作的常用命令。
3. 熟练使用 man 命令。

【实验内容】

1. 正确地登录和退出系统。
2. 熟悉 date,cal,who,echo,clear,passwd 命令。
3. 在用户主目录下对文件进行操作:复制一个文件,显示文件内容,查找指定内容,排序,文件比较,文件删除等。
4. 对目录进行管理:创建和删除子目录,改变和显示工作目录,列出和更改文件权限,链接文件等。
5. 利用 man 显示 date、echo 等命令的手册页。

【主要实验步骤】

1. 登录进入系统,修改个人密码。
2. 使用简单命令 date,cal,who,echo,clear 等,了解 Linux 命令格式。
3. 浏览文件系统。
(1) 运行 pwd 命令,确定当前工作目录。
(2) 运行 ls -l 命令,理解各字段含义。
(3) 运行 ls -ai 命令,理解各字段含义。
(4) 使用 cd 命令,将工作目录改到根(/)上。
运行 ls -l 命令,结合前文的图 3.2,了解各目录的作用。

(5) 直接使用命令 cd,用 pwd 验证回到哪个目录。
(6) 用 mkdir 建立一个子目录 subdir。
(7) 将工作目录改到 subdir。
4. 文件操作。
(1) 验证当前工作目录在 subdir。
(2) 运行 date > file1,然后运行 cat file1,看到什么信息?
(3) 运行 cat subdir,会有什么结果? 为什么?
(4) 利用 man 命令显示 date 命令的使用说明。
(5) 运行 man date >>file1,看到什么?
　　 运行 cat file1,看到什么?
(6) 利用 ls -l file1,了解链接计数是多少?
　　 运行 ln file1 ../fa,再运行 ls -l file1,链接计数有无变化? 用 cat 命令显示 fa 文件内容。
(7) 显示 file1 的前 10 行和后 10 行。
(8) 运行 cp file1 file2,然后 ls -l,看到什么?
　　 运行 mv file2 file3,然后 ls -l,看到什么?
　　 运行 cat f*,结果怎样?
(9) 运行 rm file3,然后 ls -l,结果如何?
(10) 在/etc/passwd 文件中查找包含你注册名的行。
(11) 运行 ls -l,理解各文件的权限的含义。
(12) 用两种方式改变 file1 的权限。
(13) 统计 file1 文件的行数、字数。
(14) 运行 man ls|more,显示结果是什么?
　　 运行 cat file1|head -20|tee file5,结果如何?
　　 运行 cat file5|wc,结果如何?

实验二　进程操作及其他命令(2~3 学时)

【实验目的】
1. 理解进程概念、状态变化以及进程族系关系。
2. 掌握进程的一般管理。
3. 掌握磁盘空间统计和文件压缩命令。

【实验内容】
1. 利用 ps 命令查看系统中进程的情况。
2. 理解进程的创建及族系关系。
3. 使用 kill、sleep、nice 和 & 命令管理进程。
4. 使用 du、df 命令查看文件使用磁盘的情况,使用 gzip 命令对文件压缩/解压缩。

【主要实验步骤】
1. 输入 ps 命令,分别就不带选项和带选项 -a、-l、-e、-f、u、x,分析输出结果,明确各字段的含义。

2. 前后两次输入 ps 命令，它们对应的 PID 相同吗？为什么？

3. 输入 ps -ef 命令，从后向前找出各自的父进程，直至 1 号进程。画出相关进程的族系关系图。

4. 编写一个简单的 C 程序，其文件名设为 myfile.c。利用 gcc myfile.c -o prog 命令编译该文件，注意系统如何反应。然后在该命令末尾加上 &（后台标志），执行它，出现什么情况？

5. 执行以下命令行（其功能是：从根目录开始查找名为 myfile 的文件，其输出结果重定向到文件/dev/null 中，错误输出重定向到标准输出，并且整个命令在后台运行）：

find / -name myfile -print >/dev/null 2>&1&

然后使用 ps 命令确认 find 命令行还在运行。最后使用 kill 命令杀死该进程。

6. 执行命令行 sleep 100；who | grep 'mengqc'，观察系统有何反应。

7. 执行 df 命令，查看所用文件系统的未用磁盘空间的情况；执行 du 命令，查看自己的主目录占用磁盘空间的情况。

8. 用 man 命令列出 grep 命令的手册页，保存在文件 grep_man 中。然后利用 gzip 命令对它进行压缩。比较压缩前后的大小。最后解压缩。

实验三　vi 编辑器（2～3 学时）

【实验目的】
学习使用 vi 编辑器建立、编辑、显示及加工处理文本文件。

【实验内容】
1. 进入和退出 vi。
2. 利用文本插入方式建立一个文件。
3. 在新建的文本文件上移动光标位置。
4. 对该文件执行删除、复原、修改、替换等操作。

【主要实验步骤】
1. 进入 vi。
2. 建立一个文件，如 file.c。进入插入方式，输入一个 C 语言程序的各行内容，故意制造几处错误。最后，将该文件存盘。回到 shell 状态下。

3. 运行 gcc file.c -o myfile，编译该文件，会发现错误提示。理解其含义。

4. 重新进入 vi，对该文件进行修改。然后存盘，退出 vi。重新编译该文件。如果编译通过，可以用 ./myfile 运行该程序。

5. 运行 man date > file10，然后 vi file10。

使用 x、dd 等命令删除某些文本行。

使用 u 命令复原此前的情况。

使用 c、r、s 等命令修改文本内容。

使用检索命令进行给定模式的检索。

实验四 C 程序的编译和调试(2~3 学时)

【实验目的】
1. 掌握 C 语言编译的基本用法。
2. 掌握 gdb 调试工具的基本用法。

【实验内容】
1. 利用 gcc 编译 C 语言程序,使用不同选项,观察并分析显示结果。
2. 用 gdb 调试一个编译后的 C 语言程序。

【主要实验步骤】
1. 改写例 6.1,使用下列选项对它进行编译:-I,-D,-E,-c,-o,-l。
2. 完成对第 6 章思考题 5 的调试。
3. 完成对第 6 章思考题 6 的调试。

实验五 shell 编程(3~4 学时)

【实验目的】
1. 了解 shell 的作用和主要分类。
2. 掌握 bash 的建立和执行方式。
3. 掌握 bash 的基本语法。
4. 学会编写 shell 脚本。

【实验内容】
1. shell 脚本的建立和执行。
2. shell 变量和位置参数、环境变量。
3. bash 的特殊字符。
4. 一般控制结构。
5. 算术运算及 bash 函数。

【主要实验步骤】
1. 利用 vi 建立一个脚本文件,其中包括 date、cal、pwd、ls 等常用命令。然后以不同方式执行该脚本。
2. 对第 7 章思考题 9 进行编辑,然后执行。
3. 对第 7 章思考题 14 进行编程,然后编辑、执行。
4. 对第 7 章思考题 15 进行调试和编辑,然后执行。

实验六 系统安装与简单配置(3~4 学时)

【实验目的】
1. 学会在操作系统安装之前,根据硬件配置情况,制订安装计划。

2. 掌握多操作系统安装前,利用硬盘分区工具(如 PQMagic)为 Linux 准备分区。

3. 掌握 Linux 操作系统的安装步骤。

4. 掌握 Linux 系统的简单配置方法。

5. 掌握 Linux 系统的启动、关闭步骤。

【实验内容】

1. 安装并使用硬盘分区工具(如 PQMagic),为 Linux 准备好分区。

2. 安装 Linux 系统(如红旗 Linux 桌面版)。

3. 配置 Linux 系统运行环境。

4. 正确地启动、关闭系统。

【主要实验步骤】

1. 制订安装计划。

2. 如果在计算机上已安装了 Windows 系统,没有给 Linux 预备硬盘分区,则利用硬盘分区工具(如 PQMagic),为 Linux 划分出一块"未分配"分区。

3. 在光驱中放入 Linux 系统安装盘,启动系统。按照屏幕提示,选择/输入相关参数,启动安装过程。

4. 安装成功后,退出系统,取出安装盘。重新开机,登录 Linux 系统。

5. 对 Linux 系统进行配置,包括显示设备、打印机等。

6. 安装软件工具和开发工具(利用软件工具盘)。

【说明】

1. 本实验应在教师的授权和指导下进行,不可擅自操作,否则可能造成原有系统被破坏。

2. 如条件不允许每个学生亲自安装,可采用分组进行安装或课堂演示安装的方式。

实验七　KDE 桌面环境应用(2~3 学时)

【实验目的】

1. 理解 KDE 桌面环境的术语和组成。

2. 掌握 KDE 环境下的常用操作,如建立文档、复制文件、使用 U 盘等。

3. 学会显卡、网卡及打印机的配置。

【实验内容】

1. 操作鼠标、窗口、菜单、图标,熟悉 KDE 面板组成、面板按钮及其功能。

2. 熟悉常用桌面图标及其作用;熟悉控制面板中四个标签页的组成和简单功能。

3. 学会配置显卡、网卡和打印机。

4. 学会在 KDE 环境下建立文档、复制文件、使用 U 盘和抓图工具。

【主要实验步骤】

1. 进入 KDE 桌面系统,熟悉对鼠标、窗口、菜单、图标等的操作。

2. 打开 KDE 面板的按钮,了解其功能。

3. 打开控制面板上的标签页,了解各自功能。

4. 利用控制面板,配置显卡、网卡和打印机。

5. 打开用户主目录,建立文本文件,写入中文文档(如一封信件)。然后利用鼠标复制到另一个文件中,再把它复制到 U 盘。

6. 利用 Linux 系统上的抓图工具,抓取用户主目录界面上的内容,并存放到 U 盘。

实验八 系统及网络管理(2~3 学时)

【实验目的】

1. 理解系统管理的内涵和作用。
2. 学会对用户和组进行一般管理。
3. 学会在 Linux 环境下发送邮件的方法。
4. 学会网络配置的一般方法。

【实验内容】

1. 为新用户建立账号和工作组,删除本地用户和组。
2. 在硬盘上建立文件系统,并进行安装。
3. 配置网络。
4. 使用 Linux 系统进行邮件发送。

【主要实验步骤】

1. 分别以普通用户和 root 身份登录,看能否建立新用户账号。
2. 为新用户(如 Zhang San)建立账号和工作组,并进行相应配置。以该用户身份登录,修改密码等。最后删除该用户。
3. 在硬盘上划分出一块空闲区,大小为 100MB,建立一个文件系统(类型为 ext3),然后安装到根文件系统上。

- 将根文件系统上的某个目录或文件复制到子文件系统中。
- 卸下该子文件系统。

4. 配置网络环境,浏览校园网信息。
5. 配置 mail 环境,发送和接收邮件。

参 考 文 献

1 孟庆昌. Linux 教程(第 2 版). 北京：电子工业出版社,2007.
2 孟庆昌. 操作系统. 北京：电子工业出版社,2004.
3 毛德操. Linux 内核源代码情景分析. 杭州：浙江大学出版社,2001.
4 李善平. 边干边学——Linux 内核指导. 杭州：浙江大学出版社,2002.
5 孟庆昌. UNIX 使用与系统管理. 北京：清华大学出版社,2000.
6 孙建华. 网络系统管理——Linux 实训篇. 北京：人民邮电出版社,2003.
7 Arnold Robbins. 实战 Linux 编程精髓. 杨明军,译. 北京：中国电力出版社,2005.
8 Kurl Wall. GNU/Linux 编程指南(第二版). 张辉,译. 北京：清华大学出版社,2002.
9 中科红旗软件技术有限公司. 红旗 Linux 用户基础教程. 北京：电子工业出版社,2001.
10 中科红旗软件技术有限公司. 红旗 Linux 系统管理教程. 北京：电子工业出版社,2001.
11 中科红旗软件技术有限公司. 红旗 Linux 网络管理教程. 北京：电子工业出版社,2001.
12 孟庆昌. 走进 Linux 世界(第一讲～第六讲). 开放系统世界.2004.1～2004.6.
13 孟庆昌. 在 Linux 世界驰骋(第一讲～第六讲). 开放系统世界.2004.7～2004.12.

图书资源支持

感谢您一直以来对清华版图书的支持和爱护。为了配合本书的使用,本书提供配套的素材,有需求的用户请到清华大学出版社主页(http://www.tup.com.cn)上查询和下载,也可以拨打电话或发送电子邮件咨询。

如果您在使用本书的过程中遇到了什么问题,或者有相关图书出版计划,也请您发邮件告诉我们,以便我们更好地为您服务。

我们的联系方式:

地　　址: 北京海淀区双清路学研大厦 A 座 707

邮　　编: 100084

电　　话: 010-62770175-4604

资源下载: http://www.tup.com.cn

电子邮件: weijj@tup.tsinghua.edu.cn

QQ: 883604(请写明您的单位和姓名)

用微信扫一扫右边的二维码,即可关注清华大学出版社公众号"书圈"。

扫一扫
资源下载、样书申请
新书推荐、技术交流